JN055330

入試精選問題集◆

理系数学の良問プラチカ

数学Ⅰ・A・Ⅱ・B・C 四訂版

河合塾講師 大石隆司 著

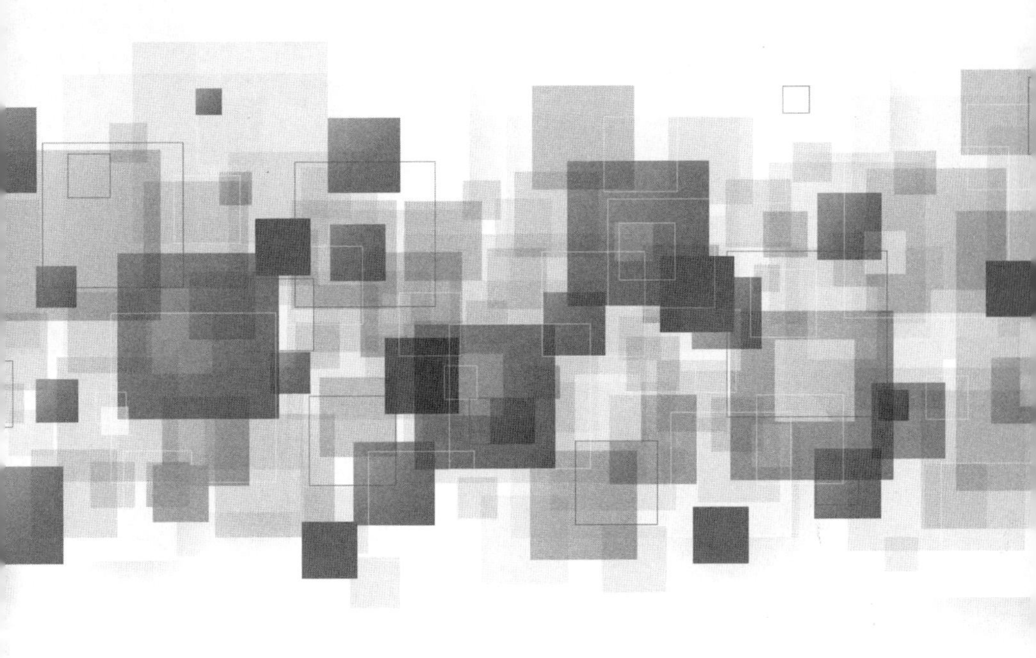

河合出版

第1章　2次関数

1　2次関数の最大・最小

解法のポイント

$a>0$ のとき，$y=f(x)$ は下に凸な放物線で，$a<0$ のとき，$y=f(x)$ は上に凸な放物線である．

【解答】

$$f(x)=ax^2-2ax+b$$
$$=a(x-1)^2-a+b$$

より，$y=f(x)$ の軸は $x=1$ である．

区間 $0\leqq x\leqq 3$ における $f(x)$ の最大値，最小値をそれぞれ M，m とする．

(i)　$a>0$ のとき，

$y=f(x)$ は下に凸な放物線であり，

$$\begin{cases} M=f(3)=3, \\ m=f(1)=-5. \end{cases}$$

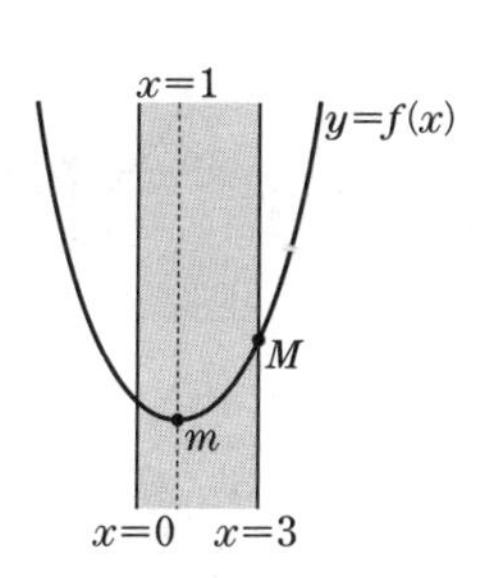

よって，

$$\begin{cases} 3a+b=3, \\ -a+b=-5. \end{cases}$$

これを解いて，

$$a=2,\ b=-3.$$

これは $a>0$ を満たしている．

(ii)　$a<0$ のとき，

$y=f(x)$ は上に凸な放物線であり，

$$\begin{cases} M=f(1)=3, \\ m=f(3)=-5. \end{cases}$$

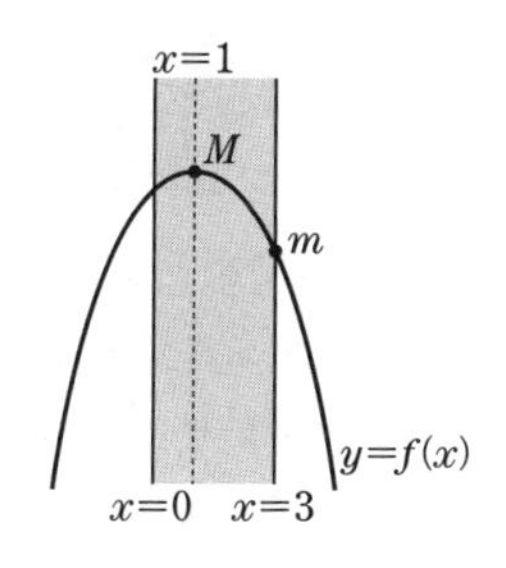

よって，

$$\begin{cases} -a+b=3, \\ 3a+b=-5. \end{cases}$$

これを解いて，

$$a=-2,\ b=1.$$

これは $a<0$ を満たしている．

(i)，(ii)より，求める a，b の値は，

$$\boldsymbol{(a,\ b)=(2,\ -3),\ (-2,\ 1).}$$

2　2次関数の最大・最小

解法のポイント

放物線 $y=x^2-2ax+2a^2$ の軸（対称軸）と区間 $0\leqq x\leqq 2$ との位置関係によって場合分けが必要．下に凸なグラフをもつ関数の区間における最大値は区間の端でとる．

【解答】

$f(x)=x^2-2ax+2a^2$ とおくと，

$$f(x)=(x-a)^2+a^2.$$

区間 $0\leqq x\leqq 2$ における $f(x)$ の最大値，最小値をそれぞれ M，m とする．

(i)

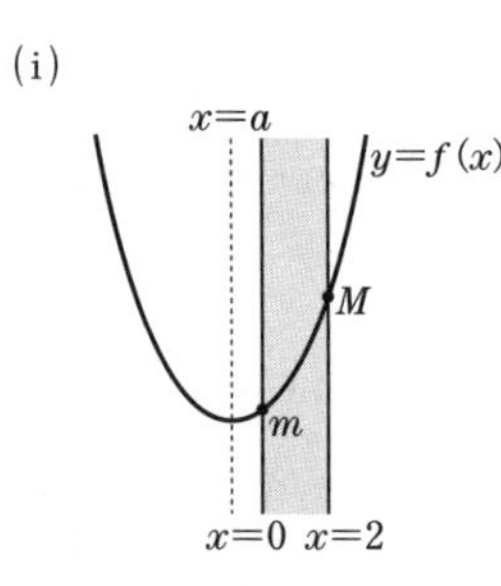

(ii)

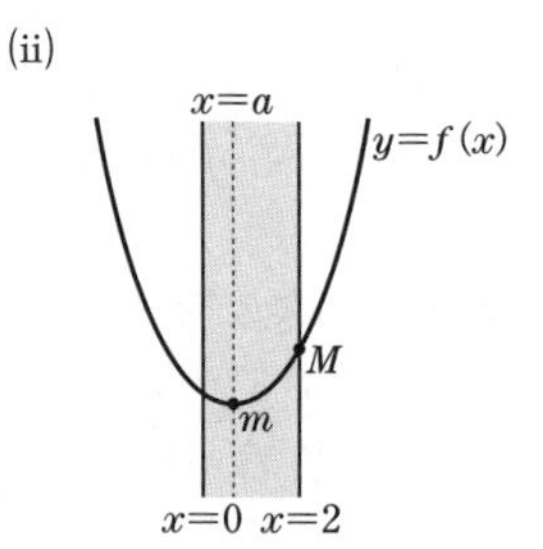

(iii)

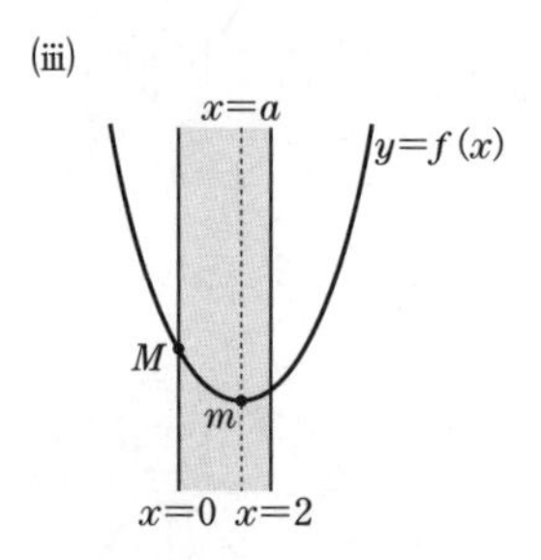

(iv)

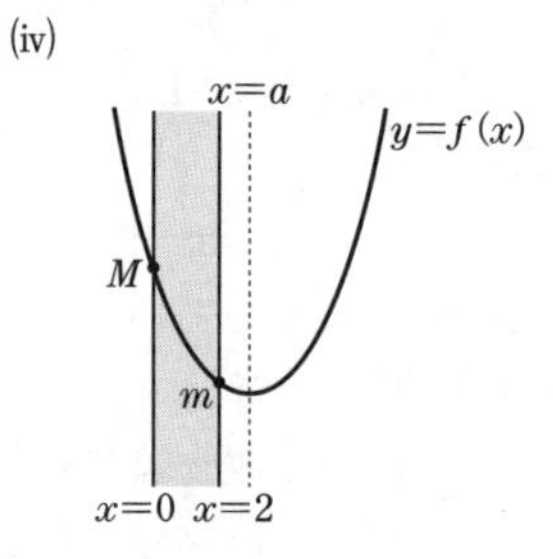

(1)　(i)　$a\leqq 0$ のとき，

$$\boldsymbol{M=f(2)=2a^2-4a+4,\qquad m=f(0)=2a^2.}$$

(ii)　$0\leqq a\leqq 1$ のとき，

$$\boldsymbol{M=f(2)=2a^2-4a+4,\qquad m=f(a)=a^2.}$$

(iii)　$1\leqq a\leqq 2$ のとき，

$$\boldsymbol{M=f(0)=2a^2,\qquad m=f(a)=a^2.}$$

(iv)　$2\leqq a$ のとき，

$$\boldsymbol{M=f(0)=2a^2,\qquad m=f(2)=2a^2-4a+4.}$$

(2)　(i)　$a \leqq 0$ のとき，$m=20 \iff 2a^2=20$

$$\iff a=\pm\sqrt{10}.$$

$a \leqq 0$ より，　$a=-\sqrt{10}.$

(ii)　$0 \leqq a \leqq 2$ のとき，$m=20 \iff a^2=20$

$$\iff a=\pm 2\sqrt{5}.$$

これらはいずれも $0 \leqq a \leqq 2$ を満たさないから不適である．

(iii)　$2 \leqq a$ のとき，$m=20 \iff 2a^2-4a+4=20$

$$\iff a^2-2a-8=0$$

$$\iff (a+2)(a-4)=0$$

$$\iff a=-2,\ 4.$$

$2 \leqq a$ より，　$a=4.$

(i), (ii), (iii) より，求める a の値は，

$$\boldsymbol{a=-\sqrt{10},\ 4.}$$

解説

$f(x)$ のグラフは，直線 $x=a$ について線対称な下に凸な放物線であるから，$a=1$ のとき，$f(x)$ は $x=0$, 2 で最大値をとる．これから放物線の軸 $x=a$ が左に片寄るとき（$a<1$ のとき），$f(x)$ は $x=2$ で最大となり，軸 $x=a$ が右に片寄るとき（$1<a$ のとき），$f(x)$ は $x=0$ で最大となる．

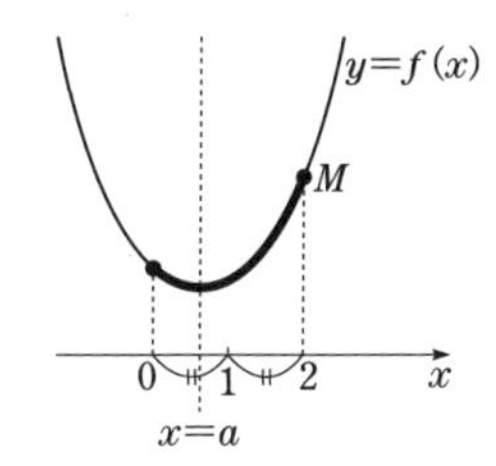

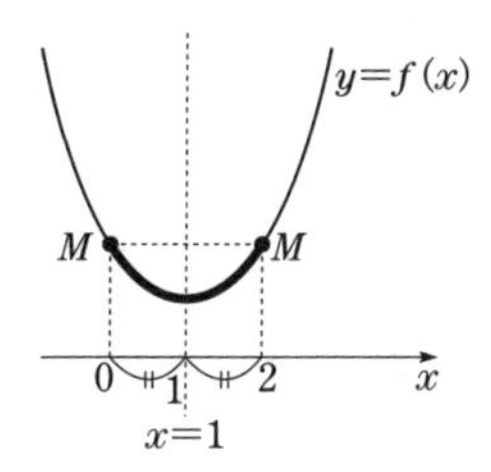

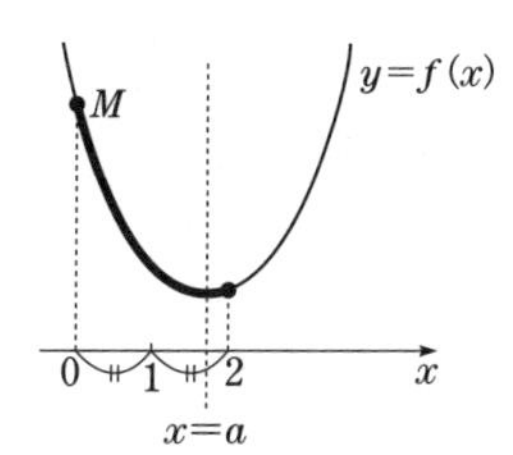

すなわち，

$$M=\begin{cases} f(2) & (a \leqq 1 \text{ のとき}), \\ f(0) & (1 \leqq a \text{ のとき}) \end{cases}$$

が成り立つ．

また，$f(x)$ の区間 $0 \leqq x \leqq 2$ における最小値 m を与える x の値は，放物線 $y=f(x)$ の軸 $x=a$ の位置が，

(i)　区間 $0 \leqq x \leqq 2$ から左にはずれる（$a \leqq 0$），

(ii)　区間 $0 \leqq x \leqq 2$ の間に入る（$0 \leqq a \leqq 2$），

(iii)　区間 $0 \leqq x \leqq 2$ から右にはずれる（$2 \leqq a$）

によって異なる３通りの場合に分かれる.

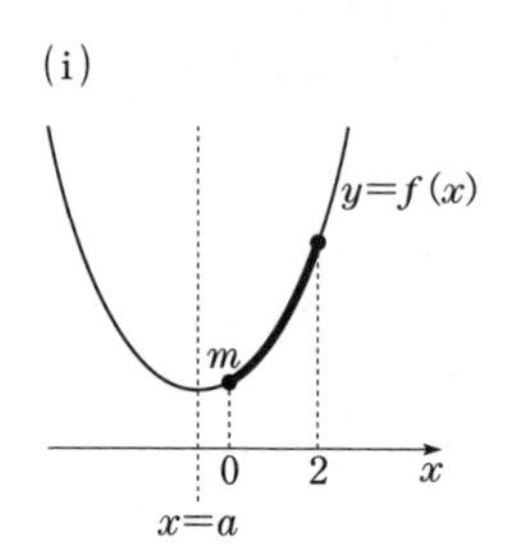

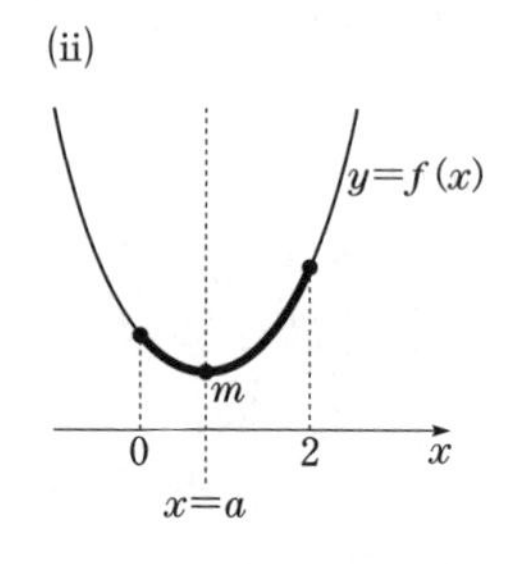

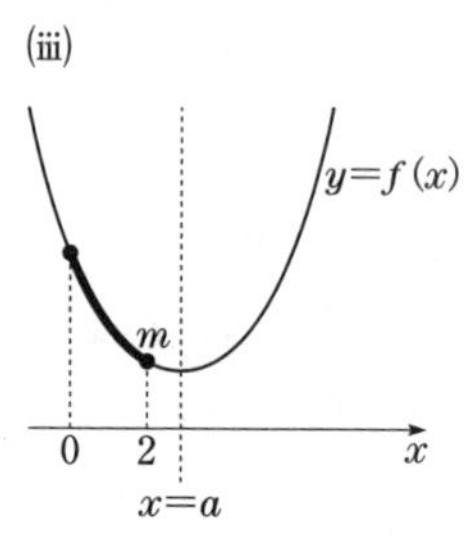

よって,

$$m=\begin{cases} f(0) & (a\leqq 0 \text{ のとき}), \\ f(a) & (0\leqq a\leqq 2 \text{ のとき}), \\ f(2) & (2\leqq a \text{ のとき}). \end{cases}$$

3　2次関数のグラフ

解法のポイント

a の値により場合分けが必要か否かは２次関数のグラフを考えればわかる.

【解答】

(1)

$$f(x)=2x^2-4ax+a+1$$
$$=2(x-a)^2-2a^2+a+1$$

である.

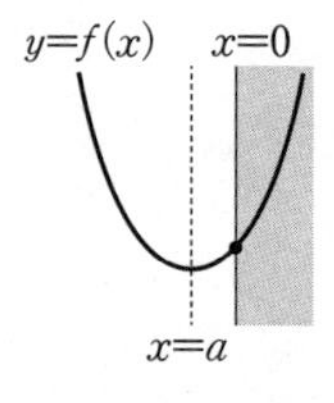

$a\leqq 0$ のとき

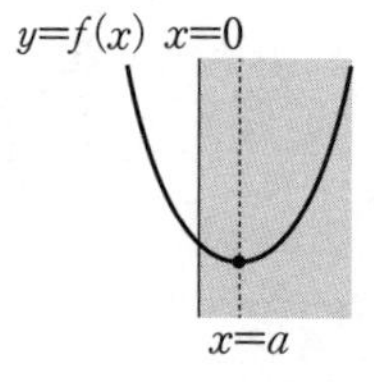

$0\leqq a$ のとき

(i)　$a\leqq 0$ のとき,

$x\geqq 0$ における $f(x)$ の最小値は $f(0)$ であるから，このとき求める a の条件は,

$$f(0)=a+1>0 \iff a>-1.$$

これと $a\leqq 0$ より,

$$-1<a\leqq 0.$$

(ii)　$0 \leqq a$ のとき，

$x \geqq 0$ における $f(x)$ の最小値は $f(a)$ であるから，このとき求める a の条件は，

$$f(a)=-2a^2+a+1>0$$
$$\iff 2a^2-a-1<0$$
$$\iff (2a+1)(a-1)<0$$
$$\iff -\frac{1}{2}<a<1.$$

これと $0 \leqq a$ より，

$$0 \leqq a<1.$$

(i)，(ii)より，求める a の値の範囲は，

$$-1<a<1.$$

(2)
$$g(x)=x^2-2ax+a-3$$

とおくと，2次関数 $y=g(x)$ のグラフは下に凸な放物線であるから，$0 \leqq x \leqq 2$ における $g(x)$ の最大値は $g(0)$ または $g(2)$ である．（下に凸な2次関数が区間 $0 \leqq x \leqq 2$ の両端以外で最大となることはない）

よって，求める a の条件は，

$$\begin{cases} g(0) \leqq 0 \\ g(2) \leqq 0 \end{cases}$$
$$\iff \begin{cases} a-3 \leqq 0 \\ -3a+1 \leqq 0 \end{cases}$$
$$\iff \frac{1}{3} \leqq a \leqq 3.$$

4　連立2次不等式

解法のポイント

それぞれの不等式の解の集合を数直線上に図示して，その共通部分にちょうど3個の整数が含まれるようにすればよい．

【解答】

$$\begin{cases} x^2-(a+1)x+a<0, & \cdots① \\ 3x^2+2x-1>0 & \cdots② \end{cases}$$

とおく．

$$① \iff (x-1)(x-a)<0$$

より，

(i)　$a>1$ のとき，不等式①の解は $1<x<a$,

(ii)　$a=1$ のとき，不等式①の解はない，

(iii)　$a<1$ のとき，不等式①の解は $a<x<1$

である．

また，

$$② \iff (3x-1)(x+1)>0$$

より，不等式②の解は，

$$x<-1 \quad \text{または} \quad \frac{1}{3}<x.$$

よって，連立不等式①，②を同時に満たす整数 x がちょうど3つ存在するのは，次の2つの場合である．

(ア)　$a>1$ のとき，

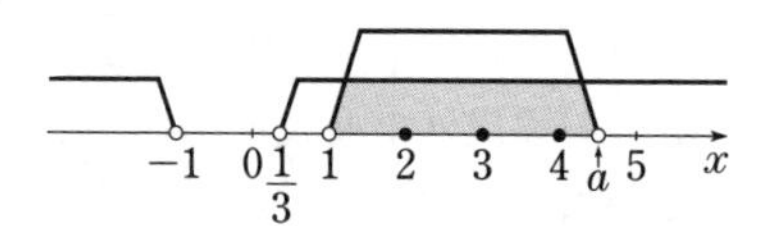

このとき，

$$4<a\leqq 5.$$

(イ)　$a<1$ のとき，

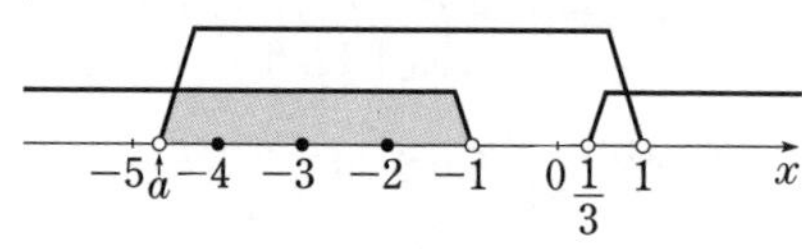

このとき，

$$-5\leqq a<-4.$$

よって，求める a の値の範囲は，

$$\boldsymbol{4<a\leqq 5 \quad \text{または} \quad -5\leqq a<-4.}$$

解説

$a=4$ のときは，

$$① \iff 1<x<4$$

であるから，①，②をともに満たす整数は，

$$x=2,\ 3$$

の2つであり，題意を満たさない．

また，$a=5$ のときは，

$$① \iff 1<x<5$$

であるから，①，②をともに満たす整数は，

$$x=2,\ 3,\ 4$$

の3つであり，題意を満たしている.

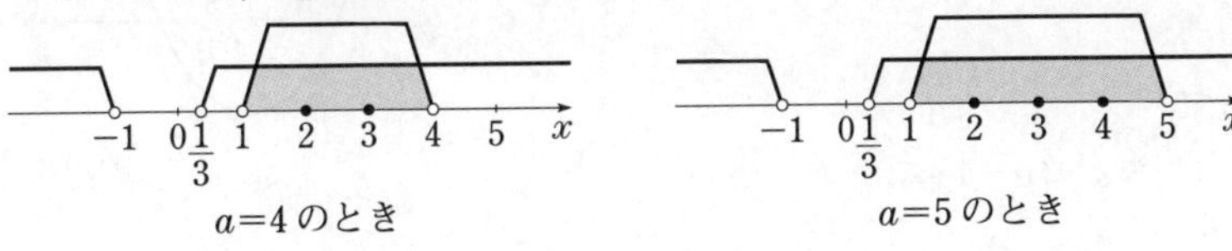

$a=4$ のとき　　　$a=5$ のとき

5　2次不等式

解法のポイント

$\alpha \leqq \beta$ のとき，2次不等式 $(x-\alpha)(x-\beta) \leqq 0$ の解は $\alpha \leqq x \leqq \beta$.

【解答】

$$(x-a^2)(x+a-2) \leqq 0. \quad \cdots①$$

$f(x)=(x-a^2)(x+a-2)$ とおくとき，放物線 $y=f(x)$ と x 軸との共有点の x 座標は a^2，$-a+2$ である.

(1)　放物線 $y=f(x)$ と x 軸とがただ1つの共有点をもつことより，

$$a^2=-a+2. \qquad a^2+a-2=0.$$

$$(a+2)(a-1)=0.$$

よって，求める a の値は，

$$\boldsymbol{a=-2,\ 1.}$$

(2)　$1 \leqq x \leqq 3$ を解にもつ2次不等式の1つは，

$$(x-1)(x-3) \leqq 0.$$

よって，$$(x-a^2)(x+a-2)=(x-1)(x-3) \quad \cdots②$$

が x についての恒等式である.

$$② \iff x^2-(a^2-a+2)x-a^2(a-2)=x^2-4x+3$$

より，

$$\begin{cases} a^2-a+2=4, & \cdots③ \\ -a^2(a-2)=3. & \cdots④ \end{cases}$$

③より，　$a^2-a-2=0$，$(a+1)(a-2)=0$.　　$a=-1,\ 2$.

このうち，④を満たすものは，

$$\boldsymbol{a=-1.}$$

(3)　$y=f(x)$ は下に凸な放物線であるから，$1 \leqq x \leqq 3$ でつねに $f(x) \leqq 0$ が成り立つ条件は，

$$f(1) \leqq 0 \quad かつ \quad f(3) \leqq 0.$$

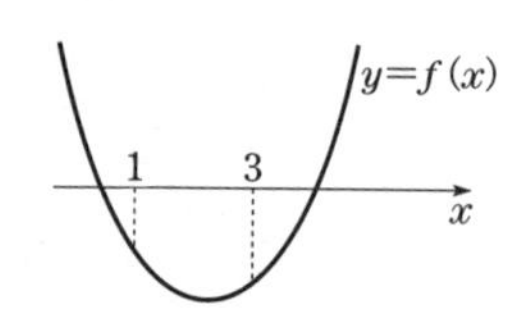

よって,

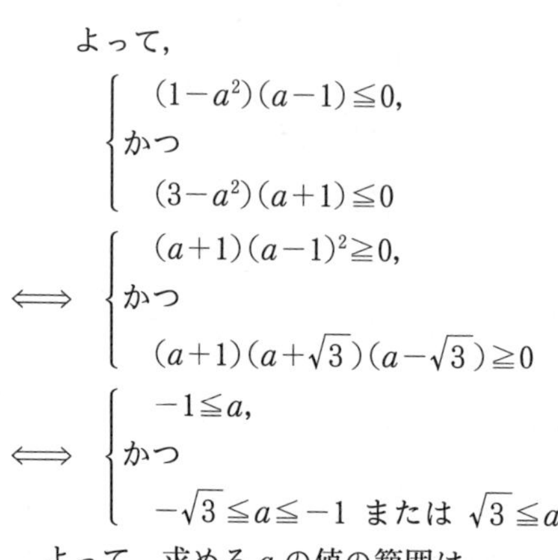

$$\begin{cases} (1-a^2)(a-1) \leqq 0, \\ かつ \\ (3-a^2)(a+1) \leqq 0 \end{cases}$$

$$\iff \begin{cases} (a+1)(a-1)^2 \geqq 0, \\ かつ \\ (a+1)(a+\sqrt{3})(a-\sqrt{3}) \geqq 0 \end{cases}$$

$$\iff \begin{cases} -1 \leqq a, \\ かつ \\ -\sqrt{3} \leqq a \leqq -1 \ または \ \sqrt{3} \leqq a. \end{cases}$$

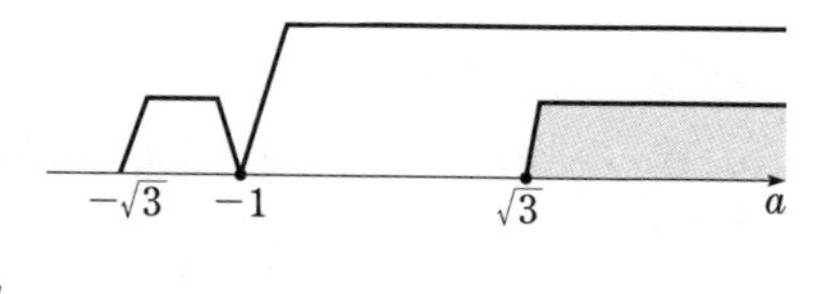

よって，求める a の値の範囲は,

$$\boldsymbol{a=-1,\ \sqrt{3} \leqq a}.$$

[別解]

$f(x)=(x-a^2)(x+a-2)$ とおく.

(2) (i) $a^2<-a+2$ のとき,

① $\iff$ $a^2 \leqq x \leqq -a+2$

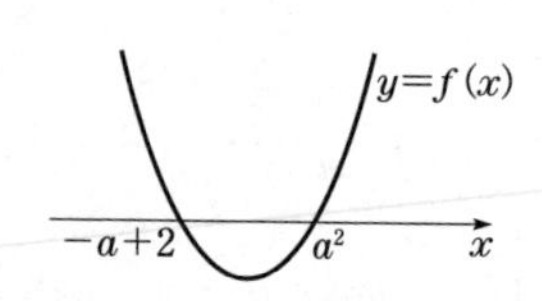

より，①の解が $1 \leqq x \leqq 3$ となるのは,

$$\begin{cases} a^2=1, \\ -a+2=3. \end{cases}$$

よって，$a=-1$. 　これは，$a^2<-a+2$ を満たす.

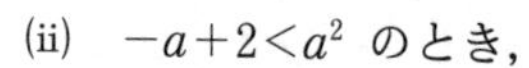

(ii) $-a+2<a^2$ のとき,

① $\iff$ $-a+2 \leqq x \leqq a^2$

より，①の解が $1 \leqq x \leqq 3$ となるのは,

$$\begin{cases} -a+2=1, \\ a^2=3. \end{cases}$$

これを満たす a の値はない.

(i), (ii)より，求める a の値は，$\boldsymbol{a=-1}$.

(3) $1 \leqq x \leqq 3$ ならば ① がつねに成り立つのは,

(i) $a^2 \leqq 1$ 　かつ　 $3 \leqq -a+2$,

または

(ii) $-a+2 \leqq 1$ 　かつ　 $3 \leqq a^2$

のいずれかの場合である.

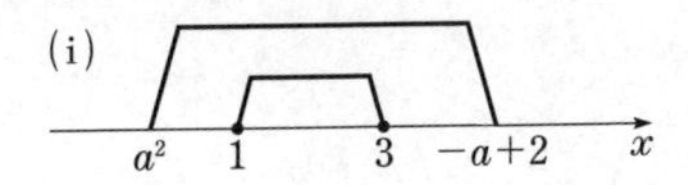

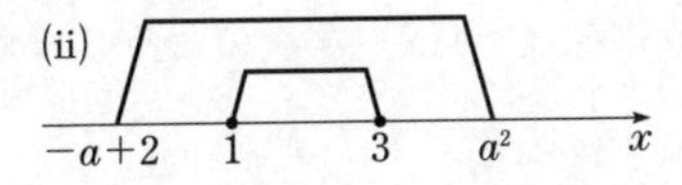

(i)のとき，

$$\begin{cases} a^2 \leqq 1, \\ 3 \leqq -a+2 \end{cases} \iff \begin{cases} -1 \leqq a \leqq 1, \\ a \leqq -1 \end{cases}$$

より，

$$a=-1.$$

(ii)のとき，

$$\begin{cases} -a+2 \leqq 1, \\ 3 \leqq a^2 \end{cases} \iff \begin{cases} 1 \leqq a, \\ a \leqq -\sqrt{3} \text{ または } \sqrt{3} \leqq a \end{cases}$$

より，

$$\sqrt{3} \leqq a.$$

よって，求める a の値の範囲は，

$$\boldsymbol{a=-1 \quad \text{または} \quad \sqrt{3} \leqq a.}$$

6　2次方程式の解と数との大小

解法のポイント

$$mx^2-x-2=0 \iff x^2-\frac{1}{m}x-\frac{2}{m}=0$$

より，2次関数 $f(x)=x^2-\dfrac{1}{m}x-\dfrac{2}{m}$ のグラフを考える．

【解答】

条件より，$m \neq 0$ であるから，

$$mx^2-x-2=0 \iff x^2-\frac{1}{m}x-\frac{2}{m}=0.$$

$f(x)=x^2-\dfrac{1}{m}x-\dfrac{2}{m}$ とおくと，

$$f(x)=\left(x-\frac{1}{2m}\right)^2-\frac{1}{4m^2}-\frac{2}{m}.$$

(1) 放物線 $y=f(x)$ が次のようになればよい．

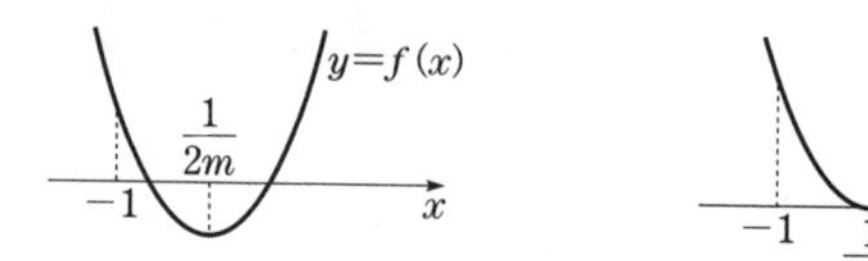

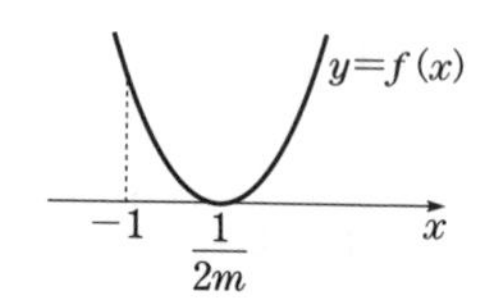

グラフより，

$$\begin{cases} -1<\dfrac{1}{2m}, \\ -\dfrac{1}{4m^2}-\dfrac{2}{m}\leqq 0, \\ f(-1)=1-\dfrac{1}{m}>0 \end{cases} \iff \begin{cases} m<-\dfrac{1}{2} \text{ または } 0<m, \\ -\dfrac{1}{8}\leqq m, \\ m<0 \text{ または } 1<m. \end{cases}$$

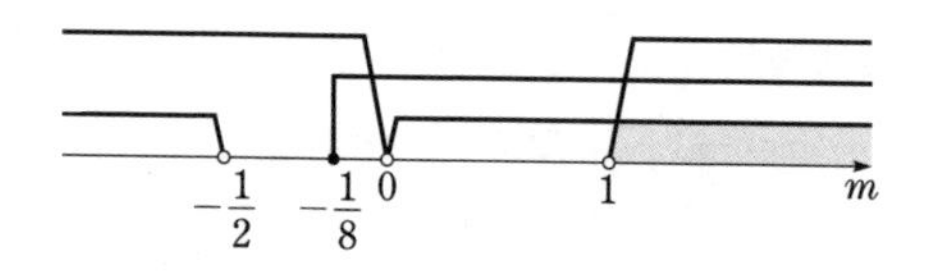

よって，求める m の条件は，

$$\mathbf{1<m.}$$

(2) 放物線 $y=f(x)$ が次のようになればよい．

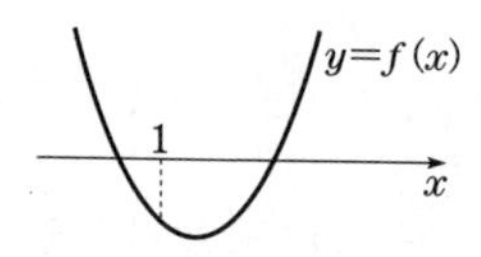

よって，求める m の条件は，$f(1)=1-\dfrac{3}{m}<0.$

$$\mathbf{0<m<3.}$$

(3) 放物線 $y=f(x)$ が次のようになればよい．

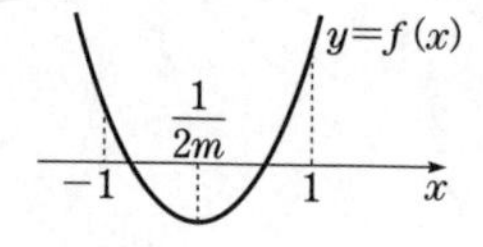

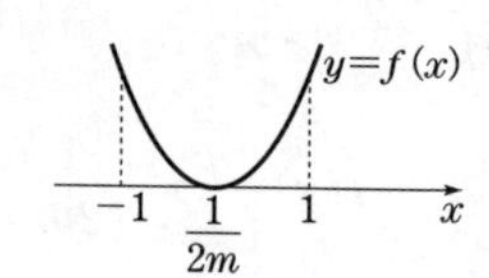

グラフより，

$$\begin{cases} -1<\dfrac{1}{2m}<1, \\ -\dfrac{1}{4m^2}-\dfrac{2}{m}\leqq 0, \\ f(-1)=1-\dfrac{1}{m}>0, \\ f(1)=1-\dfrac{3}{m}>0 \end{cases} \iff \begin{cases} m<-\dfrac{1}{2} \text{ または } \dfrac{1}{2}<m, \\ -\dfrac{1}{8}\leqq m, \\ m<0 \text{ または } 1<m, \\ m<0 \text{ または } 3<m. \end{cases}$$

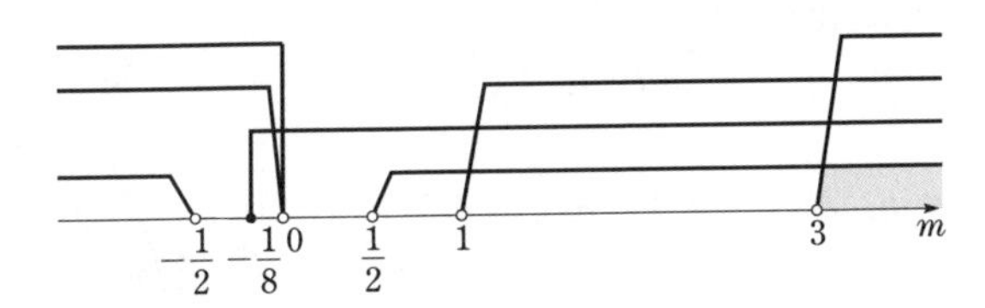

よって，求める m の条件は，

$$\boldsymbol{3<m}.$$

7　2次不等式…すべての x に対して，ある x に対して

解法のポイント

(1)，(2)　$h(x)=g(x)-f(x)$ を考える．

(3)，(4)　$f(x)$，$g(x)$ の $-2\leqq x\leqq 2$ における最大値，最小値の大小関係を調べる．

【解答】

$h(x)=g(x)-f(x)=-2x^2+a+3$ とおく．

(1)　条件は，$-2\leqq x\leqq 2$ の範囲で，つねに $h(x)>0$ が成り立つことである．

よって，　$h(-2)=h(2)>0.$

$-8+a+3>0.$

したがって，求める a の値の範囲は，

$$\boldsymbol{a>5}.$$

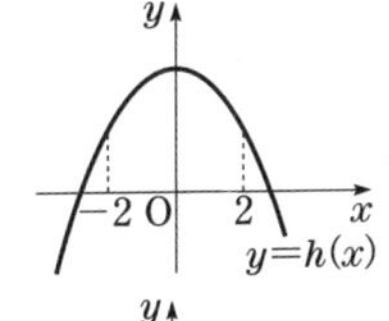

(2)　条件は，$-2\leqq x\leqq 2$ における $h(x)$ の最大値を M とするとき，$M>0$ が成り立つことである．よって，

$$M=h(0)=a+3>0.$$

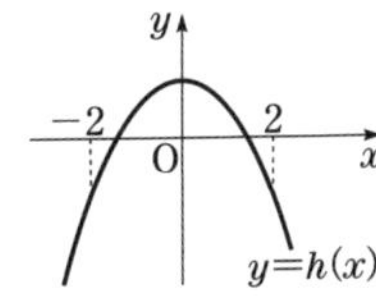

したがって，求める a の値の範囲は，

$$\boldsymbol{a>-3}.$$

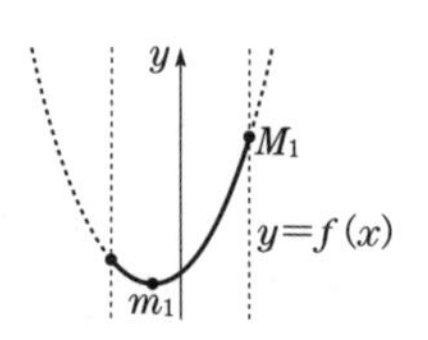

また，　$f(x)=(x+1)^2-3$

$g(x)=-(x-1)^2+a+2$

より，$-2\leqq x\leqq 2$ における $f(x)$ の最大値，最小値をそれぞれ M_1，m_1 とし，$g(x)$ の最大値，最小値をそれぞれ M_2，m_2 とおくと，

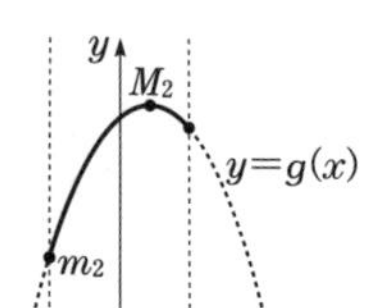

$$M_1=f(2)=6,$$
$$m_1=f(-1)=-3,$$
$$M_2=g(1)=a+2,$$
$$m_2=g(-2)=a-7.$$

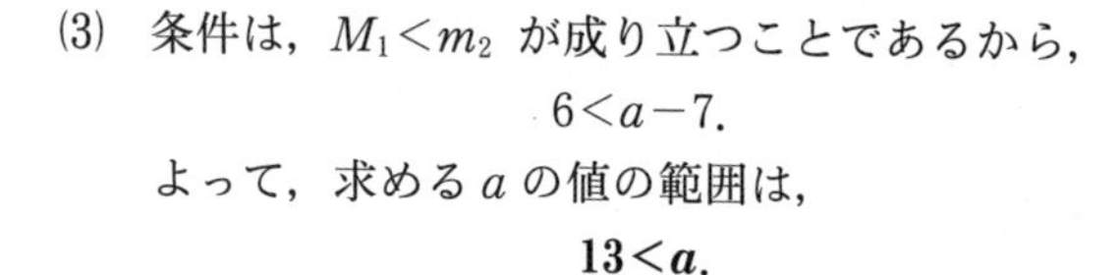

(3)　条件は，$M_1<m_2$ が成り立つことであるから，

$$6<a-7.$$

よって，求める a の値の範囲は，

$$\boldsymbol{13<a}.$$

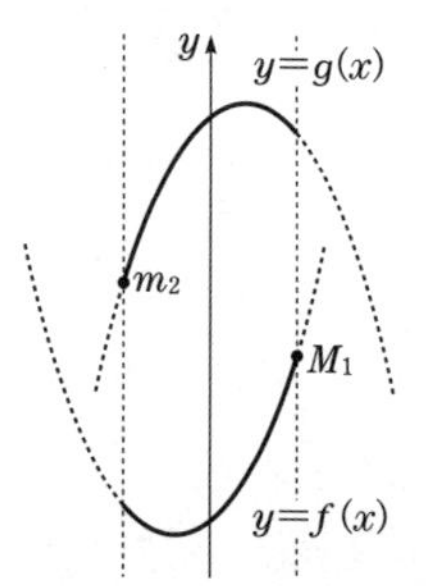

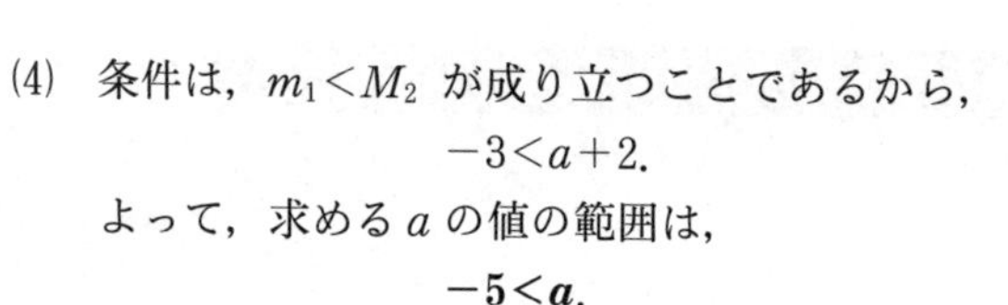

(4)　条件は，$m_1<M_2$ が成り立つことであるから，

$$-3<a+2.$$

よって，求める a の値の範囲は，

$$\boldsymbol{-5<a}.$$

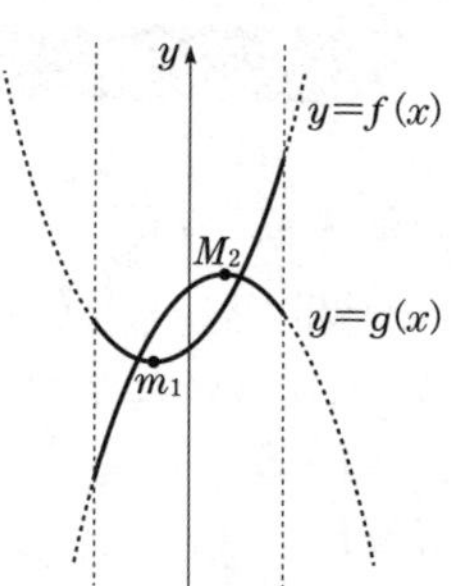

解説

(3)　x_1 を $-2\leqq x_1\leqq 2$ の範囲で固定すると，

すべての x_2（$-2\leqq x_2\leqq 2$）に対して，$f(x_1)<g(x_2)$

$\iff$ $f(x_1)<$（$g(x)$ の $-2\leqq x\leqq 2$ における最小値）

$\iff$ $f(x_1)<m_2$

これがすべての x_1 $(-2\leqq x_1\leqq 2)$ に対して成り立つ条件は,

$$(f(x)\text{の }-2\leqq x\leqq 2\text{ における最大値})<m_2$$

$$\iff M_1<m_2.$$

(4)　ある組 x_1, x_2 に対して, $f(x_1)<g(x_2)$ が成り立てば,

$$m_1\leqq f(x_1)<g(x_2)\leqq M_2$$

より,

$$m_1<M_2$$

が成り立つ.

また, $m_1<M_2$ とすると $m_1=f(-1)$, $M_2=g(1)$ であるから, $x_1=-1$, $x_2=1$ として,

$$f(x_1)<g(x_2)$$

が成り立つ.

したがって,

$$\text{ある組 } x_1,\ x_2 \text{ に対して, } f(x_1)<g(x_2) \iff m_1<M_2$$

である.

8　2次方程式の実数解条件…すべての x に対して, ある x に対して

解法のポイント

a, b, c を実数 $(a\neq 0)$ とするとき,

$$ax^2+bx+c=0 \text{ が実数解をもつ}$$

$$\iff D=b^2-4ac\geqq 0.$$

(D を2次方程式 $ax^2+bx+c=0$ の判別式という.)

【解答】

$$x^2+(2t+k+1)x+(kt+6)=0 \qquad \cdots①$$

の判別式を D とすると,

$$D=(2t+k+1)^2-4(kt+6)=4t^2+4t+k^2+2k-23.$$

$f(t)=4t^2+4t+k^2+2k-23$ とおくと,

$$f(t)=4\left(t+\frac{1}{2}\right)^2+k^2+2k-24.$$

$-1\leqq t\leqq 1$ となるすべての t に対して, ①が実数解をもつのは,

$$-1\leqq t\leqq 1 \text{ のときつねに } D=f(t)\geqq 0$$

が成り立つときである.

よって，求める条件は，

$$f\left(-\frac{1}{2}\right)\geqq 0.$$

$$k^2+2k-24\geqq 0.$$

$$(k+6)(k-4)\geqq 0.$$

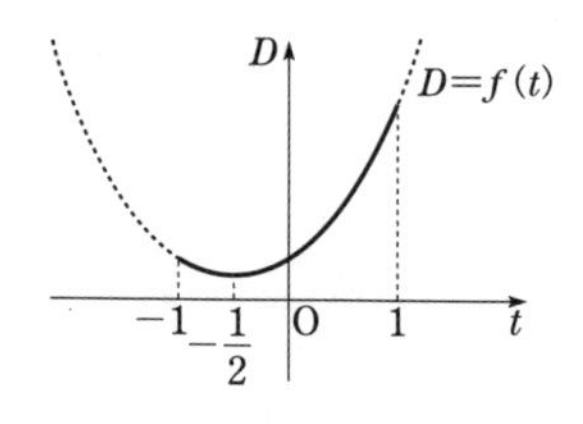

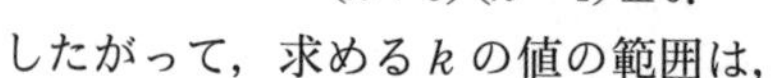
したがって，求める k の値の範囲は，

$$\boldsymbol{k\leqq -6} \text{ **または** } \boldsymbol{4\leqq k.}$$

また，①が $-1\leqq t\leqq 1$ となる少なくとも 1 つの t に対して実数解をもつのは，

$-1\leqq t\leqq 1$ となる少なくとも 1 つの t に対して $D=f(t)\geqq 0$

が成り立つときである．

よって，求める条件は，

$$f(1)\geqq 0.$$

$$k^2+2k-15\geqq 0.$$

$$(k+5)(k-3)\geqq 0.$$

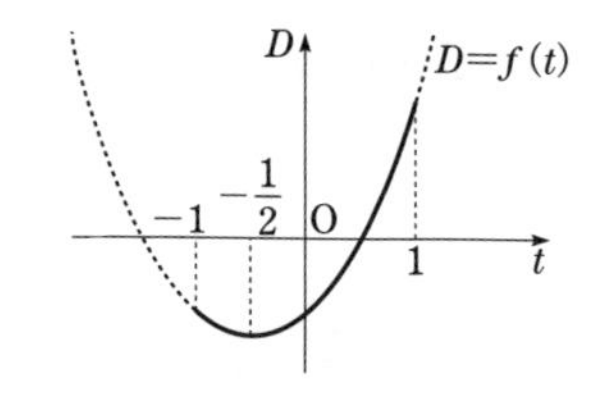

したがって，求める k の値の範囲は，

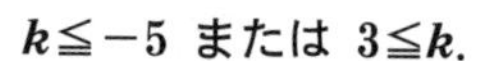
$$\boldsymbol{k\leqq -5} \text{ **または** } \boldsymbol{3\leqq k.}$$

第2章　数と式

9　条件と命題

解法のポイント

(3)，(6)　U を全体集合とし，条件 p を満たす要素全体の集合を P，条件 q を満たす要素全体の集合を Q とする．このとき，

「命題 $p \Rightarrow q$ は真である」$\Longleftrightarrow$「$P \subset Q$」.

【解答】

(1)　$a>6$ のとき，$a^2>36$ であるから $a^2>16$ は成り立つ．

$a^2>16$ のとき，必ずしも $a>6$ は成り立たない．

［反例］ $a=-5$ のとき，$a^2=25>16$ であるが $a>6$ ではない．

よって，$a^2>16$ であることは，$a>6$ であるための，

(A)　必要条件であるが十分条件ではない．

(2)

$$a^3-b^3=(a-b)(a^2+ab+b^2)$$
$$=(a-b)\left\{\left(a+\frac{1}{2}b\right)^2+\frac{3}{4}b^2\right\}$$

において，a，b は実数であるから，

$$\left(a+\frac{1}{2}b\right)^2+\frac{3}{4}b^2 \geqq 0$$

（等号成立は，$a=b=0$ のとき）

したがって，

$$a>b \Longleftrightarrow a-b>0$$
$$\Longleftrightarrow a^3-b^3>0$$
$$\Longleftrightarrow a^3>b^3.$$

すなわち，$a>b$ であることは，$a^3>b^3$ であるための，

(C)　必要十分条件である．

(3)　$ab<0$ ならば $a<0$ または $b<0$ は真である．

［証明］「$a \geqq 0$ かつ $b \geqq 0$ ならば $ab \geqq 0$」は真である．

したがって，対偶をとって

$$ab<0 \text{ ならば } a<0 \text{ または } b<0$$

も真である．

また，$a<0$ または $b<0$ ならば $ab<0$ は必ずしも成り立たない．

［反例］ $a=-1$，$b=-1$ とすると，$a<0$ または $b<0$ は成り立っているが，$ab=1$ であり，$ab<0$ ではない．

よって，$a<0$ または $b<0$ であることは，$ab<0$ であることの，

(A) **必要条件であるが十分条件ではない．**

(4) a と b がともに有理数ならば，明らかに $a+b$，ab はともに有理数である．

また，$a=\sqrt{2}$，$b=-\sqrt{2}$ とすると，$a+b=0$，$ab=-2$ はともに有理数であるが，a，b は有理数ではない．

よって，a と b がともに有理数であることは，$a+b$ と ab がともに有理数であるための，

(B) **十分条件であるが必要条件ではない．**

(5) $a=\sqrt{2}$，$b=-\sqrt{2}$ とすると，a と b はともに無理数であるが $a+b=0$ は無理数ではない．

また，$a=1$，$b=\sqrt{2}$ とすると，$a+b=1+\sqrt{2}$ と $ab=\sqrt{2}$ はともに無理数であるが a は無理数ではない．

よって，a と b がともに無理数であることは，$a+b$ と ab がともに無理数であることの，

(D) **必要条件でも十分条件でもない．**

(6) $a^2+b^2<2$ とすると，$a^2<2$，$b^2<2$ より，

$$|a|<\sqrt{2},\quad |b|<\sqrt{2}$$

したがって，

$$\begin{aligned}(|a|+|b|)^2&=a^2+b^2+2|a||b|\\&<2+2+2\cdot\sqrt{2}\cdot\sqrt{2}\\&<9.\end{aligned}$$

$|a|+|b|\geqq 0$ より，

$$|a|+|b|<3.$$

また，$a=2$，$b=0$ は $|a|+|b|<3$ を満たすが $a^2+b^2<2$ を満たさない．

よって，$a^2+b^2<2$ であることは，$|a|+|b|<3$ であることの，

(B) **十分条件であるが必要条件ではない．**

解説

条件 p，q について，命題 $p\Rightarrow q$（p ならば q）が真であるとき，

p は q であるための**十分条件**，

q は p であるための**必要条件**

であるという．

また，命題 $p \Rightarrow q$ が真であり，かつ命題 $q \Rightarrow p$ が真であるとき，

p は q であるための**必要十分条件**

あるいは，

p と q は**同値**である

といい，$p \Longleftrightarrow q$ で表す．

U を全体集合とし，条件 p を満たす要素全体の集合（条件 p の真理集合という）を P，条件 q を満たす要素全体の集合を Q とするとき，

$p \Rightarrow q$ が真である

ことは，

P は Q の部分集合である（$P \subset Q$）

ことに他ならない．

［別解］

(3)　ab 平面上で $a<0$ または $b<0$ の表す領域を P，$ab<0$ の表す領域を Q とすると，P，Q はそれぞれ次の図の網目部分である（境界線を含まない）．

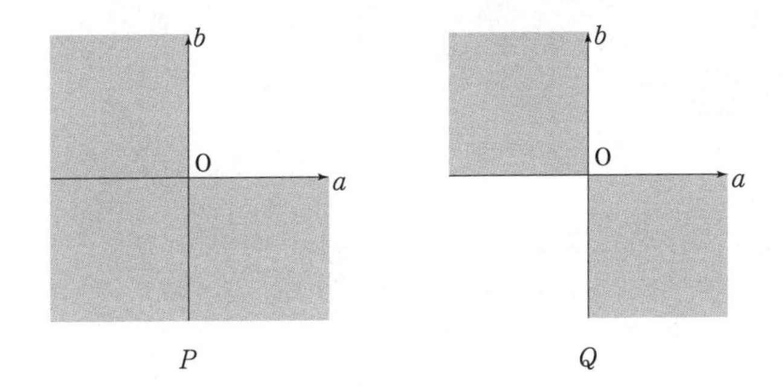

これより，

$Q \subset P$，$P \neq Q$．

したがって，$a<0$，または $b<0$ であることは，$ab<0$ であることの，

(A)　必要条件であるが十分条件ではない．

(6)　ab 平面上で $a^2+b^2<2$ の表す領域を P，$|a|+|b|<3$ の表す領域を Q とすると，P，Q はそれぞれ次の図の網目部分である（境界を含まない）．

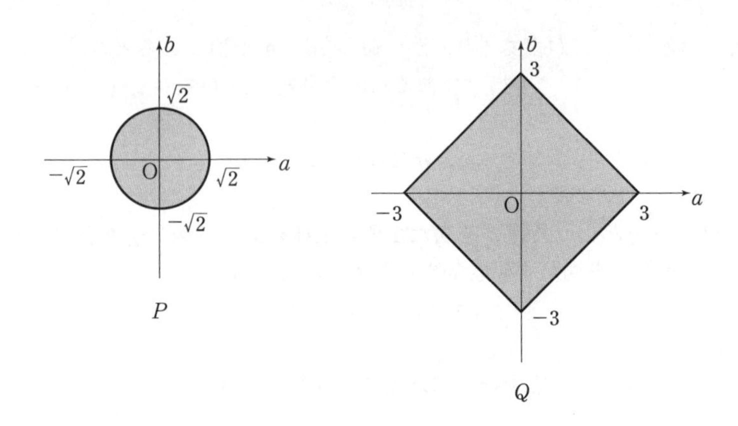

これより，

$$P \subset Q,\ P \neq Q.$$

したがって，$a^2+b^2<2$ であることは，$|a|+|b|<3$ であるための，

(B) 十分条件であるが必要条件ではない．

10 絶対不等式

解法のポイント

a，b，c を実数（$a \neq 0$）とするとき，

すべての実数 x に対し，$ax^2+bx+c \geqq 0$ が成り立つ

$\iff$ $a>0$ かつ $b^2-4ac \leqq 0$．

【解答】

$$x^2+y^2+z^2 \geqq ax(y-z)$$

$$\iff x^2-a(y-z)x+y^2+z^2 \geqq 0. \quad \cdots ①$$

左辺を x の 2 次式と考え，その判別式を D_1 とおくとき，

①がすべての実数 x に対して成り立つ

$$\iff D_1=a^2(y-z)^2-4(y^2+z^2) \leqq 0$$

$$\iff (4-a^2)y^2+2a^2yz+(4-a^2)z^2 \geqq 0. \quad \cdots ②$$

②がすべての実数 y，z に対して成り立つような実数 a の値の範囲を求めればよい．

$a=\pm 2$ のとき，

$$② \iff 8yz \geqq 0$$

で，$y=1$，$z=-1$ に対しては上の不等式は成り立たないから不適．

$a \neq \pm 2$ のとき，②の左辺を y の2次式と考え，その判別式を D_2 とおくとき，

②がすべての実数 y に対して成り立つ

$\iff$ $4-a^2>0$ かつ $D_2=(2a^2z)^2-4(4-a^2)^2z^2 \leqq 0$

$\iff$ $a^2<4$ かつ $z^2\{a^4-(4-a^2)^2\} \leqq 0$

$\iff$ $a^2<4$ かつ $8z^2(a^2-2) \leqq 0$

$\iff$ $a^2-2 \leqq 0.$

よって，求める a の値の範囲は，

$$-\sqrt{2} \leqq a \leqq \sqrt{2}.$$

11　無理不等式

解法のポイント

(3)　$a \geqq 0$，$b \geqq 0$ のとき，

$$a \leqq b \iff a^2 \leqq b^2$$

を用いて，与えられた不等式を(1)，(2)の結果が使える形に書き直す．

【解答】

(1)　$x \geqq 0$，$y \geqq 0$ より $x+y \geqq 0$ であるから，$c \geqq 1$ のとき，

$$c(x+y) \geqq x+y. \quad \cdots ②$$

また，

$$x+y-2\sqrt{xy}=(\sqrt{x}-\sqrt{y})^2 \geqq 0$$

より，

$$x+y \geqq 2\sqrt{xy}. \quad \cdots ③$$

②，③から，

$$c(x+y) \geqq 2\sqrt{xy}.$$

(2)　①がつねに成り立つことより，①において，$x=y$ のときも成り立つことが必要であるから，$x=y=1$ とすると，

$$2c \geqq 2.$$

よって，

$$c \geqq 1.$$

(3)　$\sqrt{x}+\sqrt{y} \geqq 0$，$k\sqrt{x+y} \geqq 0$ より，

$$\sqrt{x}+\sqrt{y} \leqq k\sqrt{x+y}$$

$$\iff (\sqrt{x}+\sqrt{y})^2 \leqq k^2(x+y)$$

$$\iff x+y+2\sqrt{xy} \leqq k^2(x+y)$$

$$\iff (k^2-1)(x+y) \geqq 2\sqrt{xy}.$$

(1)，(2)により，この不等式がつねに成り立つための必要十分条件は，

$$k^2-1 \geqq 1$$

である．

よって，

$$k^2 \geqq 2.$$

$k>0$ より，

$$k \geqq \sqrt{2}.$$

よって，**k の最小値は $\sqrt{2}$ である．**

解説

(1) （相加平均）≧（相乗平均）を用いて示してもよい．

[別解]

$x \geqq 0$，$y \geqq 0$ より（相加平均）≧（相乗平均）から，

$$x+y \geqq 2\sqrt{xy}.$$

$c \geqq 1$ より，　$c(x+y) \geqq 2c\sqrt{xy} \geqq 2\sqrt{xy}.$

(3) (1)，(2)によらず直接求めることもできる．

[別解]

$x \geqq 0$，$y \geqq 0$ とするとき，

$$\sqrt{x}+\sqrt{y} \leqq k\sqrt{x+y} \qquad \cdots(*)$$

がつねに成り立つから，(*)で $x=y=1$ とおくと，$2 \leqq \sqrt{2}k$.

これより，$\sqrt{2} \leqq k$ である．

また，

$$(\sqrt{2}\sqrt{x+y})^2-(\sqrt{x}+\sqrt{y})^2=2(x+y)-(x+y+2\sqrt{xy})$$
$$=(\sqrt{x}-\sqrt{y})^2 \geqq 0$$

より，

$$(\sqrt{x}+\sqrt{y})^2 \leqq (\sqrt{2}\sqrt{x+y})^2.$$

$\sqrt{x}+\sqrt{y} \geqq 0$，$\sqrt{2}\sqrt{x+y} \geqq 0$ であるから，

$$\sqrt{x}+\sqrt{y} \leqq \sqrt{2}\sqrt{x+y}.$$

よって，　$k=\sqrt{2}$ のとき(*)はつねに成り立つ．

したがって，**(*)がつねに成り立つような正の定数 k の最小値は $\sqrt{2}$ である．**

12　(相加平均)≧(相乗平均)

解法のポイント

$a \geqq 0$，$b \geqq 0$ のとき，

$$\frac{a+b}{2} \geqq \sqrt{ab} \quad (\text{等号成立は } a=b \text{ のとき})$$

が成り立つ．

【解答】

$\dfrac{1}{2} \geqq \dfrac{1}{x}+\dfrac{1}{y}$ より，

$$\begin{aligned}\frac{1}{2}(2x+y) &\geqq \left(\frac{1}{x}+\frac{1}{y}\right)(2x+y) \\ &= 3+\frac{2x}{y}+\frac{y}{x} \\ &\geqq 3+2\sqrt{\frac{2x}{y}\cdot\frac{y}{x}} \quad ((\text{相加平均})\geqq(\text{相乗平均})\text{より}) \\ &= 3+2\sqrt{2}.\end{aligned}$$

よって，

$$2x+y \geqq 6+4\sqrt{2}.$$

等号成立は，

$$\begin{cases} \dfrac{1}{x}+\dfrac{1}{y}=\dfrac{1}{2}, & \cdots① \\ \dfrac{2x}{y}=\dfrac{y}{x} & \cdots② \end{cases}$$

が成り立つときである．

②より，$y=\sqrt{2}\,x$ であるから，①に代入して，

$$\frac{1}{x}+\frac{1}{\sqrt{2}\,x}=\frac{1}{2}.$$

これより，

$$x=2+\sqrt{2},\ y=2+2\sqrt{2}$$

であり，これらは $x>2$，$y>2$ を満たしている．

よって，$2x+y$ の最小値は，

$$\boldsymbol{6+4\sqrt{2}}.$$

[別解]

$$\frac{1}{x}+\frac{1}{y}\leqq\frac{1}{2}$$

$$\iff \quad \frac{1}{y}\leqq\frac{1}{2}-\frac{1}{x}=\frac{x-2}{2x}$$

$$\iff \quad y\geqq\frac{2x}{x-2}$$

より,

$$2x+y\geqq2\left(x+\frac{x}{x-2}\right)=2\left((x-2)+\frac{2}{x-2}+3\right)$$

$$\geqq2\left\{2\sqrt{(x-2)\cdot\frac{2}{x-2}}+3\right\}$$ ((相加平均)≧(相乗平均) より)

$$=2(2\sqrt{2}+3).$$

よって,

$$2x+y\geqq6+4\sqrt{2}.$$

等号成立は,

$$\begin{cases}\dfrac{1}{x}+\dfrac{1}{y}=\dfrac{1}{2}, & \cdots① \\ x-2=\dfrac{2}{x-2} & \cdots②\end{cases}$$

のときである.

②より,

$$(x-2)^2=2.$$

$$x=2\pm\sqrt{2}.$$

$x>2$ より,

$$x=2+\sqrt{2}.$$

①に代入して,

$$\frac{1}{y}=\frac{1}{2}-\frac{1}{2+\sqrt{2}}=\frac{1}{\sqrt{2}(2+\sqrt{2})}.$$

したがって,

$$y=\sqrt{2}(2+\sqrt{2}).$$

よって, $2x+y$ は $x=2+\sqrt{2}$, $y=2+2\sqrt{2}$ で最小値 $\mathbf{6+4\sqrt{2}}$ をとる.

13 方程式の整数解

解法のポイント

$0<x<y<z$ より $\dfrac{1}{x}>\dfrac{1}{y}>\dfrac{1}{z}>0$ となることを利用する.

【解答】

$$\frac{1}{x}+\frac{1}{y}+\frac{1}{z}=\frac{1}{2}. \quad \cdots①$$

$0<x<y<z$ より，　$\frac{1}{x}>\frac{1}{y}>\frac{1}{z}>0$

であるから，　$\frac{3}{x}>\frac{1}{x}+\frac{1}{y}+\frac{1}{z}>\frac{1}{x}.$

①を代入して，　$\frac{3}{x}>\frac{1}{2}>\frac{1}{x}.$

したがって，

$$2<x<6$$

となり，x が自然数であることより，$x=3,\ 4,\ 5$ が得られる．

(i)　$x=5$ のとき，　① $\iff$ $\frac{1}{y}+\frac{1}{z}=\frac{3}{10}.$　…②

$\frac{1}{y}>\frac{1}{z}>0$ より，$\frac{2}{y}>\frac{1}{y}+\frac{1}{z}>\frac{1}{y}$ であるから，②を代入して，

$$\frac{2}{y}>\frac{3}{10}>\frac{1}{y}.$$

したがって，$\frac{10}{3}<y<\frac{20}{3}$ となり，y が自然数であることより，

$$y=4,\ 5,\ 6.$$

$5=x<y$ より，$y=6$ となるが，このとき，②より，

$$\frac{1}{z}=\frac{2}{15}.$$

$$z=\frac{15}{2}.$$

これは z が自然数であることに反する．

(ii)　$x=4$ のとき，　① $\iff$ $\frac{1}{y}+\frac{1}{z}=\frac{1}{4}.$　…③

$\frac{1}{y}>\frac{1}{z}>0$ より，$\frac{2}{y}>\frac{1}{y}+\frac{1}{z}>\frac{1}{y}.$

$$\frac{2}{y}>\frac{1}{4}>\frac{1}{y}.$$

$$4<y<8.$$

y は自然数であるから，

$$y=5,\ 6,\ 7.$$

(ア)　$y=5$ のとき，　③ $\iff$ $\frac{1}{z}=\frac{1}{20}$

$\iff$ $z=20.$

(イ) $y=6$ のとき，　③ $\iff \dfrac{1}{z}=\dfrac{1}{12}$

$$\iff z=12.$$

(ウ) $y=7$ のとき，　③ $\iff \dfrac{1}{z}=\dfrac{3}{28}$

$$\iff z=\frac{28}{3}.$$

これは z が自然数であることに矛盾する．

よって，求める x，y，z の組は，

$$(\boldsymbol{x},\ \boldsymbol{y},\ \boldsymbol{z})=(\mathbf{4},\ \mathbf{5},\ \mathbf{20}),\ (\mathbf{4},\ \mathbf{6},\ \mathbf{12}).$$

解説

$x<y<z$，$\dfrac{1}{x}+\dfrac{1}{y}+\dfrac{1}{z}=\dfrac{1}{2}$ を満たす自然数 x，y，z の組（x，y，z）のうち，x が最大なものを求めるのであるから，$x=3$，4，5 が得られたら，$x=5$，$x=4$，$x=3$ の順で条件を満たす y，z の値を求めていけばよい．

【解答】で示したように，$x=5$ のとき，条件を満たす y，z は存在せず，$x=4$ のとき，条件を満たす y，z は 2 組ある．

したがって，本問に関しては $x=3$ のときの条件を満たす y，z は求める必要がないのである．

なお，$x=3$ のとき，条件を満たす x，y，z の組を求めると，

$$(x,\ y,\ z)=(3,\ 7,\ 42),\ (3,\ 8,\ 24),\ (3,\ 9,\ 18),\ (3,\ 10,\ 15)$$

の 4 組がある．

また，**【解答】**中の(i)，(ii)の部分については次のような **[別解]** がある．

[(i)，(ii)の別解]

(i) $x=5$ のとき，$\dfrac{1}{x}+\dfrac{1}{y}+\dfrac{1}{z}=\dfrac{1}{2} \iff \dfrac{1}{y}+\dfrac{1}{z}=\dfrac{3}{10}$

$$\iff 10z+10y=3yz$$

$$\iff (3y-10)(3z-10)=100.$$

y，z は自然数で $5=x<y<z$ より，

$$5<3y-10<3z-10.$$

$3y-10$，$3z-10$ は自然数であるから，条件を満たす x，y，z の組はない．

(ii) $x=4$ のとき，$\dfrac{1}{x}+\dfrac{1}{y}+\dfrac{1}{z}=\dfrac{1}{2} \iff \dfrac{1}{y}+\dfrac{1}{z}=\dfrac{1}{4}$

$$\iff 4z+4y=yz$$

$$\iff (y-4)(z-4)=16.$$

y, z は自然数で，$4=x<y<z$ より，

$$0<y-4<z-4.$$

$y-4$, $z-4$ は自然数であるから，

$$(y-4,\ z-4)=(1,\ 16),\ (2,\ 8).$$

$$(y,\ z)=(5,\ 20),\ (6,\ 12).$$

14　ピタゴラス整数

解法のポイント

(1)　整数 a は 3 で割った余りにより，

$$a=3k,\ 3k+1,\ 3k+2 \qquad (k \text{ は整数})$$

または

$$a=3n,\ 3n+1,\ 3n-1 \qquad (n \text{ は整数})$$

と分類できる．

(2), (3)　対偶命題が成り立つことを示す．

【解答】

(1)　整数 a は，n を整数として，

$$a=3n,\ 3n\pm1$$

と表せる．

(i)　$a=3n$ のとき，

$a^2=3\cdot3n^2$ であるから，a^2 を 3 で割った余りは 0.

(ii)　$a=3n\pm1$ のとき，

$a^2=3(3n^2\pm2n)+1$ であるから，a^2 を 3 で割った余りは 1.

よって，a^2 を 3 で割った余りは 0 または 1 である．

(2)　対偶命題「a, b の少なくとも一方が 3 の倍数でないならば，a^2+b^2 は 3 の倍数でない」…(*)を示せばよい．

(1)の結果から，

(i)　a, b がともに 3 の倍数でないとき，a^2, b^2 を 3 で割った余りはともに 1 であるから，a^2+b^2 を 3 で割った余りは 2.

(ii)　a, b のうち一方のみが 3 の倍数であるとき，a^2, b^2 の一方を 3 で割った余りは 0，もう一方を 3 で割った余りは 1 であるから，a^2+b^2 を 3 で割った余りは 1.

となり，いずれの場合も a^2+b^2 は 3 の倍数でない．

よって，対偶命題(*)が成り立つので，もとの命題は成り立つ．

(3)　対偶命題

「a，b がともに 3 の倍数でないならば，$a^2+b^2=c^2$ は成り立たない」…(**)
を示せばよい．

(1)の結果から，a，b がともに 3 の倍数でないならば，a^2+b^2 を 3 で割った余りは 2 である．

一方，c^2 を 3 で割った余りは 0 または 1 である．

よって，$a^2+b^2=c^2$ は成り立たない．

対偶命題(**)が成り立つので，もとの命題は成り立つ．

解説

命題「$p \Rightarrow q$」とその対偶命題 「q でない $\Rightarrow p$ でない」は同値（一方が真なら他方も真，また一方が偽なら他方も偽）な命題である．

本問の(2)，(3)のようにある命題を直接証明するのが難しいとき，その対偶を証明する方が考えやすいこともある．

(2)，(3)を直接証明するには，次のようにすればよい．

[(2)の別解]

a^2，b^2，a^2+b^2 を 3 で割った余りを順に x，y，z とすると，(1)より x，y は 0 か 1 であり，x，y，z の関係は次の表のようになる．

x	0	0	1	1
y	0	1	0	1
z	0	1	1	2

よって，a^2+b^2 が 3 の倍数（$z=0$）になるのは $x=y=0$ のときであり，このとき(1)により，a と b はともに 3 の倍数である．

[(3)の別解]

$a^2+b^2=c^2$ ならば，c^2 を 3 で割った余りが z である．

(1)より，$z=0$ または 1 で，上の表より，

$$(x,\ y)=(0,\ 0),\ (0,\ 1),\ (1,\ 0).$$

このとき，(1)より，a，b の少なくとも一方は 3 の倍数である．

15 整数値をとる整式

解法のポイント

(2)　連続する3整数の積は6の倍数である．

【解答】

(1)

$$\begin{cases} f(-1)=a-b-\dfrac{1}{6}, \\ f(1)=a+b+\dfrac{1}{6}. \end{cases}$$

$0\leqq a<1$，$0\leqq b<1$ より，

$$\begin{cases} -1<a-b<1, \\ \ \ 0\leqq a+b<2. \end{cases}$$

よって，

$$\begin{cases} -\dfrac{7}{6}<a-b-\dfrac{1}{6}<\dfrac{5}{6}, \\ \dfrac{1}{6}\leqq a+b+\dfrac{1}{6}<\dfrac{13}{6}. \end{cases}$$

ここで，$a-b-\dfrac{1}{6}$，$a+b+\dfrac{1}{6}$ はともに整数であるから，

$$\left(a-b-\frac{1}{6},\ a+b+\frac{1}{6}\right)=(-1,\ 1),\ (-1,\ 2),\ (0,\ 1),\ (0,\ 2).$$

これより，

$$\left(2a,\ 2b+\frac{1}{3}\right)=(0,\ 2),\ (1,\ 3),\ (1,\ 1),\ (2,\ 2).$$

よって，

$$(a,\ b)=\left(0,\ \frac{5}{6}\right),\ \left(\frac{1}{2},\ \frac{4}{3}\right),\ \left(\frac{1}{2},\ \frac{1}{3}\right),\ \left(1,\ \frac{5}{6}\right).$$

このうち，$0\leqq a<1$，$0\leqq b<1$ を満たすものは，

$$\boldsymbol{(a,\ b)=\left(0,\ \frac{5}{6}\right),\ \left(\frac{1}{2},\ \frac{1}{3}\right).}$$

(2)　(i)　$(a,\ b)=\left(0,\ \dfrac{5}{6}\right)$ のとき，

$$\begin{aligned} f(n)&=\frac{1}{6}n^3+\frac{5}{6}n \\ &=\frac{1}{6}(n^3-n)+n \\ &=\frac{1}{6}(n-1)n(n+1)+n. \end{aligned}$$

n が整数のとき，$(n-1)n(n+1)$ は連続する3整数の積であるから6の倍数である．

よって，$f(n)$ は整数である．

(ii) $(a,\ b)=\left(\frac{1}{2},\ \frac{1}{3}\right)$ のとき，

$$f(n)=\frac{1}{6}n^3+\frac{1}{2}n^2+\frac{1}{3}n$$
$$=\frac{1}{6}n(n+1)(n+2).$$

n が整数のとき，$n(n+1)(n+2)$ は連続する3整数の積であるから6の倍数である．

よって，$f(n)$ は整数である．

16 剰余系

解法のポイント

a，b，c は整数とする．

c は a および b の倍数であり，a，b は互いに素
$\Longrightarrow$ c は ab の倍数である．

【解答】

n は奇数であるから，

$$n=2k+1 \quad (k \text{ は整数})$$

と表される．

(1)
$$n^2-1=(2k+1)^2-1$$
$$=4k(k+1)$$

であり，k，$k+1$ のどちらかは偶数であるから，n^2-1 は8の倍数である．

(2)
$$n^5-n=n(n^2-1)(n^2+1)$$
$$=(n-1)n(n+1)(n^2+1)$$

であり，$n-1$，n，$n+1$ のどれか1つは3の倍数であるから，n^5-n は3の倍数である．

(3) (1)，(2)より，n^5-n は8の倍数かつ3の倍数であり，8と3は互いに素であるから，n^5-n は24の倍数である．

24と5は互いに素であるから n^5-n が5の倍数であることを示せば，n^5-n は $24\cdot5=120$ の倍数であることがいえる．

(i)　$n=5m$（m は整数）のとき，

$$n^5-n=5m(n^4-1)$$

より，n^5-n は5の倍数である．

(ii)　$n=5m\pm1$（m は整数）のとき，

$$\begin{aligned} n^5-n &= (n^2-1)n(n^2+1) \\ &= (25m^2\pm10m)n(n^2+1) \\ &= 5m(5m\pm2)n(n^2+1) \end{aligned}$$

より，n^5-n は5の倍数である．

(iii)　$n=5m\pm2$（m は整数）のとき，

$$\begin{aligned} n^5-n &= (n^2+1)n(n^2-1) \\ &= (25m^2\pm20m+5)n(n^2-1) \\ &= 5(5m^2\pm4m+1)n(n^2-1) \end{aligned}$$

より，n^5-n は5の倍数である．

(i)～(iii)より任意の整数 n に対して，n^5-n は5の倍数である．

したがって，n が奇数のとき，n^5-n は120の倍数である．

解説

(1)　$n=2k+1$（k は整数）とすると，

$$\begin{aligned} n^5-n &= (n-1)n(n+1)(n^2+1) \\ &= 2k(2k+1)(2k+2)(4k^2+4k+2) \\ &= 8k(k+1)(2k+1)(2k^2+2k+1) \end{aligned}$$

であり，k，$k+1$ のどちらか一方は偶数であるから，n^5-n は16の倍数である．

(2), (3)より，n^5-n は3および5の倍数でもあるから n が奇数のとき，n^5-n は $16\cdot3\cdot5=240$ の倍数である．

(3)　整数 n は5で割った余りに注目することにより，

(i)　$n=5m$，$5m+1$，$5m+2$，$5m+3$，$5m+4$

または

(ii)　$n=5m-2$，$5m-1$，$5m$，$5m+1$，$5m+2$

と5種類に分類できる（m は整数）．

任意の整数 n に対して，n^5-n が5の倍数であることは(i)，(ii)いずれの分類を用いても証明することができるが，(ii)の方法による方が計算量が少ない．

17 公約数・公倍数

解法のポイント

(3) 恒等式 $4(n^2+1)-(2n+1)(2n-1)=5$ を利用する.

【解答】

(1)
$$(n^2+1)-(n+2)(n-2)=5 \qquad \cdots①$$
とする.

$n+2$ と n^2+1 の公約数を d とすると,
$$n+2=da,\ n^2+1=db$$
を満たす自然数 a, b が存在する.

①より,
$$db-da(da-4)=5.$$
$$d\{b-a(da-4)\}=5.$$
$b-a(da-4)$ は整数であるから, d は5の約数である.

よって, $n+2$ と n^2+1 の公約数 d は1または5に限る.

(2) $n+2$ と n^2+1 が1以外に公約数をもつとき, (1)よりそれは5に限られる.

よって,
$$n+2=5k \quad (k \text{ は自然数})$$
と表される.

このとき,
$$\begin{aligned} n^2+1&=5k(5k-4)+5\\ &=5(5k^2-4k+1) \end{aligned}$$
となり, n^2+1 も5を約数にもち, $n+2$ と n^2+1 は1以外の公約数5をもつ.

よって, 求める n は,
$$n=5k-2=5(k-1)+3 \quad (k \text{ は自然数})$$
すなわち, **5で割ると3余るすべての自然数**である.

(3) 恒等式
$$4(n^2+1)-(2n+1)(2n-1)=5 \qquad \cdots②$$
が成り立つ.

$2n+1$ と n^2+1 の公約数を d' とおくと,
$$2n+1=d'a', \qquad n^2+1=d'b'$$
を満たす自然数 a', b' が存在する.

よって，(1)と同様にして，$2n+1$ と n^2+1 の公約数は1または5に限られる.

したがって，$2n+1$ と n^2+1 が1以外の公約数をもつとき，それは5に限られ,

$$2n+1=5l \quad (l\text{ は自然数})$$

と表される.

このとき，②より,

$$4(n^2+1)=5l(5l-2)+5$$
$$=5(5l^2-2l+1)$$

となり，$4(n^2+1)$ は5の倍数であるが，4と5は互いに素であるから，n^2+1 は5の倍数である.

よって，$2n+1$，n^2+1 は確かに1以外の公約数5をもつ.

ここで，$2n+1=5l$ において，$2n+1$ は奇数であるから l も奇数であり

$$l=2m-1 \quad (m\text{ は自然数})$$

と表される.

よって,

$$2n+1=5(2m-1)$$
$$n=5m-3=5(m-1)+2 \quad (m\text{ は自然数}).$$

したがって，**n は5で割ると2余るすべての自然数**である.

18 素数

解法のポイント

(1) 3より大きい素数は $3k+1$ または $3k+2$（k は自然数）の形に表される.

(2) n^4+4 を因数分解する.

【解答】

(1) $n=1$ のとき，n は素数ではない.

$n=2$ のとき，$n+2=4$，$n+4=6$ はともに素数ではない.

$n=3$ のとき，$n+2=5$，$n+4=7$ となり，n，$n+2$，$n+4$ はすべて素数である.

$n\geqq 4$ のとき，n が素数であるとすると,

$$n=3k+1 \text{ または } 3k+2 \quad (k\text{ は自然数})$$

と表される.

(i) $n=3k+1$ のとき,

$$n+2=3(k+1)$$

より, $n+2$ は素数ではない.

(ii) $n=3k+2$ のとき,

$$n+4=3(k+2)$$

より, $n+4$ は素数ではない.

したがって, $n \geqq 4$ のとき, n, $n+2$, $n+4$ がすべて素数となることはない.

以上より, n, $n+2$, $n+4$ がすべて素数である自然数 n は 3 に限る.

(2)
$$\begin{aligned} n^4+4 &= (n^2+2)^2-4n^2 \\ &= (n^2-2n+2)(n^2+2n+2) \end{aligned}$$

において, $n \geqq 2$ のとき,

$$\begin{cases} n^2-2n+2=(n-1)^2+1 \geqq 2, \\ n^2+2n+2=(n+1)^2+1 \geqq 10. \end{cases}$$

よって, n^4+4 は 2 以上の 2 つの自然数の積だから素数ではない.

参考

(1)で求めた

$$3,\ 5,\ 7$$

はいわば“連続した 3 つの素数”で, (1)はこのように, 連続した素数はただ 1 組しかないことを示したものでした.

それに対し,

$$3 \text{ と } 5,\ 5 \text{ と } 7,\ 11 \text{ と } 13,\ \cdots,\ 281 \text{ と } 283,\ \cdots$$

のように, 連続した奇数がともに素数である組（双子素数）は有限個なのか無数にあるのかはまだわかっていません.

19 フェルマーの定理

解法のポイント

p を素数, m を自然数とするとき, p^m の正の約数は,

$$1,\ p,\ p^2,\ \cdots,\ p^m$$

のいずれかである.

【解答】

(1)
$$n^3+1=p \iff (n+1)(n^2-n+1)=p.$$

p は素数で，$n+1 \geqq 2$ であるから，

$$\begin{cases} n+1=p \\ n^2-n+1=1 \end{cases}$$

$$\iff \begin{cases} n+1=p \\ n(n-1)=0. \end{cases}$$

これを満たす自然数 n と素数 p の組は，

$$\boldsymbol{(n,\ p)=(1,\ 2)}.$$

(2)
$$n^3+1=p^2 \iff (n+1)(n^2-n+1)=p^2.$$

p は素数で，$n+1 \geqq 2$ であるから，

$$\text{(i)} \begin{cases} n+1=p \\ n^2-n+1=p \end{cases} \quad \text{または} \quad \text{(ii)} \begin{cases} n+1=p^2 \\ n^2-n+1=1 \end{cases}$$

の2つの場合が考えられる．

(i)のとき，2式より p を消去すると，

$$n^2-n+1=n+1.$$
$$n(n-2)=0.$$

n は自然数より，

$$n=2$$

でこのとき，$p=3$ であるから条件を満たす．

(ii)のとき，$n^2-n+1=1$ より，

$$n(n-1)=0.$$

n は自然数であるから，

$$n=1.$$

このとき，$p^2=2$ となるから p は素数でない．

(i)，(ii)より，求める自然数 n と素数 p の組は，

$$\boldsymbol{(n,\ p)=(2,\ 3)}.$$

(3)
$$n^3+1=p^3 \qquad \cdots(*)$$

を満たす自然数 n と素数 p の組が存在したと仮定すると，

$$p^3-n^3=1 \iff (p-n)(p^2+pn+n^2)=1.$$

$p-n$ は整数，p^2+pn+n^2 は自然数であるから，

$$\begin{cases} p-n=1 \\ p^2+pn+n^2=1 \end{cases}$$

ここで p は素数，n は自然数であるから，

$$p \geqq 2,\ n \geqq 1.$$

よって，

$$p^2+pn+n^2 \geqq 7$$

となり，$p^2+pn+n^2=1$ を満たさない．

よって，(*)を満たす自然数 n と素数 p の組は存在しない．

参考

「p を素数とするとき，

$$x^3+y^3=p^3$$

を満たす自然数 x，y は存在しない．」

が 1998 年の同志社大，1999 年の早稲田大で出題されています．

もっと一般に，17 世紀にフランス人のフェルマー（*Fermat*）が予想し，350 年の永い間未解決であった“フェルマーの大定理”

「n を 2 より大きい自然数とするとき，

$$x^n+y^n=z^n$$

を満たす整数 x，y，z （$xyz \neq 0$）は存在しない．」

が 1995 年にイギリスの数学者ワイルス（*Wiles*）によって証明されました．

20 整式の除法

解法のポイント

(3) $P(x)=(x-1)^2(x+2)Q(x)+a(x-1)^2+4x-5$ と表される．

【解答】

条件より，

$$P(x)=(x-1)^2A(x)+4x-5, \quad \cdots①$$

$$P(x)=(x+2)B(x)-4 \quad \cdots②$$

を満たす整式 $A(x)$，$B(x)$ がある．

(1) $P(x)$ を $x-1$ で割ったときの余りを r とすると，

$$P(x)=(x-1)C(x)+r \quad \cdots③$$

を満たす整式 $C(x)$ がある．

①，③において，$x=1$ とおくと，$P(1)=-1=r$.

よって，求める余りは，

$$\mathbf{-1.}$$

(2) $P(x)$ を $(x-1)(x+2)$ で割ったときの余りを $px+q$ とすると，

$$P(x)=(x-1)(x+2)D(x)+px+q \quad \cdots④$$

を満たす整式 $D(x)$ がある．

①，④において，$x=1$ とおくと，

$$P(1)=-1=p+q. \quad \cdots⑤$$

②，④において，$x=-2$ とおくと，

$$P(-2)=-4=-2p+q. \quad \cdots⑥$$

⑤，⑥を解いて，

$$p=1,\quad q=-2.$$

よって，求める余りは，

$$\boldsymbol{x-2}.$$

(3)
$$P(x)=(x-1)^2(x+2)Q(x)+a(x-1)^2+4x-5 \quad \cdots⑦$$

とおける．

②，⑦において，$x=-2$ とおくと，

$$P(-2)=-4=9a-13. \qquad a=1.$$

よって，$P(x)$ を $(x-1)^2(x+2)$ で割ったときの余りは，

$$(x-1)^2+4x-5=\boldsymbol{x^2+2x-4}.$$

解説

整式 $f(x)$，$g(x)$ $(g(x)\neq 0)$ に対し，

$$f(x)=g(x)Q(x)+R(x)$$

ただし，$R(x)=0$ または $(R(x)$ の次数$)<(g(x)$ の次数$)$

を満たす整式 $Q(x)$，$R(x)$ がただ1組存在する．

$Q(x)$，$R(x)$ を，それぞれ $f(x)$ を $g(x)$ で割ったときの商および余り（剰余）という．

上で，特に，$g(x)=x-\alpha$ （α は定数）とすると，

$$f(x)=(x-\alpha)Q(x)+R \quad (R\text{ は定数})$$

となるから，この式で $x=\alpha$ として，

$$f(\alpha)=R.$$

よって，

剰余の定理

整式 $f(x)$ を1次式 $x-\alpha$ で割ったときの余りは $f(\alpha)$

因数定理

整式 $f(x)$ が1次式 $x-\alpha$ で割り切れる $\Longleftrightarrow f(\alpha)=0$

が得られる．

(3) $P(x)$ を $(x-1)^2(x+2)$ で割ったときの商を $Q(x)$ とする．余りは，2次以下の整式であるからそれを ax^2+bx+c とし，

$$ax^2+bx+c=a(x-1)^2+b'x+c'$$

とすると，

$$P(x)=(x-1)^2(x+2)Q(x)+a(x-1)^2+b'x+c'$$
$$=(x-1)^2\{(x+2)Q(x)+a\}+b'x+c'. \quad \cdots(*)$$

よって，$P(x)$ を $(x-1)^2$ で割ったときの余りが $4x-5$ であることより(*)と①を比較して，

$$\begin{cases} A(x)=(x+2)Q(x)+a, \\ 4x-5=b'x+c' \end{cases}$$

が成り立つ．

したがって，⑦のように，

$$P(x)=(x-1)^2(x+2)Q(x)+a(x-1)^2+4x-5$$

と表されることがわかる．

また，次のように求めてもよい．

[(3)の別解]

$$P(x)=(x-1)^2(x+2)Q(x)+ax^2+bx+c \quad \cdots(**)$$

とおくと，

$$P(x)=(x-1)^2(x+2)Q(x)+a(x-1)^2+(2a+b)x+(-a+c).$$

$P(x)$ を $(x-1)^2$ で割ったときの余りが $4x-5$ であるから，

$$(2a+b)x+(-a+c)=4x-5.$$

これが x についての恒等式であることより，

$$\begin{cases} 2a+b=4, \\ -a+c=-5. \end{cases}$$

また，②，(**)において，$x=-2$ とすると，

$$P(-2)=-4=4a-2b+c.$$

$b=-2a+4$，$c=a-5$ を代入して，

$$-4=4a-2(-2a+4)+(a-5).$$
$$-4=9a-13.$$
$$a=1.$$

よって，

$$a=1,\ b=2,\ c=-4$$

であるから，求める余りは，

$$\boldsymbol{x^2+2x-4.}$$

21 恒等式…整式の次数の決定

解法のポイント

(2) $f(x)$ の次数を n $(n \geqq 3)$ として，条件式の両辺の次数を比較する．

【解答】

$$f(x^2)=x^3f(x+1)-2x^4+2x^2. \quad \cdots(*)$$

(1) (*)において，$x=0,\ 1,\ -1$ とすると，

$$\begin{cases} f(0)=0, \\ f(1)=f(2)-2+2, \\ f(1)=-f(0)-2+2. \end{cases}$$

よって，

$$\boldsymbol{f(0)=f(1)=f(2)=0.}$$

(2) $f(x)$ が定数であると仮定すると，(*)の左辺は定数，右辺は x の4次式となり(*)は成り立たない．

よって，$f(x)$ は定数ではない．また，(1)の結果から因数定理により，$f(x)$ は $x,\ x-1,\ x-2$ を因数にもつ．

そこで，$f(x)$ を x の n 次式 $(n \geqq 3)$ とすると，$f(x+1)$，$f(x^2)$ はそれぞれ x の n 次，$2n$ 次式となる．

(*)の両辺の次数を比べて，

$$2n=n+3. \qquad n=3.$$

よって，**$f(x)$ の次数は3である．**

(3) (1)，(2)より，

$$f(x)=ax(x-1)(x-2) \qquad (a \neq 0)$$

とおける．これを(*)へ代入して，

$$ax^2(x^2-1)(x^2-2)=x^3 \cdot a(x+1)x(x-1)-2x^4+2x^2.$$

$$ax^6-3ax^4+2ax^2=ax^6-(a+2)x^4+2x^2.$$

これが x の恒等式であることより，両辺の係数を比較して，

$$\begin{cases} 3a=a+2, \\ 2a=2. \end{cases}$$

よって，

$$a=1.$$

これより，

$$\begin{aligned} \boldsymbol{f(x)} &= x(x-1)(x-2) \\ &= \boldsymbol{x^3-3x^2+2x.} \end{aligned}$$

22 3次方程式の解と係数の関係

解法のポイント

実数係数の n 次方程式

$$a_nx^n+a_{n-1}x^{n-1}+\cdots+a_1x+a_0=0 \quad (a_n \neq 0)$$

が $\alpha=p+qi$ (p, q は実数) を解にもてば，$\overline{\alpha}=p-qi$ も解である．

【解答】

(1) 実数係数の3次方程式

$$x^3+ax^2+bx+c=0 \qquad \cdots(*)$$

が $1+i$ を解にもつから，その共役複素数 $1-i$ も(*)の解である．

(*)の実数解を t とおくと，解と係数の関係より，

$$\begin{cases} t+(1+i)+(1-i)=-a, & \cdots① \\ t(1+i)+t(1-i)+(1+i)(1-i)=b, & \cdots② \\ t(1+i)(1-i)=-c. & \cdots③ \end{cases}$$

①より，

$$t=\boldsymbol{-a-2}.$$

(2) (1)の結果と②，③より，

$$\begin{aligned} b&=2t+2 \\ &=2(-a-2)+2 \\ &=-2a-2. \qquad \cdots④ \\ c&=-2t \\ &=-2(-a-2) \\ &=2a+4. \qquad \cdots⑤ \end{aligned}$$

2次方程式

$$x^2-bx+3=0 \qquad \cdots(**)$$

が $1+i$（または $1-i$）を解にもつとすると，$1-i$（または $1+i$）も(**)の解となり，(*)と(**)がただ1つの解を共有することに反する．

よって，t が共通解となるから，

$$t^2-bt+3=0.$$

これより，

$$(-a-2)^2-(-2a-2)(-a-2)+3=0.$$

$$a^2+2a-3=0.$$

$$(a+3)(a-1)=0.$$

$$a=-3,\ 1.$$

よって，④，⑤より，

$$(\boldsymbol{a},\ \boldsymbol{b},\ \boldsymbol{c})=(\mathbf{-3},\ \mathbf{4},\ \mathbf{-2}),\ (\mathbf{1},\ \mathbf{-4},\ \mathbf{6}).$$

解説

(1)　3次方程式 $ax^3+bx^2+cx+d=0$（$a\neq 0$）の3つの解を α，β，γ とすると，

$$\begin{aligned}&ax^3+bx^2+cx+d\\&=a(x-\alpha)(x-\beta)(x-\gamma)\\&=a\{x^3-(\alpha+\beta+\gamma)x^2+(\alpha\beta+\beta\gamma+\gamma\alpha)x-\alpha\beta\gamma\}\end{aligned}$$

となることから，係数を比べることにより，

解と係数の関係

$$\begin{cases}\alpha+\beta+\gamma=-\dfrac{b}{a},\\[2mm]\alpha\beta+\beta\gamma+\gamma\alpha=\dfrac{c}{a},\\[2mm]\alpha\beta\gamma=-\dfrac{d}{a}.\end{cases}$$

が成り立つ．

(2)　複素数 $\alpha=p+qi$（p，q は実数）に対し，$p-qi$ を α の共役複素数といい，$\overline{\alpha}$ と書く．

α が実数（$q=0$）ならば $\overline{\alpha}=\alpha$ であり，複素数 α，β について

$$\overline{\alpha+\beta}=\overline{\alpha}+\overline{\beta},\quad \overline{\alpha\beta}=\overline{\alpha}\,\overline{\beta}$$

が成り立つ．

これを繰り返し使うことにより，次のことがいえる．

$$f_n(x)=a_nx^n+a_{n-1}x^{n-1}+\cdots+a_1x+a_0\quad (a_n\neq 0)$$

を実数係数の n 次の多項式とすると，

$$f_n(\overline{\alpha})=\overline{f_n(\alpha)}.$$

したがって，

実数係数の n 次方程式

$$a_nx^n+a_{n-1}x^{n-1}+\cdots+a_1x+a_0=0\qquad \cdots(*)$$

$$(a_n,\ a_{n-1},\ \cdots,\ a_1,\ a_0\ \text{は実数},\ a_n\neq 0)$$

が虚数解 α を解にもつとき，$\overline{\alpha}$ も(*)の解である．

23 方程式の有理数解

【解答】

(1) p，q の少なくとも一方が偶数であると仮定する．$\dfrac{q}{p}$ は既約分数であるから，p，q の一方だけが偶数である．

$\dfrac{q}{p}$ は2次方程式 $ax^2+bx+c=0$ の解であるから，

$$a\left(\frac{q}{p}\right)^2+b\cdot\frac{q}{p}+c=0.$$

$$aq^2+bpq+cp^2=0. \qquad \cdots①$$

a，b，c は奇数であるから，p が奇数，q が偶数とすると，

aq^2 は偶数，bpq は偶数，cp^2 は奇数．

したがって，①の左辺は奇数である．

一方，①の右辺0は偶数であるから矛盾．

また，p が偶数，q が奇数とすると，

aq^2 は奇数，bpq は偶数，cp^2 は偶数．

したがって，このときも①の左辺は奇数であり，矛盾を生じる．

よって，p，q はともに奇数である．

(2) 2次方程式 $ax^2+bx+c=0$ が有理数の解 $\dfrac{q}{p}$ $\left(\dfrac{q}{p}\text{は既約分数}\right)$ を解にもつと仮定すると，(1)より p，q はともに奇数である．

このとき，

$$a\left(\frac{q}{p}\right)^2+b\cdot\frac{q}{p}+c=0.$$

$$aq^2+bpq+cp^2=0. \qquad \cdots②$$

ここで，a，b，c は奇数であるから，aq^2，bpq，cp^2 はすべて奇数となり，②は（奇数）=（偶数）となって矛盾を生じる．

よって，a，b，c が奇数のとき $ax^2+bx+c=0$ は有理数の解をもたない．

24　整数係数の方程式の有理数解

解法のポイント

整数 a，b，c について，

ab が c で割り切れ，a と c が互いに素 $\Longrightarrow$ b が c で割り切れる.

【解答】

(1)
$$x^3+ax^2+bx+c=0 \qquad \cdots①$$
が有理数の解
$$x=\frac{n}{m} \quad (m,\ n \text{ は } \pm1 \text{ 以外の公約数をもたない整数，} m>0)$$
をもつとすると，
$$\left(\frac{n}{m}\right)^3+a\left(\frac{n}{m}\right)^2+b\cdot\frac{n}{m}+c=0$$
$$\Longleftrightarrow \quad \frac{n^3}{m}=-an^2-bmn-cm^2.$$

この式の右辺は整数であるから，左辺も整数で，m，n は ±1 以外の公約数をもたないことから，$m=1$.

よって，①の有理数解 x は整数である.

(2)　方程式
$$x^3+2x^2+2=0 \qquad \cdots②$$
が有理数の解 p をもつとすると，(1)より p は整数で，
$$p^3+2p^2+2=0 \qquad \cdots③$$
$$\Longleftrightarrow \quad 2=-p^2(p+2).$$

これより p は2の約数であるから，$p=\pm1$，±2 のいずれかであるが，これらはいずれも③を満たさない.

よって，方程式②は有理数の解をもたない.

解説

(1)と同様にして次が証明できる.

整数係数の n 次方程式
$$a_nx^n+a_{n-1}x^{n-1}+\cdots+a_1x+a_0=0$$
$$(a_0,\ a_1,\ \cdots,\ a_{n-1},\ a_n \text{ は整数で，} a_n\neq0)$$
が有理数
$$x=\frac{q}{p} \quad (p,\ q \text{ は } \pm1 \text{ 以外に公約数をもたない整数})$$
を解にもつとき，

p は a_n の約数，q は a_0 の約数.

これを用いれば，整数係数の高次方程式が有理数解をもつとき，有限回の手続きでその有理数解を求めることができる．また，有理数解をもたないとき，その証明を有限回の手続きで行うことができる．

第 3 章　図形と計量

25　三角比，角の二等分線

解法のポイント

(2)　△ABD＋△ACD＝△ABC であることを利用する．

【解答】

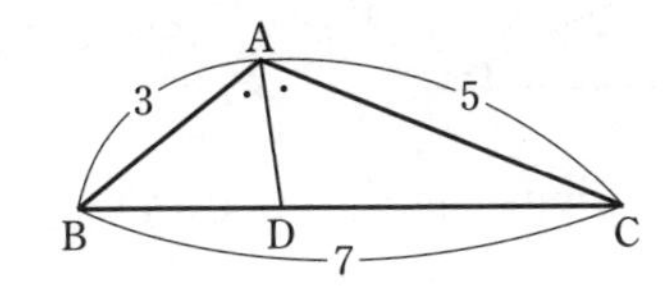

(1)　∠A，∠B，∠C の対辺の長さをそれぞれ a，b，c とすると，

$$a=7,\ b=5,\ c=3$$

である．余弦定理より，

$$\cos A=\frac{b^2+c^2-a^2}{2bc}=\frac{5^2+3^2-7^2}{2\cdot5\cdot3}=-\frac{1}{2}.$$

よって，

$$A=\mathbf{120^\circ}.$$

(2)　$A=120^\circ$ であるから，AD$=x$ とおくと，

$$\triangle\mathrm{ABD}+\triangle\mathrm{ACD}=\triangle\mathrm{ABC}$$

より，

$$\frac{1}{2}\cdot3x\sin60^\circ+\frac{1}{2}\cdot5x\sin60^\circ=\frac{1}{2}\cdot3\cdot5\sin120^\circ.$$

$\sin60^\circ=\sin120^\circ=\dfrac{\sqrt{3}}{2}$ であるから，$3x+5x=15$.

よって，

$$x=\mathbf{\frac{15}{8}}.$$

(3)　三角形 ABC の内接円の半径を r とすると，

$$\triangle\mathrm{ABC}=\frac{1}{2}(a+b+c)r$$

より，

$$\frac{1}{2}\cdot3\cdot5\sin120^\circ=\frac{1}{2}(7+5+3)r.$$

$$\frac{15}{4}\sqrt{3}=\frac{15}{2}r. \qquad r=\frac{\sqrt{3}}{2}.$$

よって，内接円の面積は，

$$\pi r^2=\boldsymbol{\frac{3}{4}\pi}.$$

内接円と辺 AB との接点を T とする．

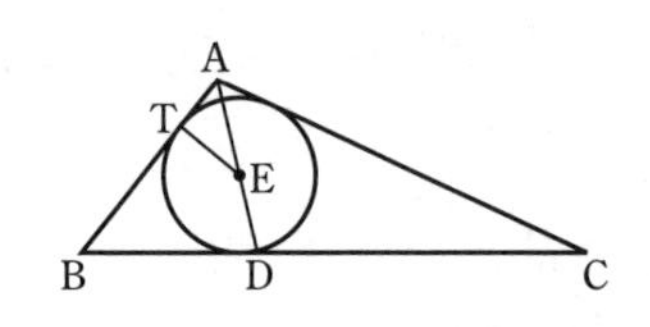

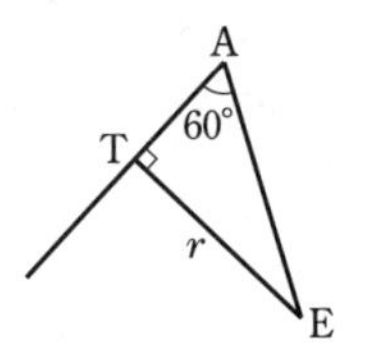

$$\angle \mathrm{ATE}=90^\circ, \qquad \angle \mathrm{EAT}=60^\circ$$

より，

$$\mathrm{AE}\sin 60^\circ=r.$$

$r=\frac{\sqrt{3}}{2}$，$\sin 60^\circ=\frac{\sqrt{3}}{2}$ であるから，

$$\mathrm{AE}=1.$$

よって，

$$\begin{aligned}\mathrm{ED}&=\mathrm{AD}-\mathrm{AE}\\&=\frac{15}{8}-1\\&=\boldsymbol{\frac{7}{8}}.\end{aligned}$$

解説

三角形 ABC の辺 BC 上に点 D をとるとき，

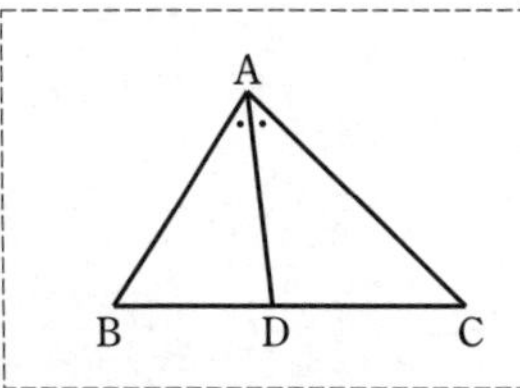

$$\mathrm{BD}:\mathrm{DC}=\mathrm{AB}:\mathrm{AC} \iff \angle \mathrm{BAD}=\angle \mathrm{CAD}$$

が成り立つ．

これを利用すれば，次のような(2)，(3)の［**別解**］が考えられる．

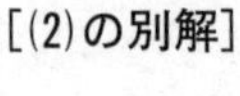
［(2)の別解］

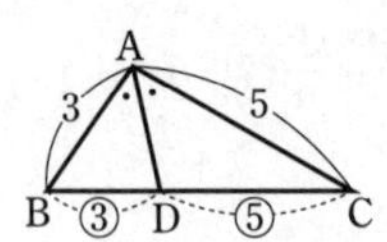

直線 AD は $\angle$A の二等分線であるから,

$$BD : DC = AB : AC = 3 : 5.$$

BC=7 より,　$BD=\frac{3}{8}BC=\frac{21}{8}.$

AD=x として, 三角形 ABD に余弦定理を用いると,

$$BD^2=AB^2+AD^2-2AB\cdot AD\cos 60^\circ$$

$$\iff \left(\frac{21}{8}\right)^2=3^2+x^2-2\cdot 3x\cdot\frac{1}{2} \iff x^2-3x+\frac{135}{64}=0$$

$$\iff \left(x-\frac{9}{8}\right)\left(x-\frac{15}{8}\right)=0 \iff x=\frac{9}{8},\ \frac{15}{8}.$$

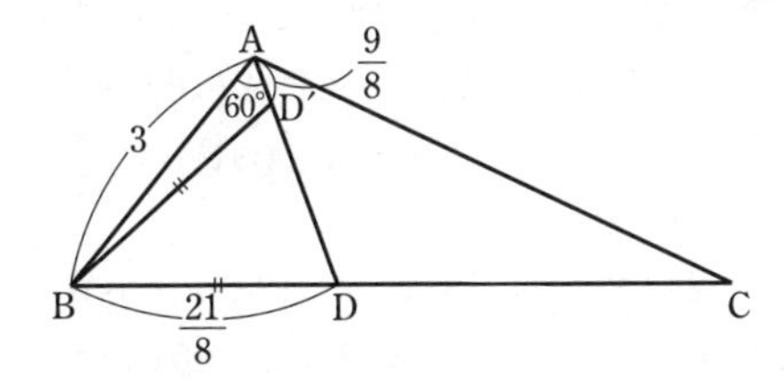

上図より,

$$AD=\mathbf{\frac{15}{8}}.\ \left(AD'=\frac{9}{8}\right)$$

[(3)の別解]　直線 BE は $\angle$B の二等分線であるから,

$$AE : ED = BA : BD = 3 : \frac{21}{8} = 8 : 7.$$

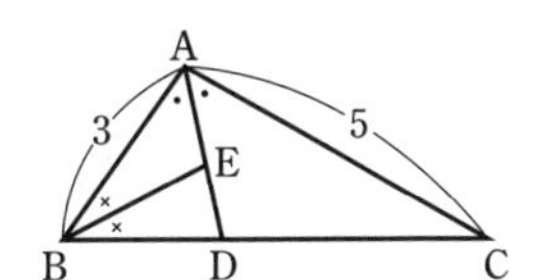

よって,

$$ED=\frac{7}{15}AD=\frac{7}{15}\cdot\frac{15}{8}=\mathbf{\frac{7}{8}}.$$

26 円に内接する四角形

解法のポイント

$\angle ABC+\angle CDA=180^\circ$ であるから,

$$\cos\angle ABC=-\cos\angle CDA,\ \sin\angle ABC=\sin\angle CDA.$$

【解答】

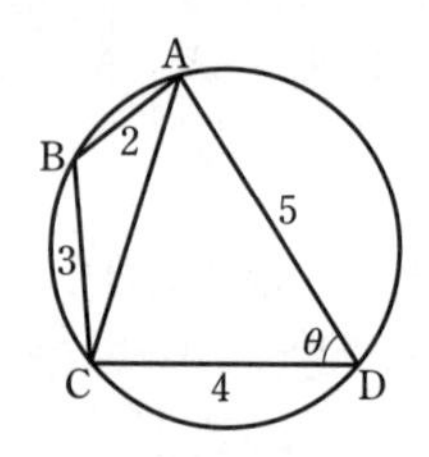

(1) $\angle ABC + \angle CDA = 180°$ であるから,

$$\angle ABC = 180° - \theta.$$

三角形 ABC と三角形 CDA に余弦定理を用いて,

$$\begin{cases} AC^2 = AB^2 + BC^2 - 2AB \cdot BC \cos(180° - \theta), \\ AC^2 = CD^2 + DA^2 - 2CD \cdot DA \cos\theta. \end{cases}$$

$AB=2$, $BC=3$, $CD=4$, $DA=5$ より,

$$\begin{cases} AC^2 = 2^2 + 3^2 + 2\cdot 2\cdot 3\cos\theta = 13 + 12\cos\theta, \\ AC^2 = 4^2 + 5^2 - 2\cdot 4\cdot 5\cos\theta = 41 - 40\cos\theta. \end{cases}$$

よって, $$13 + 12\cos\theta = 41 - 40\cos\theta.$$

これより,

$$\cos\theta = \mathbf{\frac{7}{13}}.$$

また, $0° < \theta < 180°$ より $\sin\theta > 0$ であるから,

$$\sin\theta = \sqrt{1 - \cos^2\theta} = \sqrt{1 - \left(\frac{7}{13}\right)^2}$$

$$= \mathbf{\frac{2\sqrt{30}}{13}}.$$

(2) 四角形 ABCD の面積を S とおくと,

$$\begin{aligned} S &= \triangle ABC + \triangle CDA \\ &= \frac{1}{2}AB \cdot BC \sin\angle ABC + \frac{1}{2}CD \cdot DA \sin\angle CDA \\ &= \frac{1}{2}\cdot 2\cdot 3\sin(180° - \theta) + \frac{1}{2}\cdot 4\cdot 5\sin\theta \\ &= 3\sin\theta + 10\sin\theta = 13\sin\theta. \end{aligned}$$

(1)より,

$$S = \mathbf{2\sqrt{30}}.$$

27　三角形の辺の長さの最小値

【解答】

AD$=x$，AE$=y$，$\angle$BAC$=\theta$ とおくと，
三角形 ABC に余弦定理を用いて，

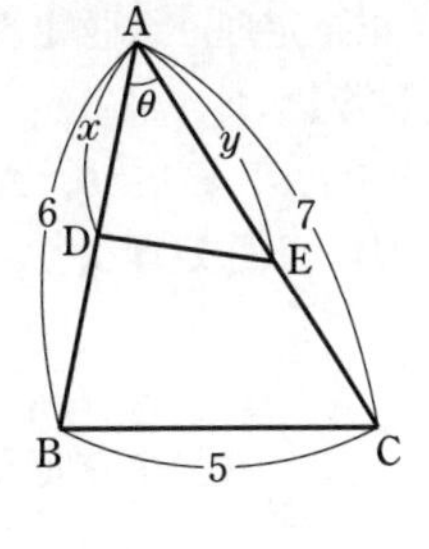

$$\cos\theta=\frac{7^2+6^2-5^2}{2\cdot7\cdot6}=\frac{5}{7}. \quad \cdots①$$

条件より，$\triangle\text{ADE}=\frac{1}{3}\triangle\text{ABC}$ であるから，

$$\frac{1}{2}xy\sin\theta=\frac{1}{3}\cdot\frac{1}{2}\cdot7\cdot6\sin\theta.$$

よって，　$xy=14.$ $\quad\cdots②$

このとき，三角形 ADE に余弦定理を用いて，

$$\text{DE}^2=x^2+y^2-2xy\cos\theta=x^2+y^2-2\cdot14\cdot\frac{5}{7} \quad (①，②より)$$
$$=x^2+y^2-20. \quad \cdots③$$

（相加平均）≧（相乗平均）より，

$$\frac{x^2+y^2}{2}\geqq\sqrt{x^2y^2}=xy=14. \qquad x^2+y^2\geqq28. \quad \cdots④$$

等号成立は，　$x^2=y^2$

$\iff$ $x=y$ （$x>0$，$y>0$ より）

$\iff$ $x=y=\sqrt{14}$ （②より）

のときである．

③，④より，　$\text{DE}^2\geqq28-20=8.$

$\text{DE}\geqq2\sqrt{2}.$

よって，

DE の最小値は $\mathbf{2\sqrt{2}}$

であり，このとき，

$$\text{AD}=\text{AE}=\mathbf{\sqrt{14}}.$$

解説

③からは，相加平均と相乗平均の関係を用いないで，次のように，DE^2 の最小値を求めてもよい．

$$\text{DE}^2=x^2+y^2-20=(x-y)^2+2xy-20$$
$$=(x-y)^2+8. \quad (xy=14 \text{ より})$$

よって，DE^2 は $x=y=\sqrt{14}$ で最小値 8 をとる．

28 三角形の形状決定

解法のポイント

正弦定理，余弦定理を利用して，条件式を辺の長さだけの関係式に直す．

【解答】

BC$=a$，CA$=b$，AB$=c$ とし，三角形の外接円の半径を R とおく．

(1) 正弦定理より，

$$\sin A=\frac{a}{2R},\quad \sin C=\frac{c}{2R}$$

であり，余弦定理より，

$$\cos B=\frac{c^2+a^2-b^2}{2ca}$$

であるから，

$$\begin{aligned}
&\sin A=2\cos B\sin C\\
\Longleftrightarrow\ &\frac{a}{2R}=2\cdot\frac{c^2+a^2-b^2}{2ca}\cdot\frac{c}{2R}\\
\Longleftrightarrow\ &a^2=c^2+a^2-b^2\\
\Longleftrightarrow\ &b^2=c^2\\
\Longleftrightarrow\ &b=c.
\end{aligned}$$

よって，**三角形 ABC は AB=AC の二等辺三角形.**

(2) 正弦定理，余弦定理より，

$$\begin{aligned}
&\sin C(\cos A+\cos B)=\sin A+\sin B\\
\Longleftrightarrow\ &\frac{c}{2R}\left(\frac{b^2+c^2-a^2}{2bc}+\frac{c^2+a^2-b^2}{2ca}\right)=\frac{a}{2R}+\frac{b}{2R}\\
\Longleftrightarrow\ &\frac{b^2+c^2-a^2}{b}+\frac{c^2+a^2-b^2}{a}=2a+2b\\
\Longleftrightarrow\ &\frac{c^2-a^2}{b}+\frac{c^2-b^2}{a}=a+b\\
\Longleftrightarrow\ &a(c^2-a^2)+b(c^2-b^2)=ab(a+b)\\
\Longleftrightarrow\ &(a+b)c^2-(a^3+b^3)=ab(a+b)\\
\Longleftrightarrow\ &(a+b)\left\{c^2-(a^2-ab+b^2)\right\}=ab(a+b)\\
\Longleftrightarrow\ &c^2-(a^2-ab+b^2)=ab \qquad (a+b>0\ \text{より})\\
\Longleftrightarrow\ &c^2=a^2+b^2.
\end{aligned}$$

よって，**三角形 ABC は $C=90^\circ$ の直角三角形.**

29 方べきの定理，接弦定理

解法のポイント

(3)　方べきの定理より $BD \cdot BA = BT^2$ を利用する．

(4)　接弦定理を用いて，$\angle ATD$ を求める．

【解答】

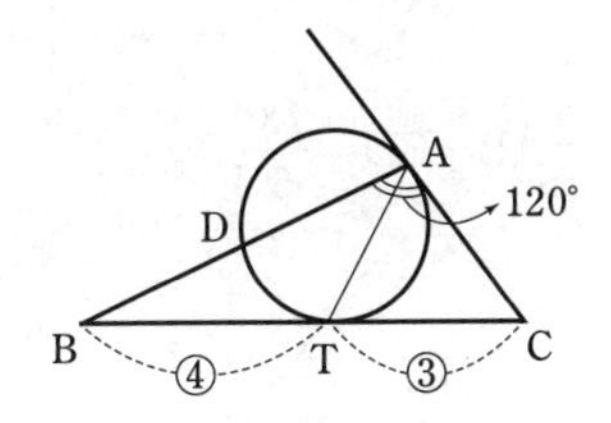

(1)

$$\begin{cases} CT = CA = 6, \\ BT : TC = 4 : 3 \end{cases}$$

より，

$$BC = \frac{7}{3}CT = \mathbf{14}.$$

$\triangle ABC$ において，余弦定理より，

$$\cos\angle BAC = \frac{AB^2 + AC^2 - BC^2}{2AB \cdot AC} = \frac{10^2 + 6^2 - 14^2}{2 \cdot 10 \cdot 6} = -\frac{1}{2}.$$

よって，

$$\angle BAC = \mathbf{120^\circ}.$$

(2)

$$\triangle ATC = \frac{3}{7}\triangle ABC = \frac{3}{7} \cdot \frac{1}{2}AB \cdot AC \sin 120^\circ = \frac{3}{7} \cdot \frac{1}{2} \cdot 10 \cdot 6 \cdot \frac{\sqrt{3}}{2} = \boldsymbol{\frac{45}{7}\sqrt{3}}.$$

(3)
$$\mathrm{BT}=\frac{4}{7}\mathrm{BC}=8$$

であるから，方べきの定理より，

$$\mathrm{BD}\cdot\mathrm{BA}=\mathrm{BT}^2.$$
$$\mathrm{BD}\cdot 10=8^2.$$
$$\mathrm{BD}=\frac{32}{5}.$$

よって，

$$\mathrm{AD}=\mathrm{AB}-\mathrm{BD}=\boldsymbol{\frac{18}{5}}.$$

(4)

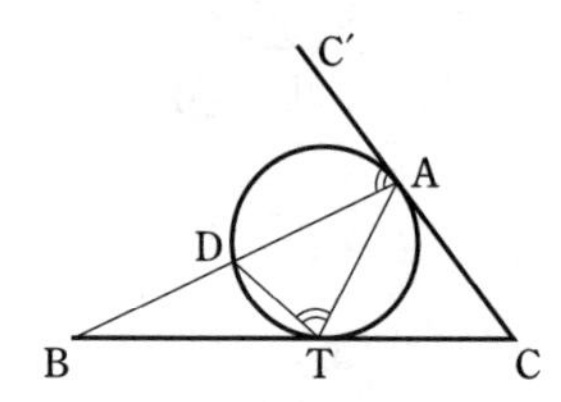

線分 CA の A 方向の延長上に点 C′ をとると，

$$\angle\mathrm{DAC'}=180^\circ-120^\circ$$
$$=60^\circ.$$

CA は A における円の接線であるから接弦定理より，

$$\angle\mathrm{ATD}=\angle\mathrm{DAC'}=60^\circ.$$

よって，△ATD に正弦定理を用いて，

$$2r=\frac{\mathrm{AD}}{\sin\angle\mathrm{ATD}}=\frac{\frac{18}{5}}{\sin 60^\circ}=\frac{\frac{18}{5}}{\frac{\sqrt{3}}{2}}=\frac{12}{5}\sqrt{3}.$$

したがって，

$$r=\boldsymbol{\frac{6}{5}\sqrt{3}}.$$

解説

(3)は方べきの定理を用いた.

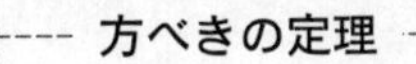

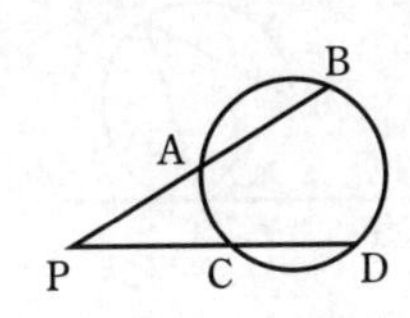

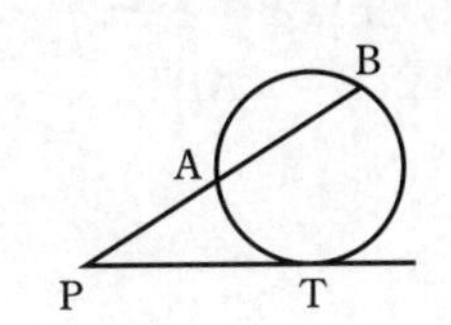

PA・PB＝PC・PD　　　　PA・PB＝PT^2

（Tは円と直線との接点）

［証明］

△PAD と △PCB において,

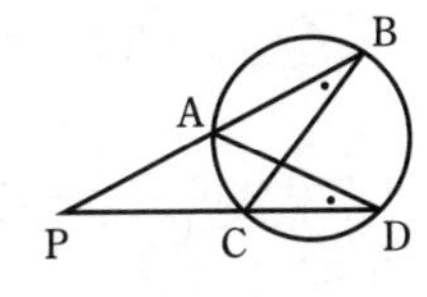

∠APD＝∠CPB　　（共通）

∠PDA＝∠PBC　　（同一の弧 $\overset{\frown}{\mathrm{AC}}$ に対する円周角）

よって,

△PAD ∽ △PCB.

したがって,

PA：PD＝PC：PB.

これより,

PA・PB＝PC・PD.

また, 次に述べる“接弦定理”より,

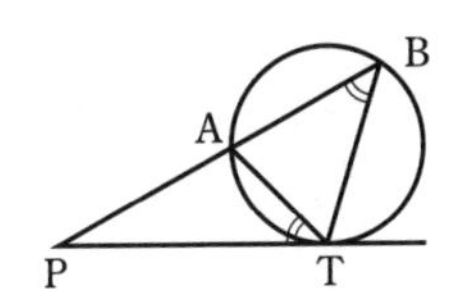

∠PTA＝∠PBT

が成り立つから,

△PAT ∽ △PTB.

したがって,

PA：PT＝PT：PB.

これより,

PA・PB＝PT^2.

（証明終り）

(4)では接弦定理を用いた.

接弦定理

Tを円と直線の接点とすると,

$$\angle \mathrm{ATP} = \angle \mathrm{ABT}.$$

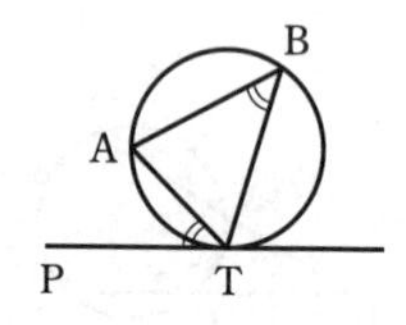

［証明］

Tを端点とする直径の他の端をCとすると,

$$\angle \mathrm{CTP} = \angle \mathrm{CAT} = 90^\circ$$

であるから,

$$\begin{aligned} \angle \mathrm{ATP} &= 90^\circ - \angle \mathrm{ATC} \\ &= \angle \mathrm{ACT} \\ &= \angle \mathrm{ABT}. \end{aligned}$$

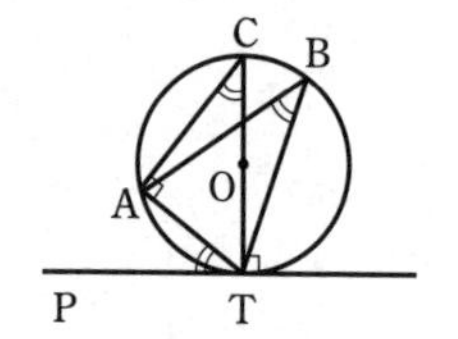

（証明終り）

第4章　図形と方程式

30　直線の方程式，三角形の重心の座標

解法のポイント

3点 $\mathrm{A}(x_1,\ y_1)$，$\mathrm{B}(x_2,\ y_2)$，$\mathrm{C}(x_3,\ y_3)$ を頂点とする三角形の重心をGとすると，

$$\mathrm{G}\left(\frac{x_1+x_2+x_3}{3},\ \frac{y_1+y_2+y_3}{3}\right).$$

【解答】

Gは2直線

$$\begin{cases} 13x-12y=0, \\ x-9y+35=0 \end{cases}$$

の交点であるから，この連立方程式を解くと，

$$x=4,\ y=\frac{13}{3}.$$

よって，

$$\mathrm{G}\left(4,\ \frac{13}{3}\right).$$

B，Cはそれぞれ直線 $13x-12y=0$，$x-9y+35=0$ 上の点であるから，

$$\mathrm{B}(12s,\ 13s),\ \mathrm{C}(9t-35,\ t)$$

とおける．

三角形 ABC の重心がGであるから，

$$\left(\frac{2+12s+(9t-35)}{3},\ \frac{8+13s+t}{3}\right)=\left(4,\ \frac{13}{3}\right).$$

したがって，

$$\begin{cases} 12s+9t-33=12, \\ 13s+t+8=13. \end{cases}$$

$$\begin{cases} 12s+9t=45, \\ 13s+t=5. \end{cases}$$

これを解いて，

$$s=0,\ t=5.$$

よって，

$$\mathbf{B(0,\ 0),\ C(10,\ 5),\ G\left(4,\ \frac{13}{3}\right)}.$$

31 線対称移動

解法のポイント

(1)　2点A，Bと直線 l_1 について，

$$\text{A, Bが } l_1 \text{ に関して対称}$$

$$\iff \begin{cases} \text{直線 AB} \perp l_1, \\ \text{線分 AB の中点が } l_1 \text{ 上にある.} \end{cases}$$

(3)　直線 $y=mx+n$ が x 軸の正方向となす角を θ ($0^\circ \leqq \theta < 180^\circ$，$\theta \neq 90^\circ$) とすると，

$$m=\tan\theta.$$

【解答】

(1)

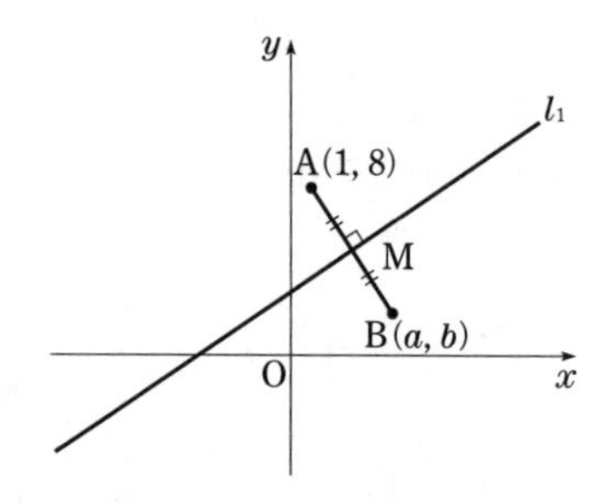

$$2x-3y+9=0$$

$$\iff y=\frac{2}{3}x+3.$$

したがって，l_1 の傾きは $\dfrac{2}{3}$ であるから，l_1 に垂直な直線ABの傾きは $-\dfrac{3}{2}$ であり，ABの方程式は，

$$y-8=-\frac{3}{2}(x-1)$$

である．

直線 l_1 とABとの交点Mの x 座標は，

$$\frac{2}{3}x+3-8=-\frac{3}{2}(x-1)$$

$$4x-30=-9x+9$$

$$x=3.$$

よって，M(3, 5) である．

B$(a,\ b)$ とおくと，M は線分 AB の中点であるから，

$$\left(\frac{1+a}{2},\ \frac{8+b}{2}\right)=(3,\ 5).$$

これより，

$$a=5,\ b=2.$$

したがって，求める点 B の座標は，

$$\mathbf{(5,\ 2).}$$

(2)

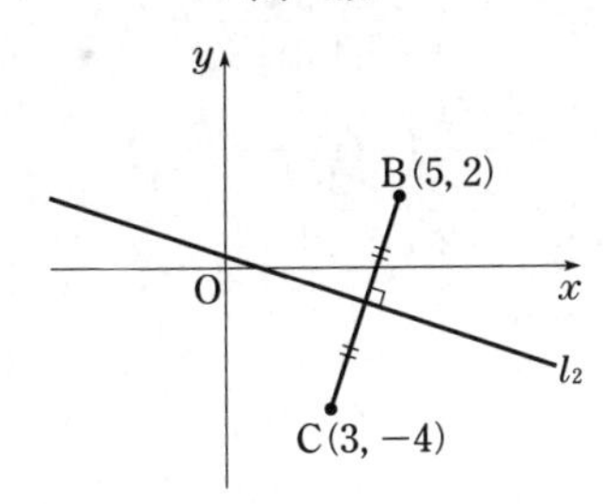

直線 l_2 は線分 BC の垂直二等分線である．

直線 BC の傾きは $\dfrac{2-(-4)}{5-3}=3$ であるから，l_2 の傾きは $-\dfrac{1}{3}$ である．

また，線分 BC の中点の座標は，

$$\left(\frac{5+3}{2},\ \frac{2+(-4)}{2}\right)=(4,\ -1)$$

であるから，直線 l_2 の方程式は，

$$y-(-1)=-\frac{1}{3}(x-4).$$

$$\boldsymbol{y=-\frac{1}{3}x+\frac{1}{3}.}$$

(3)　直線 l_1，l_2 が x 軸の正方向となす角をそれぞれ

$$\theta_1,\ \theta_2\quad(0^\circ<\theta_1<180^\circ,\ 0^\circ<\theta_2<180^\circ)$$

とすると，

$$\tan\theta_1=\frac{2}{3},\ \tan\theta_2=-\frac{1}{3}.$$

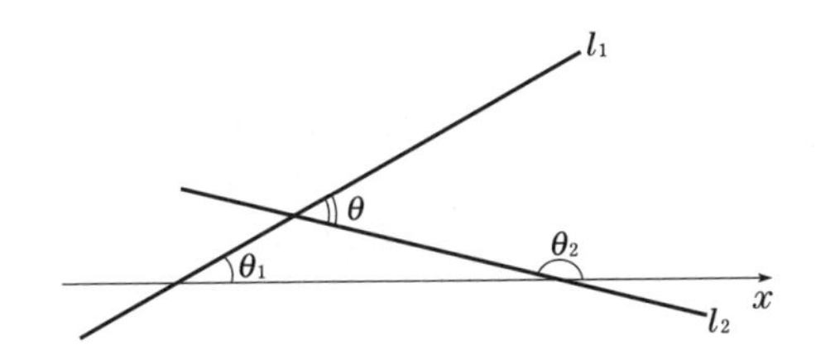

l_1 と l_2 のなす角 θ （$0^\circ<\theta<90^\circ$） は,

$$\theta=\theta_1+(180^\circ-\theta_2)$$
$$=180^\circ+\theta_1-\theta_2.$$

よって,

$$\tan\theta=\tan(180^\circ+\theta_1-\theta_2)$$
$$=\tan(\theta_1-\theta_2)$$
$$=\frac{\tan\theta_1-\tan\theta_2}{1+\tan\theta_1\tan\theta_2}$$
$$=\frac{\frac{2}{3}-\left(-\frac{1}{3}\right)}{1+\frac{2}{3}\cdot\left(-\frac{1}{3}\right)}$$
$$=\mathbf{\frac{9}{7}}.$$

解説

[(1)の別解]

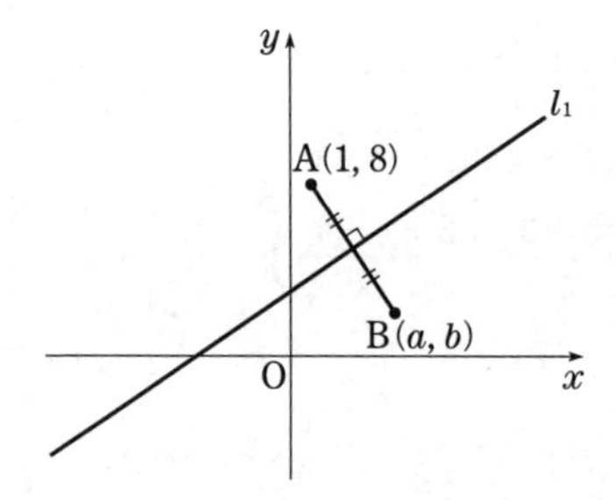

点 B(a, b) とおくと, 直線 l_1 は線分 AB の垂直二等分線である.

直線 AB は l_1 と直交するので, l_1 の傾きが $\frac{2}{3}$ であることより,

$$(\text{直線 AB の傾き})=-\frac{3}{2}.$$

$$\frac{b-8}{a-1}=-\frac{3}{2}.$$

$$3a+2b=19. \qquad \cdots①$$

線分 AB の中点 $\left(\frac{a+1}{2},\ \frac{b+8}{2}\right)$ は l_1 上にあるので,

$$2\cdot\frac{a+1}{2}-3\cdot\frac{b+8}{2}+9=0.$$

$$2a-3b=4. \qquad \cdots②$$

①，②より，

$$a=5,\ b=2.$$

よって，B の座標は，

$$\mathbf{(5,\ 2)}.$$

32 線対称移動

【解答】

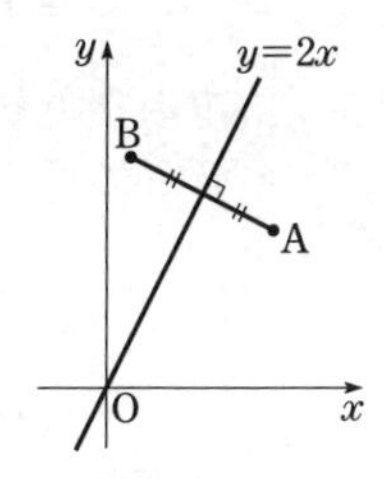

(1)　点 B $(b_1,\ b_2)$ とおくと，直線 AB と直線 $y=2x$ が直交することにより，直線 AB の傾きは，

$$\frac{b_2-a}{b_1-a}=-\frac{1}{2}.$$

$$b_2=-\frac{1}{2}b_1+\frac{3}{2}a. \quad \cdots ①$$

線分 AB の中点 $\left(\frac{b_1+a}{2},\ \frac{b_2+a}{2}\right)$ が直線 $y=2x$ 上にあることより，

$$\frac{b_2+a}{2}=2\cdot\frac{b_1+a}{2}.$$

$$b_2=2b_1+a. \quad \cdots ②$$

①，②より，　$b_1=\frac{1}{5}a,\ \ b_2=\frac{7}{5}a.$

よって，

$$\mathbf{B}\left(\frac{\mathbf{1}}{\mathbf{5}}\boldsymbol{a},\ \frac{\mathbf{7}}{\mathbf{5}}\boldsymbol{a}\right).$$

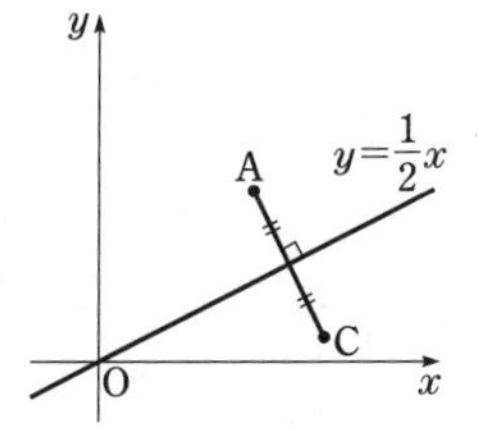

(2)　点 C $(c_1,\ c_2)$ とおくと，直線 AC と直線 $y=\frac{1}{2}x$ が直交することにより，直線 AC の傾きは，

$$\frac{c_2-a}{c_1-a}=-2.$$

$$c_2=-2c_1+3a. \quad \cdots ③$$

線分 AC の中点 $\left(\frac{c_1+a}{2},\ \frac{c_2+a}{2}\right)$ が直線 $y=\frac{1}{2}x$ 上にあることより，

$$\frac{c_2+a}{2}=\frac{1}{2}\cdot\frac{c_1+a}{2}.$$

$$c_2=\frac{1}{2}c_1-\frac{1}{2}a. \quad \cdots ④$$

③，④より，　　　$c_1=\frac{7}{5}a$，$c_2=\frac{1}{5}a$.

よって，

$$\mathbf{C}\left(\frac{7}{5}a,\ \frac{1}{5}a\right).$$

(3)　2点A，Bは直線 $y=2x$ に関して対称であるから，AP＝BP であり，2点A，Cは直線 $y=\frac{1}{2}x$ に関して対称であるから，AQ＝CQ である.

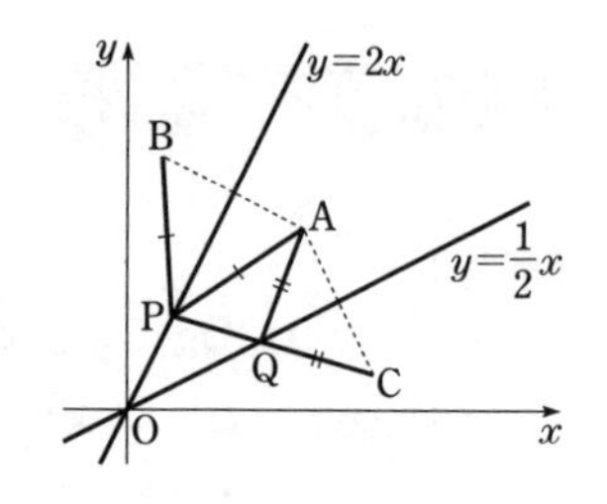

よって，三角形 APQ の周の長さは，

$$\mathrm{AP}+\mathrm{PQ}+\mathrm{QA}=\mathrm{BP}+\mathrm{PQ}+\mathrm{QC} \geqq \mathrm{BC}.$$

ここで，BP＋PQ＋QC＝BC となるのは，点P，Qが線分BC上にあるときであり，このとき三角形 APQ の周の長さは最小となる.

(1)，(2)の結果より，直線BCの方程式は，

$$y-\frac{7}{5}a=\frac{\frac{1}{5}a-\frac{7}{5}a}{\frac{7}{5}a-\frac{1}{5}a}\left(x-\frac{1}{5}a\right).$$

$$y=-x+\frac{8}{5}a. \qquad \cdots⑤$$

点Pは⑤と $y=2x$ との交点であるから，

$$\mathbf{P}\left(\frac{8}{15}a,\ \frac{16}{15}a\right).$$

点Qは⑤と $y=\frac{1}{2}x$ との交点であるから，

$$\mathbf{Q}\left(\frac{16}{15}a,\ \frac{8}{15}a\right).$$

解説

2直線 $y=2x$，$y=\frac{1}{2}x$ は，直線 $y=x$ に関して対称であり，点A$(a,\ a)$ は直線 $y=x$ 上にある.

よって，2点B，Cは直線 $y=x$ に関して対称である.

直線 $y=x$ に関して点 $(X,\ Y)$ と対称な点は点 $(Y,\ X)$ であるから，B$(b_1,\ b_2)$，C$(c_1,\ c_2)$ とおくと，$b_2=c_1$，$c_2=b_1$ である.

よって，(1)より $B\left(\frac{1}{5}a,\ \frac{7}{5}a\right)$ であるから，(2)では直ちに，

$$C\left(\frac{7}{5}a,\ \frac{1}{5}a\right)$$

と求めることができる.

また，(3)で求める 2 点 P，Q は直線 $y=x$ に関して対称であるから，P，Q のうち一方が求められれば他方も直ちに求めることができる.

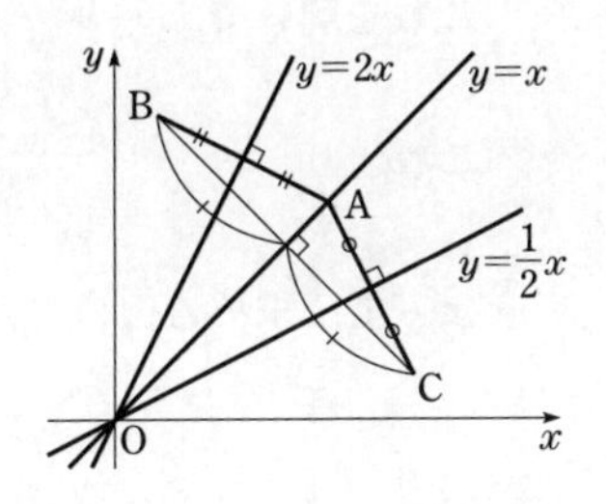

33 三角形の内心

解法のポイント

点 I が三角形 ABC の内心

$\Longleftrightarrow$ 点 I と 3 直線 AB，BC，CA との距離はすべて三角形 ABC の内接円の半径に等しい.

【解答】

三角形の内接円の中心を $I(a,\ b)$，半径を r とすると，I から 3 直線 l_1，l_2，l_3 に下ろした垂線の長さ（点 I と 3 直線 l_1，l_2，l_3 との距離）は，すべて r に等しいから，

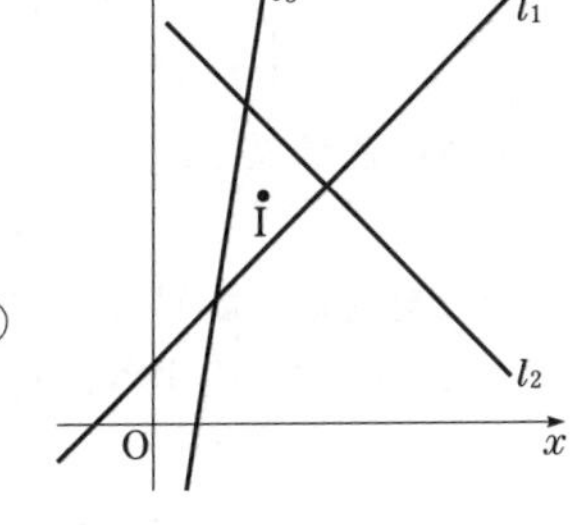

$$\frac{|a-b+2|}{\sqrt{2}}=\frac{|a+b-14|}{\sqrt{2}}=\frac{|7a-b-10|}{\sqrt{50}}=r. \quad \cdots①$$

ここで，I は領域

$$\begin{cases} x-y+2<0, \\ x+y-14<0, \\ 7x-y-10>0 \end{cases}$$

内にあるから，①は，次のようになる.

$$\frac{-a+b-2}{\sqrt{2}}=\frac{-a-b+14}{\sqrt{2}}=\frac{7a-b-10}{5\sqrt{2}}=r.$$

これより，

$$\begin{cases} -a+b-2=-a-b+14, \\ 5(-a-b+14)=7a-b-10. \end{cases}$$

これを解いて,

$$a=4,\ \ b=8.$$

これより,

$$r=\sqrt{2}.$$

よって,求める円の方程式は,

$$\boldsymbol{(x-4)^2+(y-8)^2=2.}$$

解説

xy 平面において,

点 $\mathrm{P}(x_1,\ y_1)$ と直線 $l: ax+by+c=0$ の距離 d は,

$$d=\frac{|ax_1+by_1+c|}{\sqrt{a^2+b^2}}.$$

$\mathrm{P}(x_1, y_1)$

d

$l: ax+by+c=0$

3 直線 l_1, l_2, l_3 で囲まれる三角形の内部は,

$$\begin{cases} y>x+2, \\ y<-x+14, \\ y<7x-10 \end{cases} \iff \begin{cases} x-y+2<0, \\ x+y-14<0, \\ 7x-y-10>0 \end{cases}$$

で表される領域であるから,①において,

$$|a-b+2|=-a+b-2 \qquad \cdots(*)$$

などと絶対値の記号をはずすことができる.

また,(*)は次のように考えてもよい:

$$f(x,\ y)=x-y+2$$

とおくと,直線 l_1 は方程式

$$f(x,\ y)=0$$

を満たす点全体の集合であり,l_1 によって平面は次のような不等式で表される 2 つの領域 D_1, D_2 に分けられている.

$$D_1: f(x,\ y)>0,$$
$$D_2: f(x,\ y)<0.$$

いま,三角形の内心 I は直線 l_1 に関して原点 O と反対側の領域に含まれ,

$$f(0,\ 0)=2>0$$

であるから,内心 I は領域 D_2 内の点であることがわかる.

よって，$f(a,\ b)=a-b+2<0$ であり，

$$|a-b+2|=-a+b-2$$

となる．

[別解]

l_1，l_2 は傾きがそれぞれ 1，-1 で垂直で，交点は A(6，8) である．

内心 I は ∠A の二等分線 $y=8$ 上にあるから，

$$\mathrm{I}(a,\ 8)\quad \left(\frac{18}{7}<a<6\right)$$

とおける．

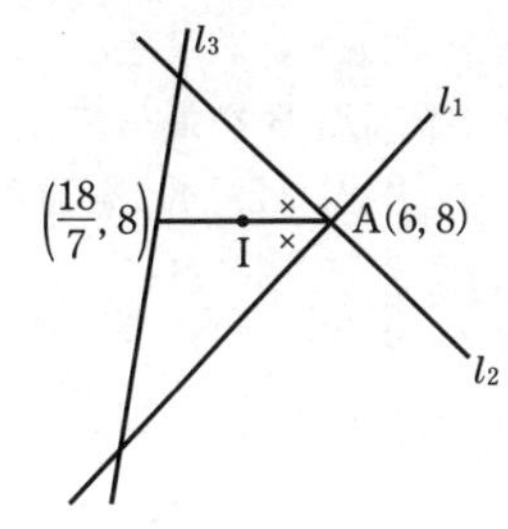

内心 I と直線 l_1，l_3 との距離はともに内接円の半径 r に等しいから，

$$\frac{|a-6|}{\sqrt{2}}=\frac{|7a-8-10|}{\sqrt{50}}=r.$$

$$\frac{6-a}{\sqrt{2}}=\frac{7a-18}{5\sqrt{2}}=r.$$

よって，

$$5(6-a)=7a-18.$$

$$a=4.$$

これより，

$$r=\sqrt{2}.$$

よって，求める円の方程式は，

$$\boldsymbol{(x-4)^2+(y-8)^2=2.}$$

34　分点公式，3 点を通る円の方程式

解法のポイント

2 点 A(a_1，a_2)，B(b_1，b_2) を結ぶ線分を $m:n$ の比に内分する点の座標は，

$$\left(\frac{na_1+mb_1}{m+n},\ \frac{na_2+mb_2}{m+n}\right).$$

【解答】

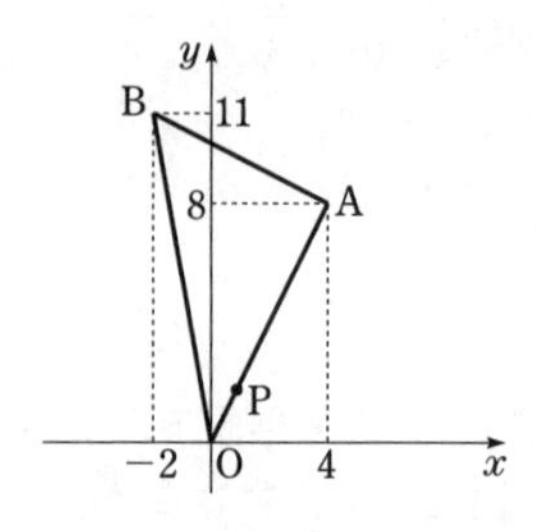

(1) 点Bを通って，三角形 OAB の面積を2等分する直線は，線分OAの中点（2，4）を通るから，求める方程式は，

$$y-11=\frac{4-11}{2-(-2)}\left\{x-(-2)\right\}.$$

よって，

$$\boldsymbol{y=-\frac{7}{4}x+\frac{15}{2}}.$$

(2) 点Pは線分OAを 1：3 に内分する点であるから，$\triangle\mathrm{OBP}=\dfrac{1}{4}\triangle\mathrm{OAB}$ となり，点Pを通り三角形 OAB の面積を2等分する直線lは辺OBと共有点をもたない.

よって，この直線lと辺ABの交点をQとすると，

$$\triangle\mathrm{APQ}=\frac{1}{2}\triangle\mathrm{OAB}.$$

$$\frac{1}{2}\mathrm{AP}\cdot\mathrm{AQ}\sin\angle\mathrm{OAB}=\frac{1}{2}\cdot\frac{1}{2}\mathrm{OA}\cdot\mathrm{AB}\sin\angle\mathrm{OAB}.$$

$$\mathrm{AP}\cdot\mathrm{AQ}=\frac{1}{2}\mathrm{OA}\cdot\mathrm{AB}.$$

$\mathrm{AP}=\dfrac{3}{4}\mathrm{OA}$ であるから，

$$\mathrm{AQ}=\frac{2}{3}\mathrm{AB}.$$

よって，点Qは辺ABを2：1に内分する点である.

これより，

$$\mathrm{Q}\left(\frac{1\cdot4+2(-2)}{2+1},\ \frac{1\cdot8+2\cdot11}{2+1}\right)=\mathrm{Q}(0,\ 10).$$

よって，直線PQの方程式は，

$$y-10=\frac{2-10}{1-0}(x-0).$$

$$\boldsymbol{y=-8x+10}.$$

(3)　OA の傾き $\dfrac{8}{4}=2$，AB の傾き $\dfrac{8-11}{4-(-2)}=-\dfrac{1}{2}$ より，$\mathrm{OA}\perp\mathrm{AB}$ であるから，3 点 O，A，B を通る円の中心は線分 OB の中点 $\left(-1,\ \dfrac{11}{2}\right)$ で，

$$\text{半径}\ \frac{1}{2}\mathrm{OB}=\frac{1}{2}\sqrt{(-2)^2+11^2}=\frac{\sqrt{125}}{2}.$$

よって，求める円の方程式は，

$$\boldsymbol{(x+1)^2+\left(y-\frac{11}{2}\right)^2=\frac{125}{4}}.$$

[(3)の別解]

求める円の中心を E$(a,\ b)$，半径を r とすると，

$$\mathrm{OE}=\mathrm{AE}=\mathrm{BE}=r.$$

$$a^2+b^2=(a-4)^2+(b-8)^2=(a+2)^2+(b-11)^2=r^2.$$

これより，
$$\begin{cases} 8a+16b=80, \\ 4a-22b=-125. \end{cases}$$

これを解いて，
$$a=-1,\ b=\frac{11}{2}.$$

したがって，

$$r^2=\frac{125}{4}$$

となるから，求める円の方程式は，

$$\boldsymbol{(x+1)^2+\left(y-\frac{11}{2}\right)^2=\frac{125}{4}}.$$

35　円が直線から切り取る線分の長さ

解法のポイント

円の中心から弦 PQ に下ろした垂線の足 H は線分 PQ の中点である．

【解答】

$$x^2+y^2-4x-2y+3=0$$
$$\iff\ (x-2)^2+(y-1)^2=2$$

より，円 C は中心 A$(2,\ 1)$，半径 $\sqrt{2}$ の円である．

円 C と直線 l：$x+y-k=0$ が異なる 2 点で交わるのは，点 A と l との距離が円 C の半径より小さいときであるから，

$$\frac{|2+1-k|}{\sqrt{1^2+1^2}}<\sqrt{2}.$$

$$|3-k|<2.$$

$$-2<k-3<2.$$

よって,

$$1<k<5.$$

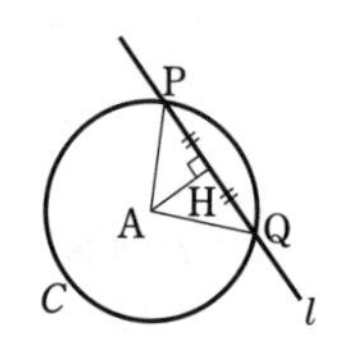

次に，C と l との 2 交点を P，Q とするとき，A から弦 PQ に下ろした垂線の足を H とすると，H は線分 PQ の中点である.

三平方の定理より,

$$\mathrm{AH}=\sqrt{\mathrm{AP}^2-\mathrm{PH}^2}=\sqrt{2-1}=1.$$

よって,

$$\frac{|2+1-k|}{\sqrt{1^2+1^2}}=1.$$

これより,

$$\boldsymbol{k=3\pm\sqrt{2}}.$$

36 円と直線

解法のポイント

(1) 点 O を中心とする円 C_1 上の点 P における接線 l 上の任意の点 X に対し,

$$\mathrm{OP}\perp\mathrm{PX}.$$

(3) 線分 QR の中点を M とすると,

$$\mathrm{AM}\perp\mathrm{QR}.$$

【解答】

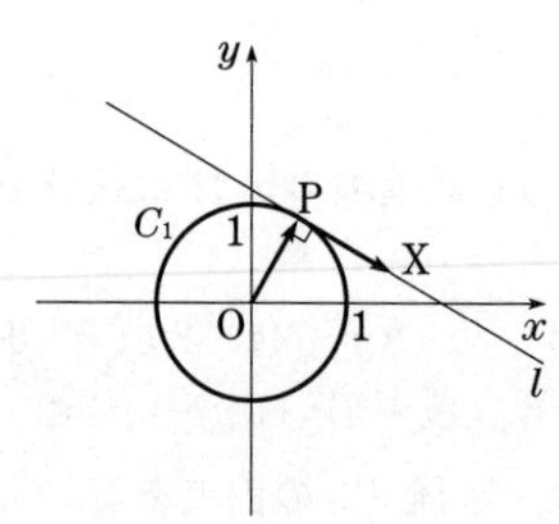

(1)　接線 l 上の任意の点を $X(x,\ y)$ とすると，$OP\perp PX$ より，

$$\overrightarrow{OP}\cdot\overrightarrow{PX}=0.$$

$$s(x-s)+t(y-t)=0.$$

$$sx+ty=s^2+t^2.$$

$P(s,\ t)$ は円 $C_1：x^2+y^2=1$ 上の点であるから，

$$s^2+t^2=1.$$

よって，求める接線 l の方程式は，

$$\boldsymbol{sx+ty=1}.$$

(2)

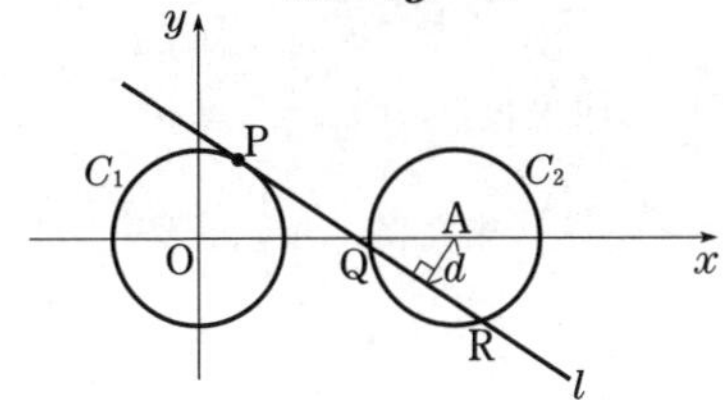

円 C_2 の中心 $A(3,\ 0)$ から直線 l までの距離を d とすると，

$$d=\frac{|3s-1|}{\sqrt{s^2+t^2}}=|3s-1|.$$

C_2 と l が相異なる2点で交わるための条件は，

$$d<1.$$

よって，　$$-1<3s-1<1.$$

$$\boldsymbol{0<s<\frac{2}{3}}.$$

(3)

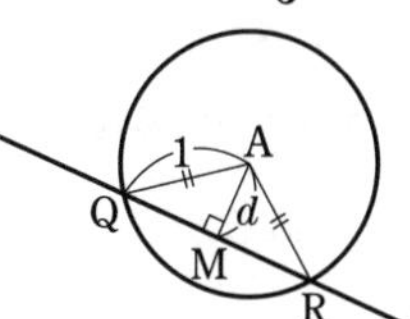

三角形AQRは $AQ=AR(=1)$ の二等辺三角形であるから，辺QRの中点をMとすると，$AM\perp QR$.

よって，三角形AQMにおいて，三平方の定理より，

$$\begin{aligned}QM&=\sqrt{AQ^2-AM^2}\\&=\sqrt{1-d^2}\\&=\sqrt{1-(3s-1)^2}\\&=\sqrt{-9s^2+6s}.\end{aligned}$$

したがって，

$$\mathbf{QR}=2QM=\boldsymbol{2\sqrt{-9s^2+6s}}.$$

(4)　$QR=\sqrt{3}$ のとき，(3)より，

$$2\sqrt{-9s^2+6s}=\sqrt{3}.$$
$$4(-9s^2+6s)=3.$$
$$12s^2-8s+1=0.$$
$$(6s-1)(2s-1)=0.$$
$$s=\frac{1}{6},\ \frac{1}{2}.$$

これらはともに，$0<s<\dfrac{2}{3}$ を満たす.

よって，求める点Pの座標は，

$$\left(\frac{1}{6},\ \pm\frac{\sqrt{35}}{6}\right) \text{ または，} \left(\frac{1}{2},\ \pm\frac{\sqrt{3}}{2}\right).$$

解説

(1)　[別解]

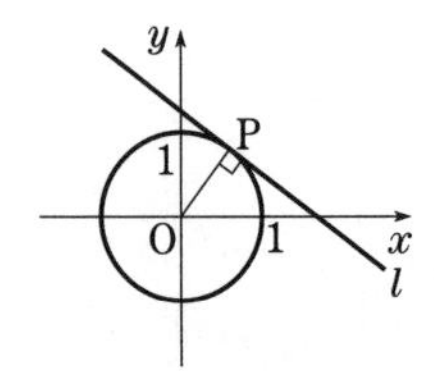

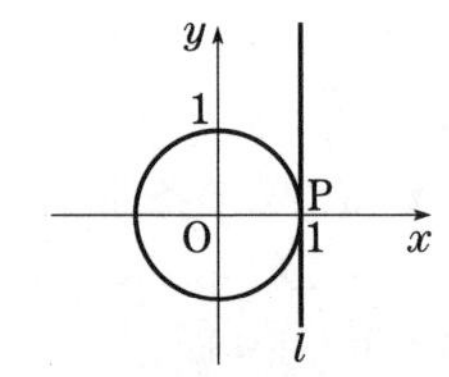

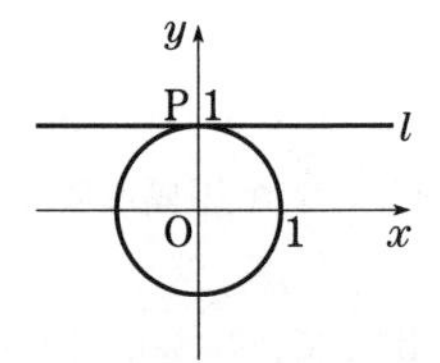

Pが $(\pm1,\ 0)$，$(0,\ \pm1)$ と異なる点であるとすると，直線OP，接線 l はともに y 軸に平行でないから，$OP\perp l$ より，

$$(\text{直線 } l \text{ の傾き})\cdot(\text{直線 OP の傾き})=-1.$$

ここで，直線OPの傾きは $\dfrac{t}{s}$ であるから，

$$(l \text{ の傾き})=-\frac{s}{t}.$$

よって，

$$l : y-t=-\frac{s}{t}(x-s).$$
$$s(x-s)+t(y-t)=0.$$
$$sx+ty=s^2+t^2.$$

$P(s,\ t)$ は円 $C_1 : x^2+y^2=1$ 上の点であるから，

$$s^2+t^2=1.$$

よって，

$$l : sx+ty=1. \qquad \cdots(*)$$

Pが(1, 0), (−1, 0), (0, 1), (0, −1)のとき, lの方程式はそれぞれ

$$x=1,\ x=-1,\ y=1,\ y=-1$$

となり, これらは(*)に適合する.

よって, P(s, t) における接線lの方程式は,

$$\boldsymbol{sx+ty=1}.$$

(2) 中心A, 半径rの円Cと, 直線lとの距離をdとするとき,

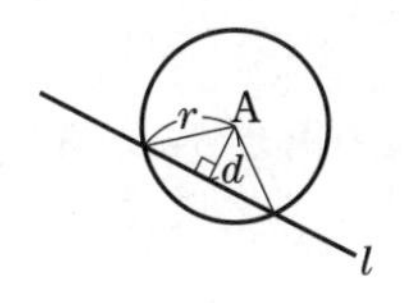

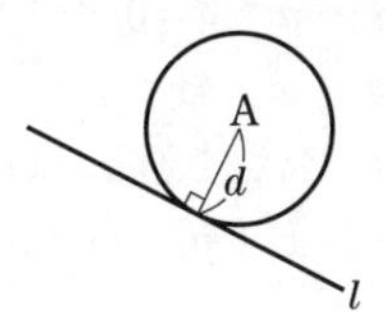

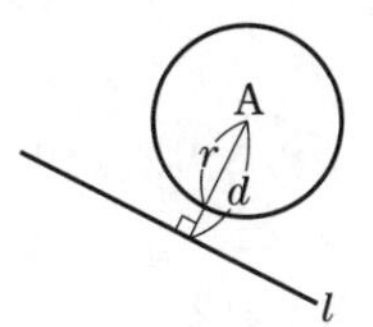

$$\begin{cases} C\text{と}l\text{が相異なる2点で交わる} \iff d<r, \\ C\text{と}l\text{が（1点で）接する} \iff d=r, \\ C\text{と}l\text{は共有点をもたない} \iff d>r. \end{cases}$$

37 円の接線, 2円の交点を通る円

解法のポイント

円 $x^2+y^2=r^2$ の周上の点 $(x_1,\ y_1)$ における接線の方程式は,

$$x_1x+y_1y=r^2.$$

【解答】

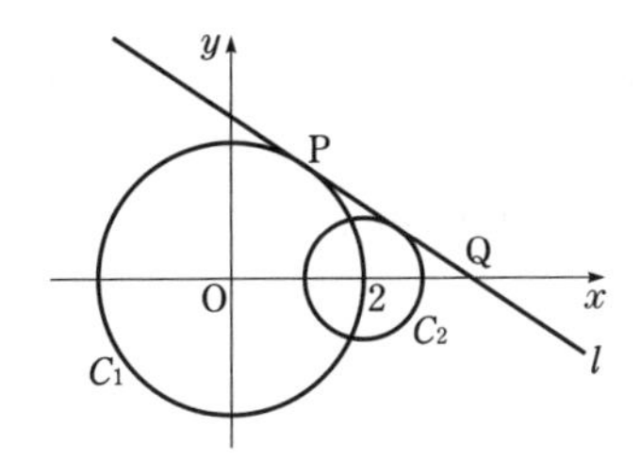

(1) 円 $x^2+y^2=4$ 上の点 $(1,\ \sqrt{3})$ における接線lの方程式は,

$$l : x+\sqrt{3}\,y=4.$$

よって, lとx軸との交点Qの座標は,

$$\mathbf{Q(4,\ 0)}.$$

(2) 円 C_2 の半径を r とすると，C_2 と l が接することより，r は C_2 の中心 (2, 0) と l との距離に等しい．

よって，
$$r=\frac{|2+0-4|}{\sqrt{1^2+(\sqrt{3})^2}}=1.$$

したがって，円 C_2 の方程式は，
$$\boldsymbol{(x-2)^2+y^2=1.}$$

(3)
$$C_1 : x^2+y^2-4=0,$$
$$C_2 : x^2+y^2-4x+3=0.$$

求める円は2円 C_1，C_2 の2交点を通り，C_2 とは異なる円であるから，
$$x^2+y^2-4+k(x^2+y^2-4x+3)=0$$
と表される．

これが点 Q(4, 0) を通るとき，
$$12+3k=0. \qquad k=-4.$$

よって，求める円の方程式は，
$$x^2+y^2-4-4(x^2+y^2-4x+3)=0.$$
$$3x^2+3y^2-16x+16=0.$$
$$\boldsymbol{x^2+y^2-\frac{16}{3}x+\frac{16}{3}=0.}$$

解説

(1) ［別解］

三角形 OPQ において，
$$\angle\mathrm{OPQ}=90^\circ, \quad \angle\mathrm{POQ}=60^\circ$$
であるから，
$$\mathrm{OQ}=2\mathrm{OP}=4.$$

よって，
$$\mathbf{Q(4,\ 0).}$$

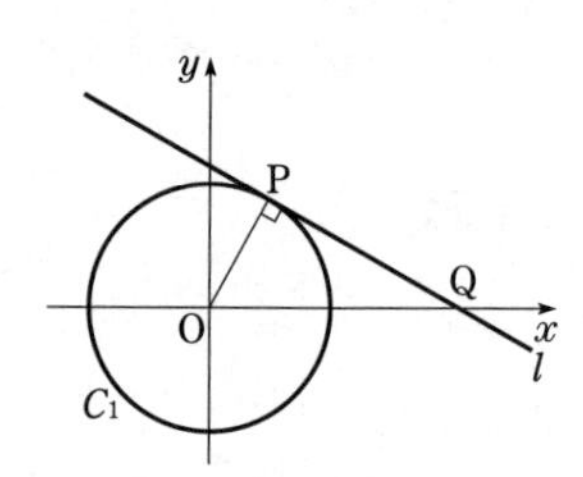

(2) ［別解］

円 C_2 の中心を A(2, 0) とし，C_2 と l との接点を T とすると，
$$\triangle\mathrm{OPQ} \backsim \triangle\mathrm{ATQ}$$
であるから，
$$\mathrm{OP} : \mathrm{AT}=\mathrm{OQ} : \mathrm{AQ}=2 : 1.$$

したがって，AT=1 であり，円 C_2 の方程式は，
$$\boldsymbol{(x-2)^2+y^2=1.}$$

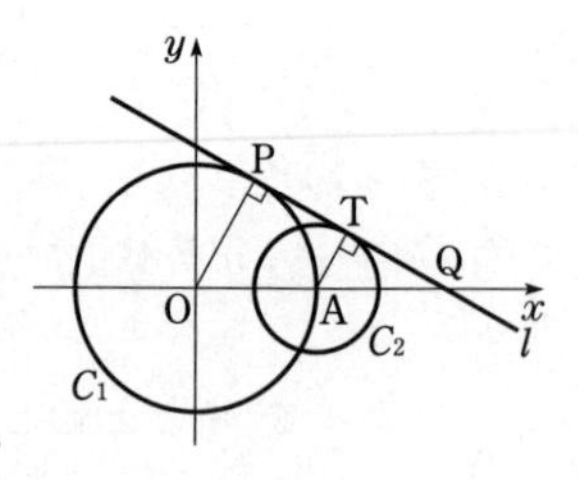

(3)

> 2 円
>
> $$C_1 : x^2+y^2+ax+by+c=0,$$
> $$C_2 : x^2+y^2+a'x+b'y+c'=0$$
>
> が異なる 2 点で交わるとき，これら 2 点を通る円は，
>
> $$k(x^2+y^2+ax+by+c)+k'(x^2+y^2+a'x+b'y+c')=0$$
> $$(k,\ k')\fallingdotseq(0,\ 0)$$
>
> と表される．とくに，円 C_2 以外のものは，
>
> $$x^2+y^2+ax+by+c+l(x^2+y^2+a'x+b'y+c')=0$$
>
> と表される．

2 円 C_1，C_2 の交点の座標を求めるのが面倒であったり，交点の座標の数値が繁雑な問題では上のような考え方を利用するのが早いが，(3)では直接 2 円の交点を求めてから円の方程式を求めることも難しくはない．

[別解]

$$C_1 : x^2+y^2=4, \qquad \cdots①$$
$$C_2 : (x-2)^2+y^2=1. \qquad \cdots②$$

①－②より，

$$4x-4=3. \qquad x=\frac{7}{4}.$$

①に代入して，

$$\frac{49}{16}+y^2=4. \qquad y=\pm\frac{\sqrt{15}}{4}.$$

よって，C_1 と C_2 の 2 交点は，

$$\mathrm{Q}_1\left(\frac{7}{4},\ \frac{\sqrt{15}}{4}\right),\quad \mathrm{Q}_2\left(\frac{7}{4},\ -\frac{\sqrt{15}}{4}\right).$$

求める円の中心は $\mathrm{M}(a,\ 0)$ とおける．このとき，円の半径 r は，

$$r=\mathrm{MQ}_1=\mathrm{MQ}_2=\mathrm{MQ}.$$

$$r=\sqrt{\left(a-\frac{7}{4}\right)^2+\left(\pm\frac{\sqrt{15}}{4}\right)^2}=|4-a|.$$

$$\left(a-\frac{7}{4}\right)^2+\frac{15}{16}=(4-a)^2.$$

$$a=\frac{8}{3}.$$

これより，
$$r=\frac{4}{3}.$$

よって，求める円の方程式は，

$$\left(x-\frac{8}{3}\right)^2+y^2=\frac{16}{9}.$$

38 軌　跡

解法のポイント

点Pから円 C に接線が引けるためには，Pが円 C の外部にあることが必要である．

【解答】

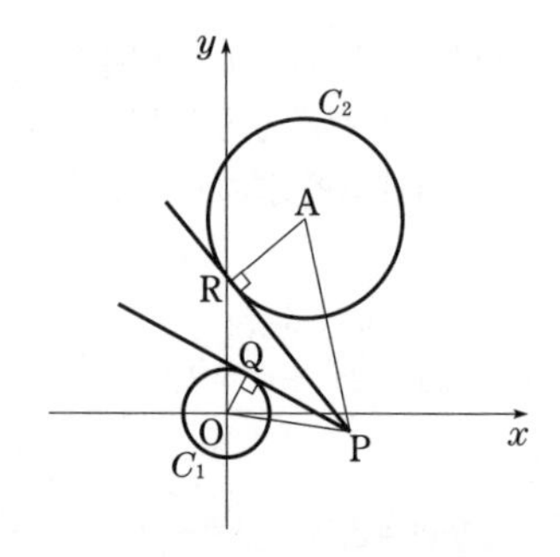

円 C_1：$x^2+y^2=1$ は，

$$\text{中心 O}(0,\ 0)，\text{半径 } r_1=1$$

の円であり，円 C_2：$(x-2)^2+(y-4)^2=5$ は，

$$\text{中心 A}(2,\ 4)，\text{半径 } r_2=\sqrt{5}$$

の円である．

$$\mathrm{OA}=2\sqrt{5}>1+\sqrt{5}=r_1+r_2$$

より，C_1 と C_2 は互いに他の外部にある．

Pから C_1，C_2 に接線が引けるためには，

$$\text{Pが } C_1，C_2 \text{ の外部にある} \qquad \cdots(*)$$

ことが必要であり，このときPから C_1，C_2 に引いた接線の接点をそれぞれQ，Rとおくと

$$\angle\mathrm{OQP}=90°，\angle\mathrm{ARP}=90°$$

であるから，

$$\begin{aligned}\mathrm{PQ}^2&=\mathrm{OP}^2-\mathrm{OQ}^2\\&=\mathrm{OP}^2-1.\end{aligned}$$

$$\mathrm{PR}^2=\mathrm{AP}^2-\mathrm{AR}^2$$
$$=\mathrm{AP}^2-5.$$

PQ：PR＝1：2 より，

$$\mathrm{PR}=2\mathrm{PQ}.$$
$$\mathrm{PR}^2=4\mathrm{PQ}^2.$$
$$\mathrm{AP}^2-5=4(\mathrm{OP}^2-1).$$

$\mathrm{P}(x,\ y)$ とおくと，

$$(x-2)^2+(y-4)^2-5=4(x^2+y^2-1).$$
$$x^2+y^2+\frac{4}{3}x+\frac{8}{3}y=\frac{19}{3}.$$
$$\left(x+\frac{2}{3}\right)^2+\left(y+\frac{4}{3}\right)^2=\frac{77}{9}. \quad \cdots①$$

求めるPの軌跡は，円①のうち，(*)を満たす部分である．

円①の中心を $\mathrm{B}\left(-\frac{2}{3},\ -\frac{4}{3}\right)$，半径を r_3 とおくと，

$$\mathrm{OB}=\frac{2}{3}\sqrt{5},\ \mathrm{AB}=\frac{8}{3}\sqrt{5}.$$

これより，

$$\mathrm{OB}+r_1=\frac{2}{3}\sqrt{5}+1<\frac{\sqrt{77}}{3}=r_3$$

が成り立つから，円①上の点は C_1 の外部にある．

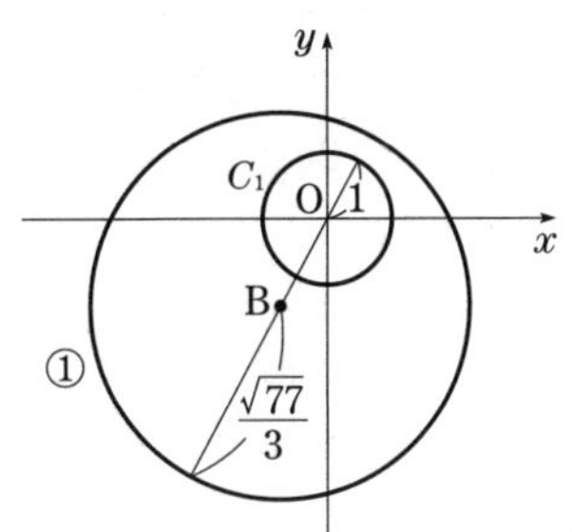

また，

$$\mathrm{AB}=\frac{8}{3}\sqrt{5}>\sqrt{5}+\frac{\sqrt{77}}{3}=r_2+r_3$$

が成り立つから，円①上の点は C_2 の外部にある．

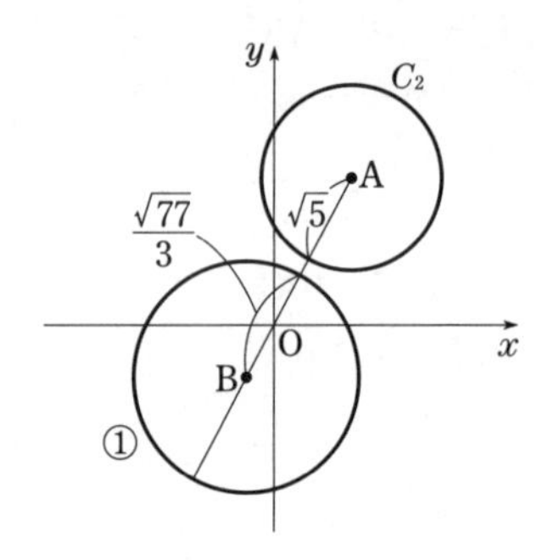

すなわち，円①上のすべての点は(*)を満たす．

よって，求める軌跡は，

$$円：\left(\boldsymbol{x}+\frac{2}{3}\right)^2+\left(\boldsymbol{y}+\frac{4}{3}\right)^2=\frac{77}{9}.$$

39 放物線と直線の２交点の中点の軌跡

【解答】

(1) 放物線 $y=x^2$ と直線 $y=m(x+2)$ が異なる２点で交わるのは，

$$x^2=m(x+2)$$

$$\iff \quad x^2-mx-2m=0 \qquad \cdots①$$

が異なる２つの実数解をもつときであるから，①の判別式を D とするとき，

$$D=m^2-4(-2m)>0.$$

$$m(m+8)>0.$$

よって，

$$\boldsymbol{m<-8,\ 0<m.}$$

(2) ２交点 A，B の x 座標を α，β とすると，α，β は２次方程式①の解であるから，解と係数の関係から，

$$\begin{cases} \alpha+\beta=m, & \cdots② \\ \alpha\beta=-2m. & \cdots③ \end{cases}$$

線分 AB の中点を M$(X,\ Y)$ とおくと，

$$\begin{cases} X=\dfrac{\alpha+\beta}{2}, & \cdots④ \\ Y=m(X+2). & \cdots⑤ \end{cases}$$

②，④より，

$$m=2X.$$

⑤に代入して，

$$Y=2X(X+2)=2X^2+4X.$$

(1)の結果と②から，　$\alpha+\beta<-8,\ 0<\alpha+\beta.$

④より，　$X<-4,\ 0<X.$

よって，求める軌跡は，

$$\text{放物線}：\boldsymbol{y=2x^2+4x}\quad (\boldsymbol{x<-4,\ 0<x}).$$

40 反 転

解法のポイント

(1) $\overrightarrow{\mathrm{OP}}=k\overrightarrow{\mathrm{OQ}}$（$k$ は正の実数）と表される.

【解答】

(1) O，P，Q は一直線上にあり，P と Q は O に関して同じ側にあるから，

$$\overrightarrow{\mathrm{OP}}=k\overrightarrow{\mathrm{OQ}}\quad (k \text{ は正の実数})$$

と表される.

$|\overrightarrow{\mathrm{OP}}|=k|\overrightarrow{\mathrm{OQ}}|$ であるから，OP·OQ=1 すなわち，

$$|\overrightarrow{\mathrm{OP}}|\cdot|\overrightarrow{\mathrm{OQ}}|=1$$

より，

$$k|\overrightarrow{\mathrm{OQ}}|^2=1.$$

よって，

$$k=\frac{1}{|\overrightarrow{\mathrm{OQ}}|^2}=\frac{1}{X^2+Y^2}.$$

したがって，

$$\begin{cases} \boldsymbol{x}=kX=\dfrac{\boldsymbol{X}}{\boldsymbol{X^2+Y^2}}, \\ \boldsymbol{y}=kY=\dfrac{\boldsymbol{Y}}{\boldsymbol{X^2+Y^2}}. \end{cases}$$

(2) P は $l：3x+4y=5$ 上の点であるから，

$$\frac{3X}{X^2+Y^2}+\frac{4Y}{X^2+Y^2}=5.$$

これより，

$$\frac{3}{5}X+\frac{4}{5}Y=X^2+Y^2,\quad X^2+Y^2\neq 0.$$

したがって,

$$\left(X-\frac{3}{10}\right)^2+\left(Y-\frac{2}{5}\right)^2=\frac{1}{4},\quad X^2+Y^2\neq 0.$$

よって，点Qの軌跡は,

$$\text{円}:\left(\boldsymbol{x}-\frac{3}{10}\right)^2+\left(\boldsymbol{y}-\frac{2}{5}\right)^2=\frac{1}{4}$$ **(ただし，原点を除く).**

解説

平面上に定点Oと正の定数aが与えられているとき，この平面上の任意の点Pに対して，平面上の半直線OP上に点Qをとって,

$$\mathrm{OP}\cdot\mathrm{OQ}=a$$

となるようにする.

このとき，PにQを対応させる変換をOを中心とする反転という.

点Oを通らない円の反転による像は，点Oを通らない円である.

点Oを通る円の反転による像は，点Oを通らない直線である.

点Oを通らない直線の反転による像は，点Oを通る円からOを除いたものである.

41 定点を通り直交する2直線の交点の軌跡

解法のポイント

l, m はそれぞれ定点 A(0, 3), B(0, -3) を通り，$l\perp m$ である.

【解答】

(1)
$$x+t(y-3)=0 \qquad \cdots①$$

において，$x=0$, $y=3$ とすると，①はtの値にかかわりなく成り立つ.

よって，直線lはtの値にかかわりなく定点 (0, 3) を通る.

(2) 直線lはtによらず定点 A(0, 3) を通り，tが実数全体を動くとき，lはAを通る直線のうち，直線 $l_0:y=3$ 以外のものすべてを表す.

同様に，直線

$$m:tx-(y+3)=0$$

は，tの値によらず定点 B(0, -3) を通り，tが実数全体を動くとき，mはBを通る直線のうち $m_0:x=0$ 以外のものすべてを表す.

また,

$$1\cdot t+t\cdot(-1)=0$$

より，tを1つ固定するとき，直線lとmは直交する.

よって，l と m の交点は，A，B を 1 つの直径の両端とする円周から
l_0 と m_0 の交点（0，3）を除いた図形

$$\boldsymbol{x^2+y^2=9,\ (x,\ y)\neq(0,\ 3)}$$

を描く．

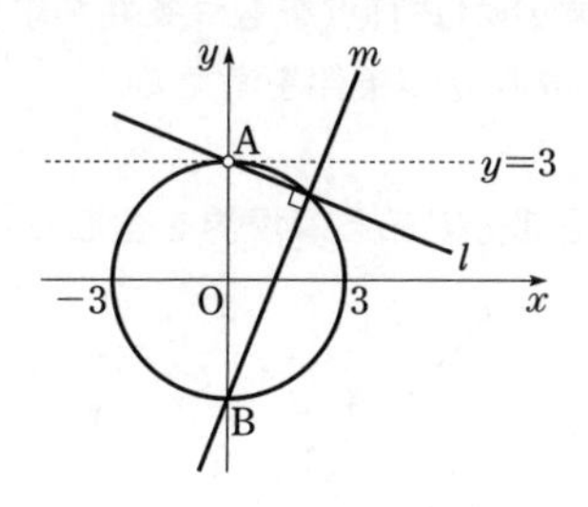

解説

$$\begin{cases} x+t(y-3)=0, & \cdots① \\ tx-(y+3)=0 & \cdots② \end{cases}$$

から t を消去することにより，l，m の交点の満たす方程式が得られる．

①$\times x-$②$\times(y-3)$ より，

$$x^2+(y+3)(y-3)=0.\quad x^2+y^2=9.$$

また，①，②より，

$$x=\frac{6t}{t^2+1},\ y=\frac{3t^2-3}{t^2+1}=3-\frac{6}{t^2+1}.$$

t が実数全体を動くときの x，y の値の範囲を求めて，

$$-3\leqq x\leqq 3,\ -3\leqq y<3.$$

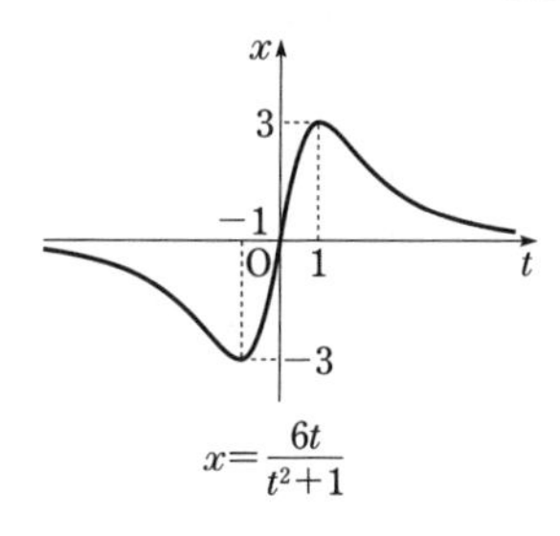

$x=\dfrac{6t}{t^2+1}$

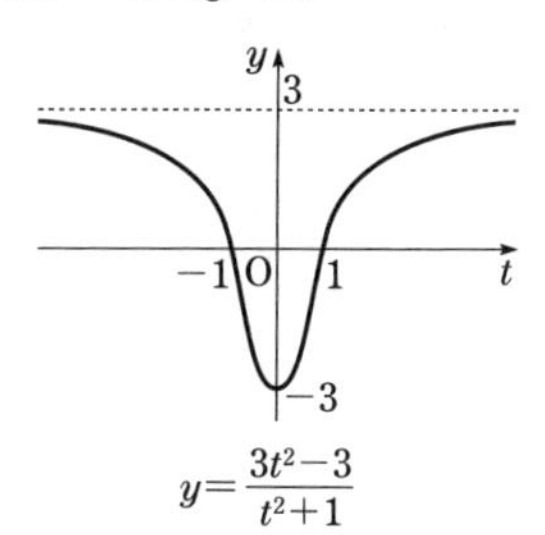

$y=\dfrac{3t^2-3}{t^2+1}$

よって，求める軌跡は，

$$x^2+y^2=9,\quad (x,\ y)\neq(0,\ 3).$$

42 領域における最大・最小

解法のポイント

(2) 直線 $2x-y=k$ と領域 D が共有点をもつ条件を求める．

(3) k についての恒等式が成り立つ条件を考える．

【解答】

(1) 領域 D は次の図の網目部分である（境界を含む）．

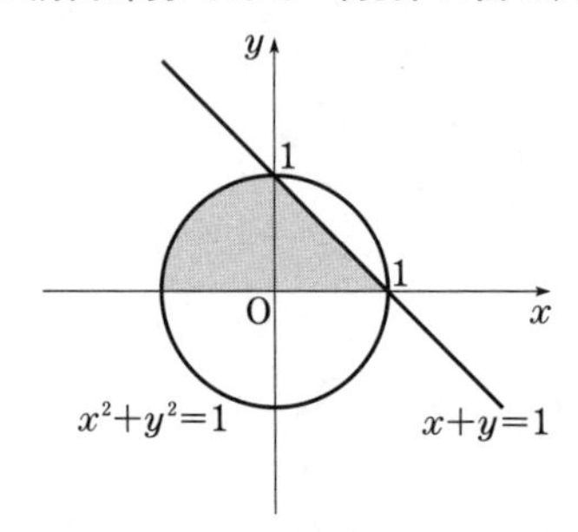

(2) $2x-y=k$ …① とおくとき，直線①が領域 D と共有点をもつ範囲を考えればよい．

①は傾き 2，y 切片 $-k$ の直線であるから，k が最大すなわち $-k$ が最小になるのは①が点 (1, 0) を通るときであり，このとき，

$$k=2.$$

また，k が最小すなわち $-k$ が最大になるのは①が円 $x^2+y^2=1$ と第 2 象限 ($x<0$, $y>0$) で接するときである．

したがって，原点 O と直線 $-2x+y+k=0$ の距離は 1 でかつ $k<0$，すなわち，

$$\frac{|k|}{\sqrt{(-2)^2+1^2}}=1,\ k<0.$$

これより，

$$k=-\sqrt{5}.$$

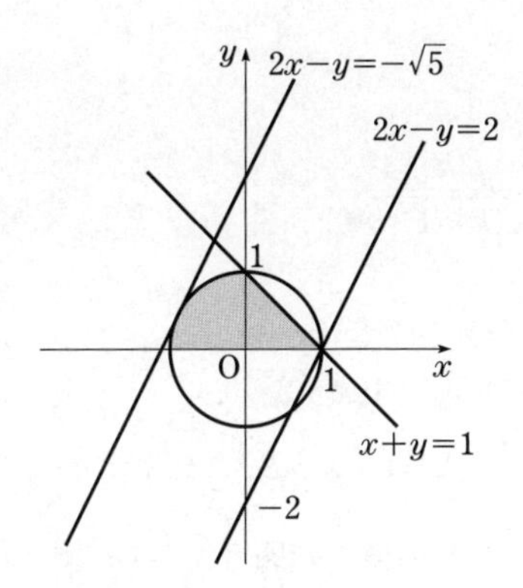

よって，$(x,\ y)$ が領域 D を動くときの，

$$\textbf{最大値は } \mathbf{2},\ \textbf{最小値は } -\sqrt{\mathbf{5}}.$$

(3)　求める点の座標を $(x_0,\ y_0)$ とおくと，任意の k に対して，

$$(k-1)x_0-3y_0+4k-4=0$$

すなわち，

$$(x_0+4)k-(x_0+3y_0+4)=0$$

が成り立つから，

$$x_0+4=0 \quad かつ \quad x_0+3y_0+4=0.$$

これより，

$$x_0=-4,\ y_0=0.$$

よって，求める点の座標は，

$$\mathbf{(-4,\ 0)}.$$

(4)　直線 $(k-1)x-3y+4k-4=0$ を l とすると，(3)より l はつねに $(-4,\ 0)$ を通る．

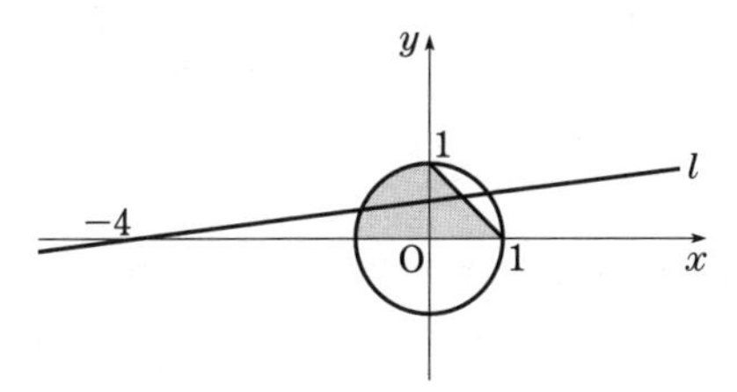

l は $(-4,\ 0)$ を通り，傾き $\dfrac{k-1}{3}$ の直線であるから，l が D と共有点をもつ条件は，

$$\begin{cases} \dfrac{k-1}{3} \geqq 0, \\ (\text{原点 O と } l \text{ の距離}) \leqq 1. \end{cases}$$

これより，

$$\begin{cases} k \geqq 1, & \cdots ② \\ \dfrac{|4k-4|}{\sqrt{(k-1)^2+9}} \leqq 1. & \cdots ③ \end{cases}$$

③より，

$$(4k-4)^2 \leqq (k-1)^2+9.$$

$$5k^2-10k+2 \leqq 0.$$

$$\frac{5-\sqrt{15}}{5} \leqq k \leqq \frac{5+\sqrt{15}}{5}. \quad \cdots ③'$$

②，③′より，求める k の値の範囲は，

$$\mathbf{1 \leqq k \leqq \frac{5+\sqrt{15}}{5}}.$$

解説

(1)　$x+y \leqq 1$ を満たす領域 D_1（直線 $x+y=1$ の下方），
$x^2+y^2 \leqq 1$ を満たす領域 D_2（円 $x^2+y^2=1$ の周および内部），
$y \geqq 0$ を満たす領域 D_3（x 軸の上方）
の共通部分が求めるものである．

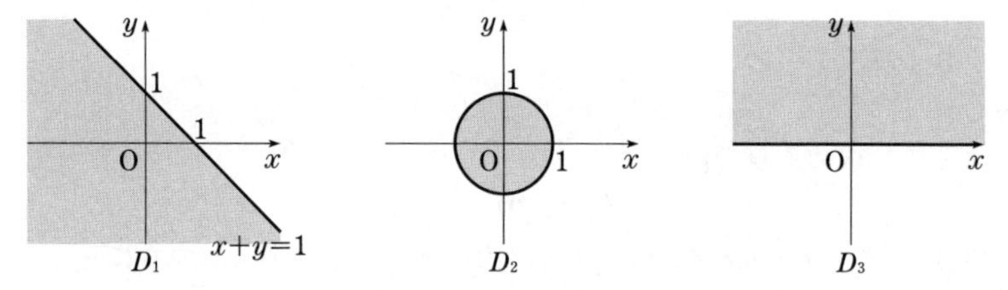

(2)　　「点 $(x,\ y)$ が領域 D を動くとき，$2x-y$ が値 k をとる」
$\Longleftrightarrow$「$2x-y=k$ を満たす $(x,\ y)$ が D 内にある」
$\Longleftrightarrow$「直線 $2x-y=k$ と D が共有点をもつ」
が成り立つ．

これより，傾きが 2 の直線を平行移動してそれが領域 D と共有点をもつような範囲を図から読みとることにより，k の最大値，最小値が求められる．

43　領域における最大・最小

解法のポイント

(2)　$3x+2y=k$ …① とおくとき，直線①と領域 D が共有点をもつような k の値の範囲を考える．

【解答】

(1)　2直線 $x+3y=15$，$x+y=8$ の交点の座標は，

$$\left(\frac{9}{2},\ \frac{7}{2}\right).$$

2直線 $x+3y=15$，$2x+y=10$ の交点の座標は，

$$(3,\ 4).$$

2直線 $x+y=8$，$2x+y=10$ の交点の座標は，

$$(2,\ 6).$$

よって，求める**領域 D は次の図の網目部分である（境界を含む）**．

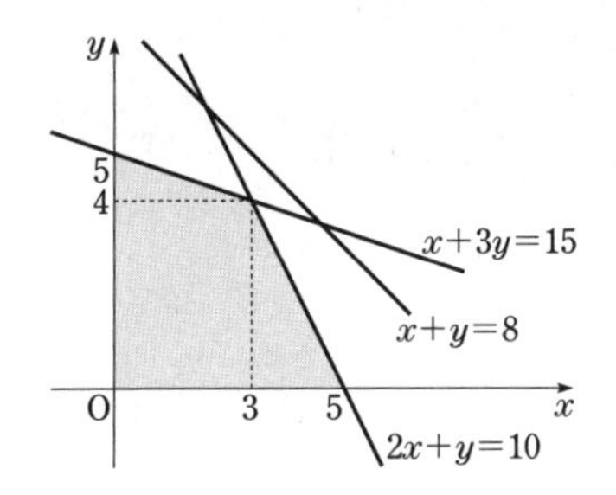

(2)　$3x+2y=k$ とおくと，

$$y=-\frac{3}{2}x+\frac{k}{2}. \qquad \cdots①$$

k のとり得る値の範囲は，直線①と領域 D が共有点をもつような範囲で，$\frac{k}{2}$ は直線①の y 切片である．

よって，k が最大になるのは，直線①が点 $(3,\ 4)$ を通るときである．

このとき，

$$k=3\cdot3+2\cdot4=17.$$

よって，$3x+2y$ の最大値は **17**.

(3)　$ax+y=k$ とおくと，

$$y=-ax+k. \qquad \cdots②$$

直線②と領域 D が共有点をもつときの k の最大値を求める．

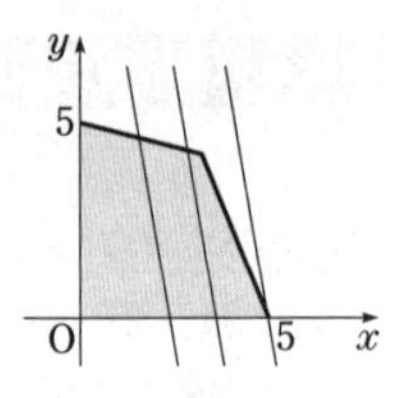

(i)　$-a \leqq -2$ すなわち $2 \leqq a$ のとき，

k が最大になるのは②が点 (5, 0) を通るときで，このとき，

$$k=5a.$$

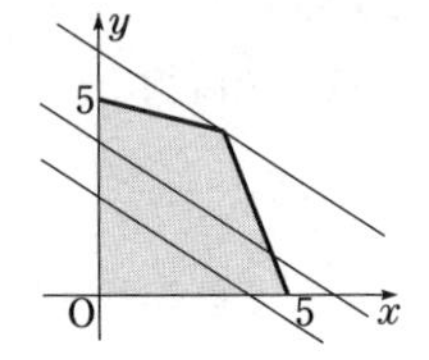

(ii)　$-2 \leqq -a \leqq -\dfrac{1}{3}$ すなわち $\dfrac{1}{3} \leqq a \leqq 2$ のとき，k が最大になるのは②が点 (3, 4) を通るときで，このとき，

$$k=3a+4.$$

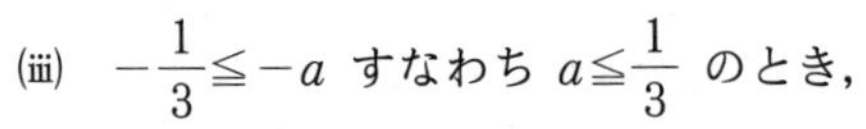

(iii)　$-\dfrac{1}{3} \leqq -a$ すなわち $a \leqq \dfrac{1}{3}$ のとき，

k が最大になるのは②が点 (0, 5) を通るときで，このとき，

$$k=5.$$

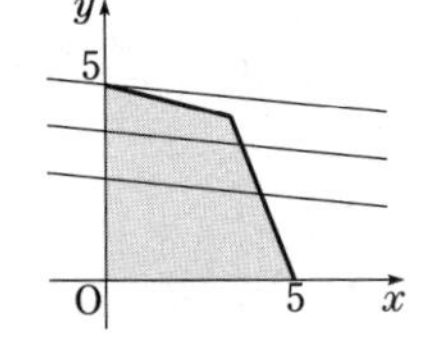

(i)〜(iii)より，$ax+y$ の最大値は，

$$\begin{cases} \boldsymbol{2 \leqq a} \text{ のとき，} \boldsymbol{5a}, \\ \boldsymbol{\dfrac{1}{3} \leqq a \leqq 2} \text{ のとき，} \boldsymbol{3a+4}, \\ \boldsymbol{a \leqq \dfrac{1}{3}} \text{ のとき，} \boldsymbol{5}. \end{cases}$$

44 領域図示

解法のポイント

$p+q=X$，$pq=Y$ とおくと，p，q は t の2次方程式

$$t^2-Xt+Y=0$$

の実数解である．

【解答】

$p+q=X$，$pq=Y$ とおくと，

$$p^2+q^2 \leqq 8,\ q \geqq 0. \qquad \cdots①$$

①を満たす p，q が存在するための X，Y の条件を求める．

p，q は t の2次方程式

$$t^2-Xt+Y=0 \qquad \cdots②$$

の実数解で，$q \geqq 0$ より少なくとも1つの解は0以上である．

$f(t)=t^2-Xt+Y$ とおくと，

$$f(t)=\left(t-\frac{1}{2}X\right)^2-\frac{1}{4}X^2+Y$$

であるから，②が少なくとも 1 つの 0 以上の解をもつのは，

(i)　$X \leqq 0$ のとき，

$$f(0)=Y \leqq 0.$$

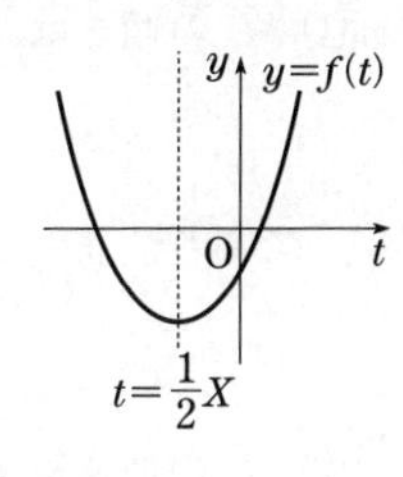

(ii)　$X \geqq 0$ のとき，

$$f\left(\frac{1}{2}X\right)=-\frac{1}{4}X^2+Y \leqq 0.$$

$$Y \leqq \frac{1}{4}X^2.$$

また，

$$p^2+q^2 \leqq 8$$

$$\iff (p+q)^2-2pq \leqq 8$$

$$\iff X^2-2Y \leqq 8$$

$$\iff Y \geqq \frac{1}{2}X^2-4.$$

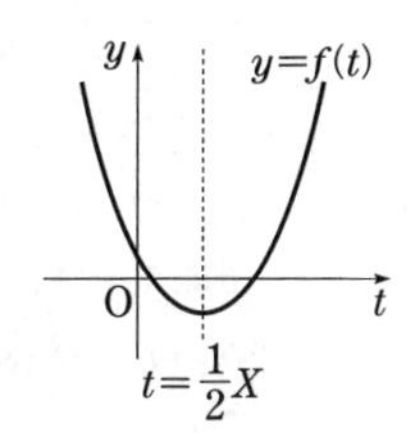

よって，求める $(X,\ Y)$ の条件は，

$$X \leqq 0 \text{ のとき，} \frac{1}{2}X^2-4 \leqq Y \leqq 0,$$

$$X \geqq 0 \text{ のとき，} \frac{1}{2}X^2-4 \leqq Y \leqq \frac{1}{4}X^2$$

で，これを満たす $(X,\ Y)$ の存在範囲は次の図の網目部分である（境界を含む）.

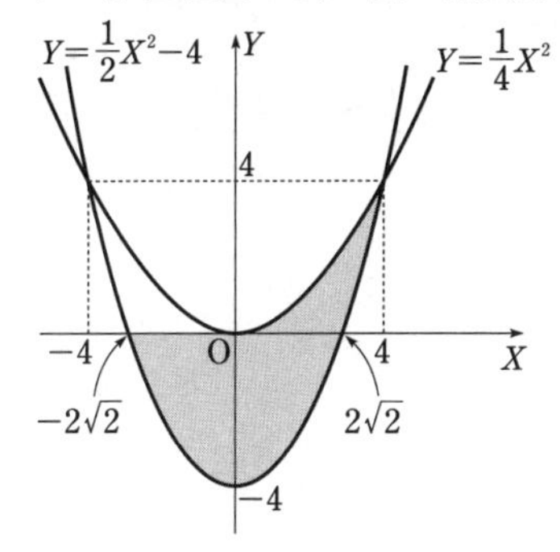

45 直線の通過領域

【解答】

(1) l_t の傾きは,

$$\frac{t-(1-t)}{t-(t-1)}=2t-1$$

であり，また l_t は $(t,\ t)$ を通るから,

$$l_t : y-t=(2t-1)(x-t).$$

$$\boldsymbol{y=(2t-1)x-2t^2+2t.}$$

(2) l_t の通過領域を D とするとき,

$$(X,\ Y)\in D$$

$\Longleftrightarrow$ 点 $(X,\ Y)$ を通る直線 l_t $(0\leqq t\leqq 1)$ がある

$\Longleftrightarrow$ $Y=(2t-1)X-2t^2+2t$ を満たす t $(0\leqq t\leqq 1)$ がある

$\Longleftrightarrow$ $2t^2-2(X+1)t+X+Y=0$ が $0\leqq t\leqq 1$ の範囲に実数解をもつ.

そこで，$f(t)=2t^2-2(X+1)t+X+Y$ として，2 次方程式 $f(t)=0$ が $0\leqq t\leqq 1$ の範囲に少なくとも 1 つの実数解をもつための X と Y の条件を求める.

$$f(t)=2\left(t-\frac{X+1}{2}\right)^2-\frac{1}{2}X^2-\frac{1}{2}+Y$$

であるから,

(i) $\dfrac{X+1}{2}\leqq 0$ すなわち $X\leqq -1$ のとき,

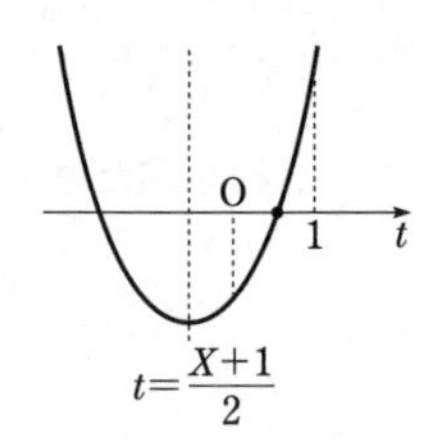

求める条件は,

$$\begin{cases} f(0)\leqq 0, \\ f(1)\geqq 0 \end{cases} \Longleftrightarrow \begin{cases} X+Y\leqq 0, \\ -X+Y\geqq 0. \end{cases}$$

したがって,

$$X\leqq Y\leqq -X.$$

(ii)　$0 \leqq \dfrac{X+1}{2} \leqq 1$ すなわち $-1 \leqq X \leqq 1$ のとき，

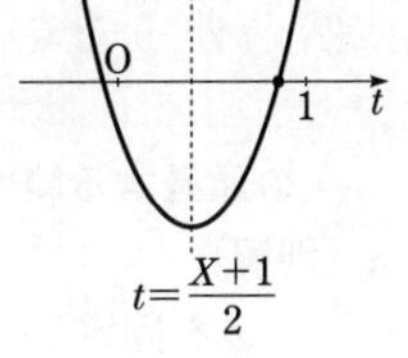

求める条件は，

$$\begin{cases} f\left(\dfrac{X+1}{2}\right) \leqq 0, \\ f(0) \geqq 0 \text{ または } f(1) \geqq 0 \end{cases}$$

$$\iff \begin{cases} -\dfrac{1}{2}X^2 - \dfrac{1}{2} + Y \leqq 0, \\ X + Y \geqq 0 \text{ または } -X + Y \geqq 0 \end{cases}$$

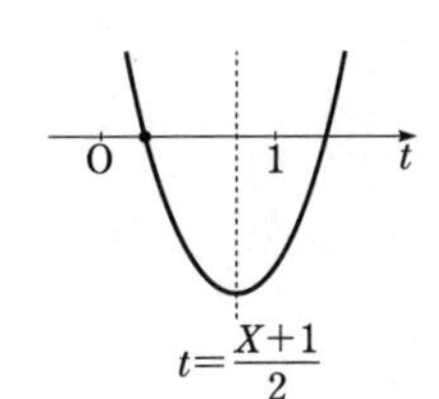

$$\iff \begin{cases} Y \leqq \dfrac{1}{2}X^2 + \dfrac{1}{2}, \\ Y \geqq -X \text{ または } Y \geqq X. \end{cases}$$

(iii)　$1 \leqq \dfrac{X+1}{2}$ すなわち $1 \leqq X$ のとき，

求める条件は，

$$\begin{cases} f(0) \geqq 0, \\ f(1) \leqq 0 \end{cases} \iff \begin{cases} X + Y \geqq 0, \\ -X + Y \leqq 0. \end{cases}$$

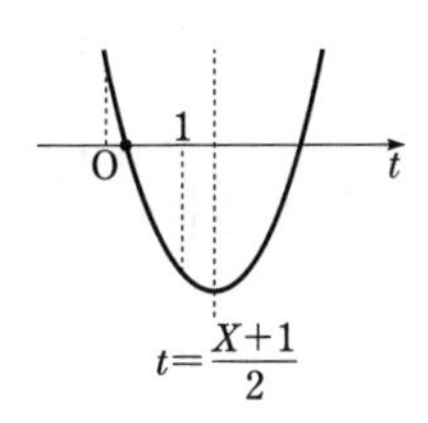

したがって，

$$-X \leqq Y \leqq X.$$

(i)，(ii)，(iii)より，求める領域 D は，

$x \leqq -1$ のとき，　　$x \leqq y \leqq -x$,

$-1 \leqq x \leqq 1$ のとき，$y \leqq \dfrac{1}{2}x^2 + \dfrac{1}{2}$ かつ「$y \geqq -x$ または $y \geqq x$」,

$1 \leqq x$ のとき，　　$-x \leqq y \leqq x$

で，これを図示すると次の図の網目部分である（境界を含む）.

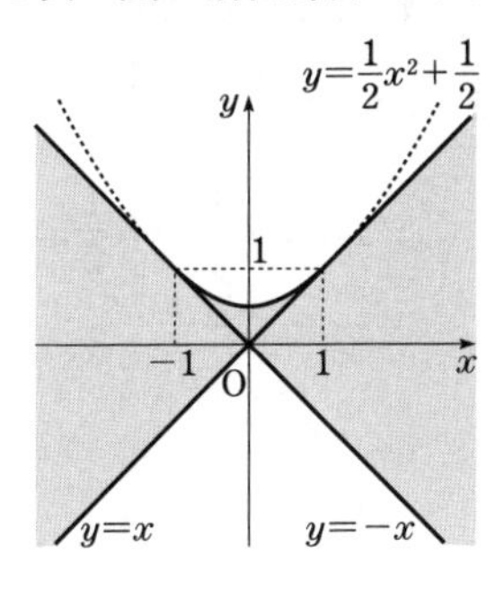

解説

(2)　t が $0 \leqq t \leqq 1$ の間で変化するとき，直線

$$l_t : y=(2t-1)x-2t^2+2t$$

の通過する範囲を求めるには，次のように考えてもよい．

［別解］

x を固定し，t を $0 \leqq t \leqq 1$ の間で変化させたときの y のとり得る値の範囲を求める．

$$\begin{aligned} y &= -2t^2+2(x+1)t-x \\ &= -2\left(t-\frac{x+1}{2}\right)^2+\frac{1}{2}x^2+\frac{1}{2} \end{aligned}$$

より，$g(t)=-2t^2+2(x+1)t-x$ とおくと，

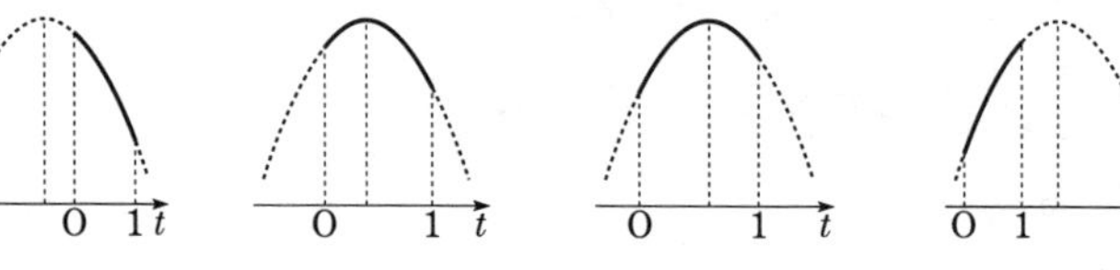
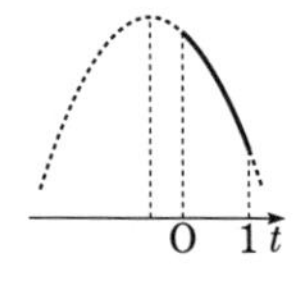
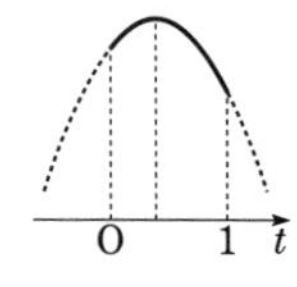
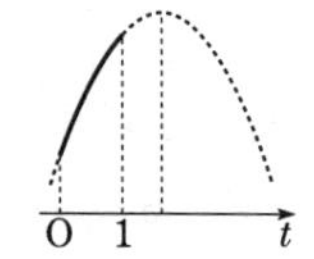

$$\begin{cases} \dfrac{x+1}{2} \leqq 0 \text{ のとき，} & g(1) \leqq y \leqq g(0), \\ 0 \leqq \dfrac{x+1}{2} \leqq \dfrac{1}{2} \text{ のとき，} & g(1) \leqq y \leqq g\left(\dfrac{x+1}{2}\right), \\ \dfrac{1}{2} \leqq \dfrac{x+1}{2} \leqq 1 \text{ のとき，} & g(0) \leqq y \leqq g\left(\dfrac{x+1}{2}\right), \\ 1 \leqq \dfrac{x+1}{2} \text{ のとき，} & g(0) \leqq y \leqq g(1). \end{cases}$$

よって，

$$\begin{cases} x \leqq -1 \text{ のとき，} & x \leqq y \leqq -x, \\ -1 \leqq x \leqq 0 \text{ のとき，} & x \leqq y \leqq \dfrac{1}{2}x^2+\dfrac{1}{2}, \\ 0 \leqq x \leqq 1 \text{ のとき，} & -x \leqq y \leqq \dfrac{1}{2}x^2+\dfrac{1}{2}, \\ 1 \leqq x \text{ のとき，} & -x \leqq y \leqq x. \end{cases}$$

第 5 章　三角関数

46　三角不等式

【解答】

(1)
$$\sin x > \sqrt{\cos x + \cos^2 x}. \qquad \cdots①$$

まず,

$$\begin{cases} \cos x + \cos^2 x \geqq 0, & \cdots② \\ \sin x > 0 & \cdots③ \end{cases}$$

が成り立つ.

②より,　$\cos x(1+\cos x) \geqq 0.$

$1+\cos x \geqq 0$ であるから,　$\cos x \geqq 0.$

これと③より,

$$0 < x \leqq \frac{\pi}{2}$$

となる.

このとき, ①
$$\begin{aligned} &\iff \sin^2 x > \cos x + \cos^2 x \\ &\iff 1-\cos^2 x > \cos x + \cos^2 x \\ &\iff 2\cos^2 x + \cos x - 1 < 0 \\ &\iff (2\cos x - 1)(\cos x + 1) < 0. \end{aligned}$$

$\cos x + 1 > 0$ より,

$$2\cos x - 1 < 0. \quad \cos x < \frac{1}{2}.$$

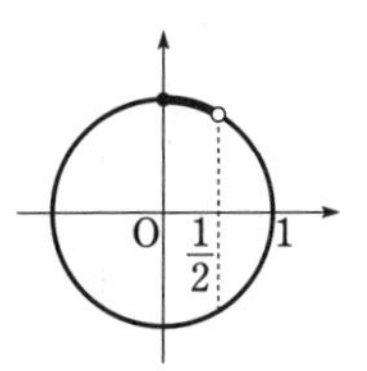

$0 < x \leqq \dfrac{\pi}{2}$ より,

$$\boldsymbol{\frac{\pi}{3} < x \leqq \frac{\pi}{2}}.$$

(2)
$$\begin{aligned} &\cos 2x - (2-\sqrt{3})\sin x + \sqrt{3} - 1 \leqq 0 \\ \iff &(1-2\sin^2 x) - (2-\sqrt{3})\sin x + \sqrt{3} - 1 \leqq 0 \\ \iff &2\sin^2 x + (2-\sqrt{3})\sin x - \sqrt{3} \geqq 0 \\ \iff &(2\sin x - \sqrt{3})(\sin x + 1) \geqq 0 \\ \iff &\frac{\sqrt{3}}{2} \leqq \sin x, \ \sin x = -1. \end{aligned}$$

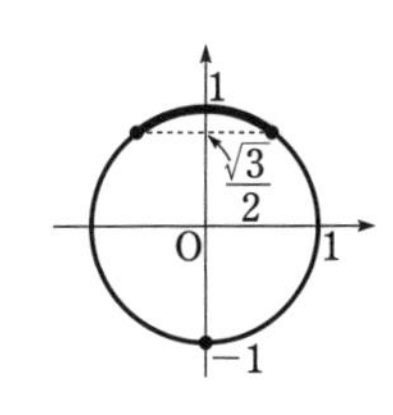

よって,

$$\boldsymbol{\frac{\pi}{3} \leqq x \leqq \frac{2}{3}\pi, \ \ x = \frac{3}{2}\pi}.$$

47 三角不等式

解法のポイント

3 倍角の公式 $\sin 3x = 3\sin x - 4\sin^3 x$ を用いる．

【解答】

$$
\begin{aligned}
& \sin 3x + t\sin 2x > 0 \\
\iff\ & 3\sin x - 4\sin^3 x + t\cdot 2\sin x\cos x > 0 \\
\iff\ & (3 - 4\sin^2 x + 2t\cos x)\sin x > 0 \\
\iff\ & 3 - 4\sin^2 x + 2t\cos x > 0 \quad (\sin x > 0 \text{ より}) \\
\iff\ & 3 - 4(1 - \cos^2 x) + 2t\cos x > 0 \\
\iff\ & 4\cos^2 x + 2t\cos x - 1 > 0. \qquad \cdots ①
\end{aligned}
$$

$\cos x = X$ とおくと，$0 < x < \dfrac{\pi}{4}$ より $\dfrac{1}{\sqrt{2}} < X < 1$ で，

$$① \iff 4X^2 + 2tX - 1 > 0.$$

$f(X) = 4X^2 + 2tX - 1$ とおくと，$f(X)$ のグラフは下に凸で

$$f(0) = -1 < 0.$$

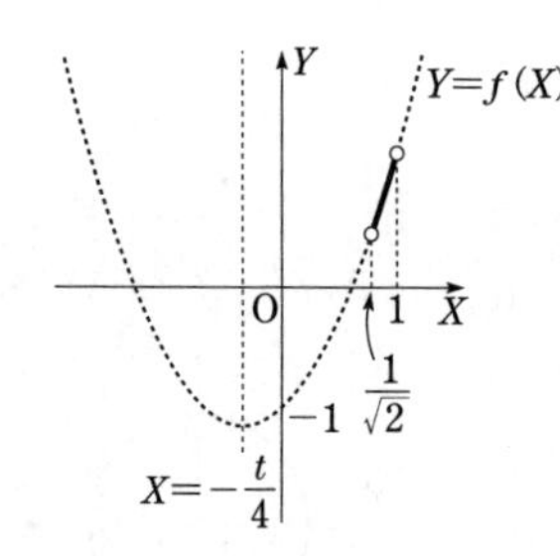

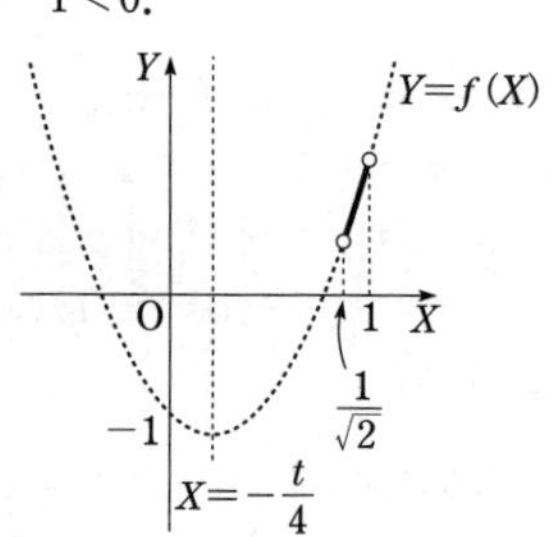

よって，$\dfrac{1}{\sqrt{2}} < X < 1$ で $f(X) > 0$ であるための条件は，

$$f\left(\frac{1}{\sqrt{2}}\right) \geqq 0.$$

$$\sqrt{2}\,t + 1 \geqq 0.$$

$$\boldsymbol{t \geqq -\frac{1}{\sqrt{2}}}.$$

解説

$$
\begin{aligned}
& 4X^2 + 2tX - 1 > 0 \\
\iff\ & 2tX > -4X^2 + 1
\end{aligned}
$$

であるから，これが $\dfrac{1}{\sqrt{2}}<X<1$ であるすべての X に対して成り立つことは，XY 平面上で $\dfrac{1}{\sqrt{2}}<X<1$ の範囲において直線 $Y=2tX$ が放物線 $Y=-4X^2+1$ の上方にあることと同値である．

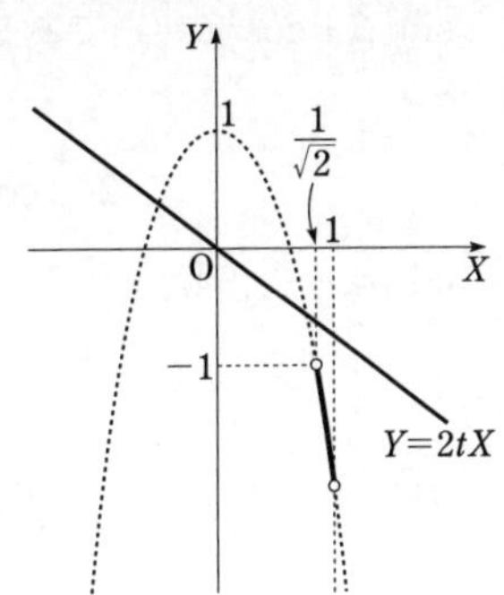

よって，直線 $Y=2tX$ の傾き $2t$ が原点Oと放物線上の点 $\left(\dfrac{1}{\sqrt{2}},\ -1\right)$ を結ぶ直線の傾き $-\sqrt{2}$ 以上になればよい．

したがって，

$$2t \geqq -\sqrt{2}.$$

$$t \geqq -\frac{1}{\sqrt{2}}.$$

48　sin，cosの加法定理

解法のポイント

$\cos(x+\alpha)+\sin(x+\beta)+\sqrt{2}\cos x=k$ とおき，x に適当な値を代入して α，β，k の関係式を求める．

【解答】

$$\cos(x+\alpha)+\sin(x+\beta)+\sqrt{2}\cos x=k \quad (k \text{ は定数}) \qquad \cdots①$$

とおく．

①で $x=0$，π，$\dfrac{\pi}{2}$ とすると，

$$\begin{cases} \cos\alpha+\sin\beta+\sqrt{2}=k, \\ \cos(\pi+\alpha)+\sin(\pi+\beta)-\sqrt{2}=k, \\ \cos\left(\dfrac{\pi}{2}+\alpha\right)+\sin\left(\dfrac{\pi}{2}+\beta\right)=k \end{cases}$$

$$\iff \begin{cases} \cos\alpha+\sin\beta+\sqrt{2}=k, & \cdots② \\ -\cos\alpha-\sin\beta-\sqrt{2}=k, & \cdots③ \\ -\sin\alpha+\cos\beta=k. & \cdots④ \end{cases}$$

②＋③より，

$$0=2k.$$

$$k=0.$$

よって，③，④より，

$$\begin{cases} \sin\beta=-\cos\alpha-\sqrt{2}, & \cdots⑤ \\ \cos\beta=\sin\alpha. & \cdots⑥ \end{cases}$$

$\sin^2\beta+\cos^2\beta=1$ であるから，

$$(-\cos\alpha-\sqrt{2})^2+\sin^2\alpha=1.$$

$$2\sqrt{2}\cos\alpha+2=0. \quad \cos\alpha=-\frac{1}{\sqrt{2}}.$$

$0<\alpha<2\pi$ より，

$$\alpha=\frac{3}{4}\pi,\ \frac{5}{4}\pi.$$

(i) $\alpha=\frac{3}{4}\pi$ のとき，⑤，⑥より，

$$\sin\beta=-\frac{1}{\sqrt{2}},\ \cos\beta=\frac{1}{\sqrt{2}}.$$

よって，

$$\beta=\frac{7}{4}\pi.$$

このとき，すべての実数 x に対して，

$$\begin{aligned}
&\cos(x+\alpha)+\sin(x+\beta)+\sqrt{2}\cos x \\
&=\cos\left(x+\frac{3}{4}\pi\right)+\sin\left(x+\frac{7}{4}\pi\right)+\sqrt{2}\cos x \\
&=\left(\cos x\cos\frac{3}{4}\pi-\sin x\sin\frac{3}{4}\pi\right) \\
&\qquad+\left(\sin x\cos\frac{7}{4}\pi+\cos x\sin\frac{7}{4}\pi\right)+\sqrt{2}\cos x \\
&=\left(-\frac{1}{\sqrt{2}}\cos x-\frac{1}{\sqrt{2}}\sin x\right) \\
&\qquad+\left(\frac{1}{\sqrt{2}}\sin x-\frac{1}{\sqrt{2}}\cos x\right)+\sqrt{2}\cos x \\
&=0.
\end{aligned}$$

よって，①はすべての実数 x に対して成り立つ.

(ii) $\alpha=\frac{5}{4}\pi$ のとき，⑤，⑥より，

$$\sin\beta=-\frac{1}{\sqrt{2}}, \quad \cos\beta=-\frac{1}{\sqrt{2}}.$$

よって，

$$\beta=\frac{5}{4}\pi.$$

このとき，すべての実数 x に対して，

$$\begin{aligned}&\cos(x+\alpha)+\sin(x+\beta)+\sqrt{2}\cos x\\=&\cos\left(x+\frac{5}{4}\pi\right)+\sin\left(x+\frac{5}{4}\pi\right)+\sqrt{2}\cos x\\=&\left(-\frac{1}{\sqrt{2}}\cos x+\frac{1}{\sqrt{2}}\sin x\right)\\&\quad+\left(-\frac{1}{\sqrt{2}}\sin x-\frac{1}{\sqrt{2}}\cos x\right)+\sqrt{2}\cos x\\=&0.\end{aligned}$$

よって，①はすべての実数 x に対して成り立つ．

(i)，(ii)より，

$$(\boldsymbol{\alpha},\ \boldsymbol{\beta})=\left(\frac{3}{4}\pi,\ \frac{7}{4}\pi\right),\ \left(\frac{5}{4}\pi,\ \frac{5}{4}\pi\right).$$

49　tanの加法定理

解法のポイント

$y=x^2$ 上の点 $(t,\ t^2)$ における接線の方程式は，

$$y-t^2=2t(x-t).$$

【解答】

(1)　$y=x^2$ のとき，$y'=2x$ であるから，

$$l:y=2p(x-p)+p^2=2px-p^2,$$
$$m:y=2q(x-q)+q^2=2qx-q^2.$$

よって，l，m の交点Rの x 座標は，

$$2px-p^2=2qx-q^2.$$
$$2(p-q)x=p^2-q^2.$$

$p\neq q$ より，　$x=\dfrac{p+q}{2}.$

このとき，　$y=pq.$

よって，

$$\mathrm{R}\left(\frac{\boldsymbol{p+q}}{\boldsymbol{2}},\ \boldsymbol{pq}\right).$$

(2)　(i)　$p<q\leqq 0$ のとき，

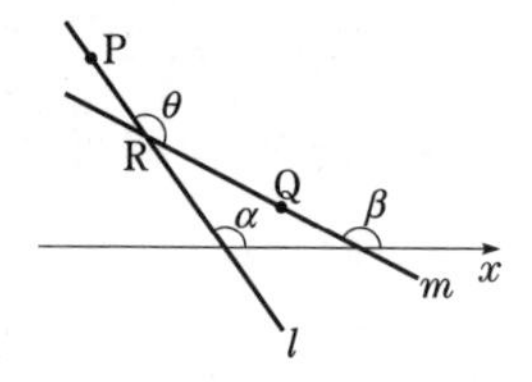

$$\theta=\alpha+(\pi-\beta)$$
$$=\pi+\alpha-\beta$$

より，　$\tan\theta=\tan(\alpha-\beta)$.

(ii)　$p<0<q$ のとき，

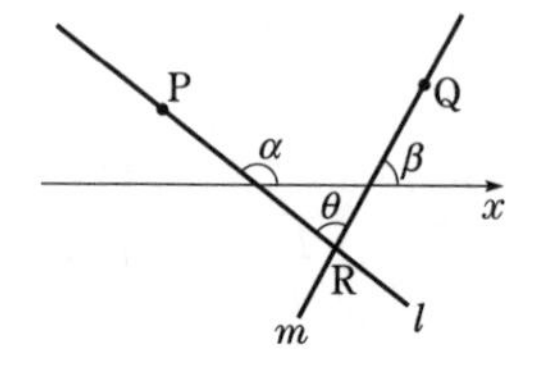

$$\theta=\alpha-\beta$$

より，　$\tan\theta=\tan(\alpha-\beta)$.

(iii)　$0\leqq p<q$ のとき，

$$\theta=\alpha+(\pi-\beta)$$

より，　$\tan\theta=\tan(\alpha-\beta)$.

また，　$\tan\alpha=2p,\ \tan\beta=2q$.

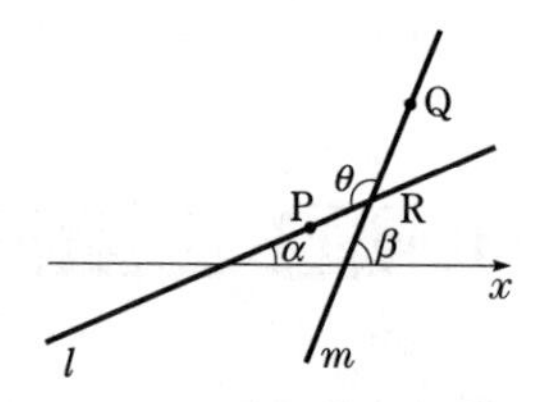

よって，(i)〜(iii)いずれの場合も，

$$\boldsymbol{\tan\theta}=\tan(\alpha-\beta)$$
$$=\frac{\tan\alpha-\tan\beta}{1+\tan\alpha\tan\beta}$$
$$=\boldsymbol{\frac{2p-2q}{1+4pq}}.\ \left(\text{ただし，}pq\neq-\frac{1}{4}\right)$$

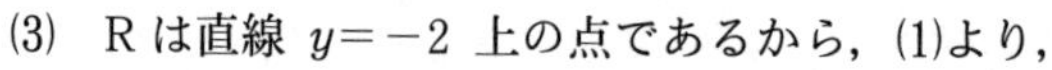

(3)　R は直線 $y=-2$ 上の点であるから，(1)より，

$$pq=-2.$$

$p<q$ より，　$p<0<q$.

(2)より，

$$\tan\theta=\frac{2\cdot\dfrac{-2}{q}-2q}{1-8}=\frac{2}{7}\left(\frac{2}{q}+q\right).$$

$q>0$ であるから（相加平均）≧（相乗平均）より，

$$\frac{2}{q}+q\geqq 2\sqrt{\frac{2}{q}\cdot q}=2\sqrt{2}.$$

これより，

$$\tan\theta\geqq\frac{4\sqrt{2}}{7}.$$

ここで，$\dfrac{2}{q}=q$ すなわち，$q=\sqrt{2}$，$p=-\sqrt{2}$ のとき等号が成立するから，

求める最小値は，

$$\boldsymbol{\frac{4\sqrt{2}}{7}}.$$

50 三角関数の最大・最小

【解答】

(1) $t=\sin\theta+\cos\theta$ より,

$$t^2=(\sin\theta+\cos\theta)^2=\sin^2\theta+\cos^2\theta+2\sin\theta\cos\theta$$
$$=1+\sin 2\theta.$$

よって, $\sin 2\theta=t^2-1.$

したがって, $\boldsymbol{f(\theta)}=t^2-1+2t-1$

$$\boldsymbol{=t^2+2t-2.}$$

(2)
$$t=\sqrt{2}\sin\left(\theta+\frac{\pi}{4}\right).$$

ここで, $0\leqq\theta\leqq\pi$ より, $\dfrac{\pi}{4}\leqq\theta+\dfrac{\pi}{4}\leqq\dfrac{5}{4}\pi.$

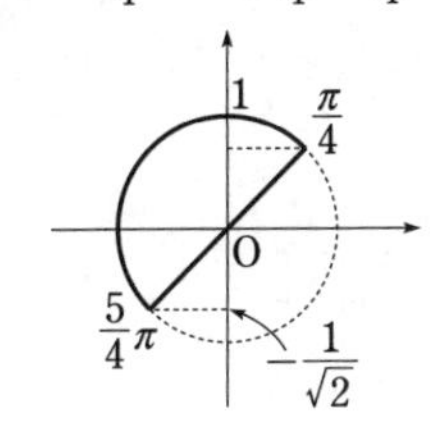

よって,

$$-\frac{1}{\sqrt{2}}\leqq\sin\left(\theta+\frac{\pi}{4}\right)\leqq 1.$$

したがって, $\boldsymbol{-1\leqq t\leqq\sqrt{2}}.$

(3) $y=f(\theta)=(t+1)^2-3$ より, $y=t^2+2t-2$ のグラフは右図のようになる.

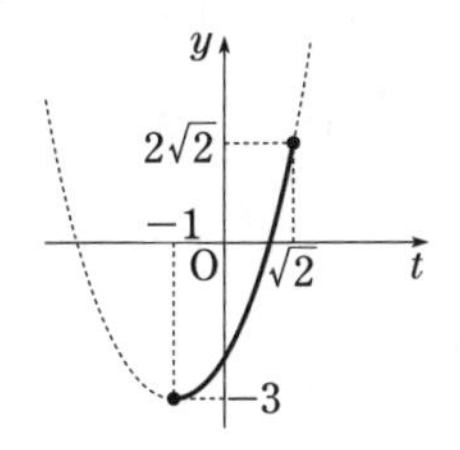

よって, $f(\theta)$ は,

$t=-1$ すなわち $\boldsymbol{\theta=\pi}$ のとき最小で, 最小値は $\boldsymbol{-3}$,

$t=\sqrt{2}$ すなわち $\boldsymbol{\theta=\dfrac{\pi}{4}}$ のとき最大で, 最大値は $\boldsymbol{2\sqrt{2}}$.

51 三角関数のグラフ，三角方程式の解の個数

【解答】

(1)
$$t=\sqrt{3}\sin\theta+\cos\theta$$
$$=2\sin\left(\theta+\frac{\pi}{6}\right)$$

より，求めるグラフは，$t=2\sin\theta$ のグラフを θ 軸の正の方向に $-\frac{\pi}{6}$ だけ平行移動したものである．

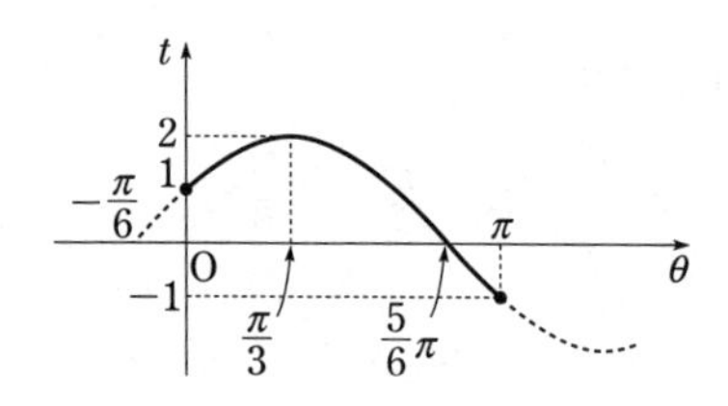

(2) $t=\sqrt{3}\sin\theta+\cos\theta$ より，
$$t^2=(\sqrt{3}\sin\theta+\cos\theta)^2$$
$$=3\sin^2\theta+2\sqrt{3}\sin\theta\cos\theta+\cos^2\theta$$
$$=2\sin^2\theta+2\sqrt{3}\sin\theta\cos\theta+1$$
$$=2\sin\theta(\sin\theta+\sqrt{3}\cos\theta)+1.$$

よって，
$$\sin\theta(\sin\theta+\sqrt{3}\cos\theta)=\boldsymbol{\frac{t^2-1}{2}}.$$

(3) $t=\sqrt{3}\sin\theta+\cos\theta$ とおくと，(2)より，
$$f(\theta)=at+\frac{t^2-1}{2}$$

であるから，
$$f(\theta)=0 \iff \begin{cases} t^2+2at-1=0, & \cdots① \\ t=2\sin\left(\theta+\dfrac{\pi}{6}\right). & \cdots② \end{cases}$$

(1)のグラフより，$0\leqq\theta\leqq\pi$ のとき，

$1\leqq t<2$ に対して，②を満たす θ は 2 個あり，

$-1\leqq t<1$，$t=2$ に対して，②を満たす θ は 1 個あり，

これら以外の t に対しては，②を満たす θ はない．

よって，$f(\theta)=0$ $(0\leqq\theta\leqq\pi)$ が相異なる 3 つの解をもつのは，t の

2次方程式①の解について，次の(i)，(ii)のいずれかの場合が成り立つときである．

(i)　①が $t=2$ を解にもち，$1 \leqq t < 2$ に他の解をもつ．

(ii)　①が $-1 \leqq t < 1$ に解をもち，$1 \leqq t < 2$ に他の解をもつ．

$g(t)=t^2+2at-1$ とおくと，

$$g(t)=(t+a)^2-a^2-1.$$

(i)のとき，　$g(2)=4a+3=0$

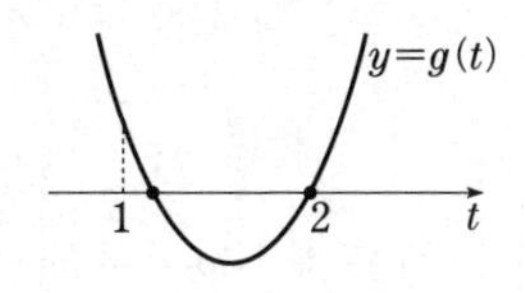

より，

$$a=-\frac{3}{4}.$$

このとき，①は，

$$t^2-\frac{3}{2}t-1=0$$

$$\iff 2t^2-3t-2=0$$

$$\iff (2t+1)(t-2)=0$$

$$\iff t=-\frac{1}{2},\ 2$$

であるから，①は $1 \leqq t < 2$ に解をもたない．

よって，この場合はあり得ない．

(ii)のとき，

$$\begin{cases} g(-1)=-2a \geqq 0, \\ g(1)=2a \leqq 0, \\ g(2)=4a+3>0 \end{cases}$$

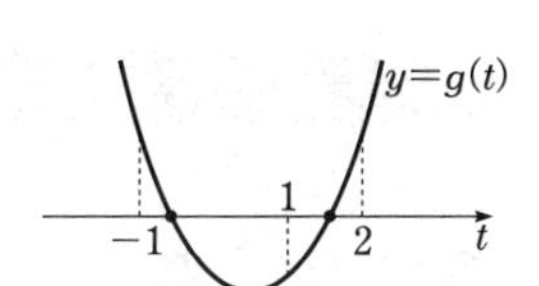

より，

$$-\frac{3}{4}<a \leqq 0.$$

(i)，(ii)より，求める a の値の範囲は，

$$\boldsymbol{-\frac{3}{4}<a \leqq 0.}$$

解説

(3)　$$t^2+2at-1=0 \qquad \cdots ①$$

$$\iff -\frac{1}{2}t^2+\frac{1}{2}=at$$

であるから，①の実数解は，放物線 $y=-\frac{1}{2}t^2+\frac{1}{2}$ と直線 $y=at$ の共有点の t 座標である．

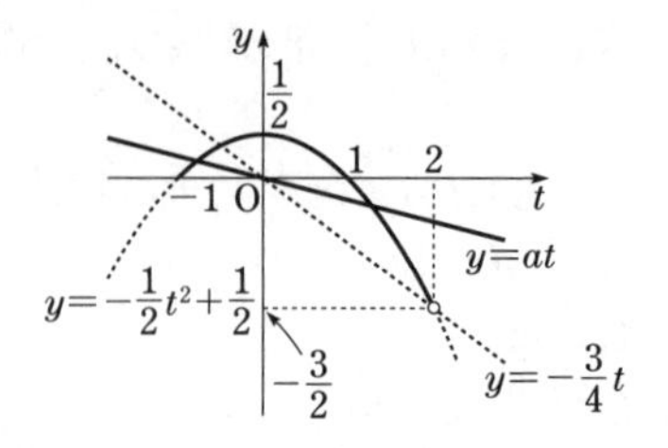

放物線 $y=-\frac{1}{2}t^2+\frac{1}{2}$ は y 軸について対称であることと，直線 $y=at$ は a の値によらず原点を通ることより，**【解答】**の(i)の場合は起こり得ないことがわかる．

また，$y=at$ が点 $(-1,\ 0)$ を通るとき $a=0$ で，点 $\left(2,\ -\frac{3}{2}\right)$ を通るとき $a=-\frac{3}{4}$ であるから，**【解答】**の(ii)の場合が起こる a の値の範囲は，

$$-\frac{3}{4}<a\leqq 0$$

となる．

52 三角方程式の実数解の個数

解法のポイント

(2) t の値が与えられたとき，

$$t=\cos\theta$$

を満たす θ が $0\leqq\theta<2\pi$ に何個あるかに着目する．

【解答】

(1)
$$2\cos 2\theta+2\cos\theta+a=0.$$
$$2(2\cos^2\theta-1)+2\cos\theta+a=0.$$

$t=\cos\theta$ より，

$$\boldsymbol{4t^2+2t+a-2=0.}$$

(2) (1)より，

$$2\cos 2\theta+2\cos\theta+a=0. \quad \cdots①$$
$$\iff \quad a=-4t^2-2t+2$$

であり，$0\leqq\theta<2\pi$ の範囲で $t=\cos\theta$ を満たす θ の個数は，

$$-1<t<1 \text{ のとき，2個，}$$
$$t=\pm 1 \text{ のとき，1個，}$$
$$|t|>1 \text{ のとき，0個}$$

である．

よって，①が $0 \leqq \theta < 2\pi$ の範囲で解を4つもつ条件は，

$$\begin{cases} y=a, \\ y=-4t^2-2t+2 \end{cases}$$

の2つのグラフが，$-1<t<1$ の範囲で2つの交点をもつことである．

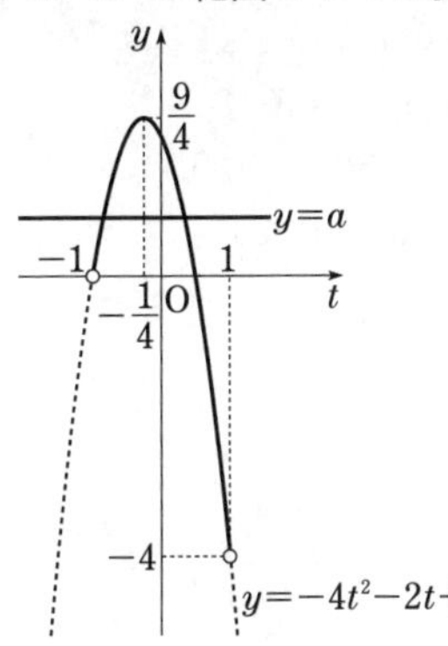

よって，図より a のとり得る値の範囲は，

$$\boldsymbol{0<a<\frac{9}{4}}.$$

53　三角方程式の解の個数

解法のポイント

$t=\sin x$ とするとき，$0 \leqq t < 1$ となる t に対して，x の値は2つ存在する．

【解答】

$$\cos 2x + 2k\sin x + k - 4 = 0$$
$$\iff 1-2\sin^2 x + 2k\sin x + k - 4 = 0$$
$$\iff 2\sin^2 x - 2k\sin x - k + 3 = 0. \quad \cdots①$$

$\sin x = t$ とおくと，$0 \leqq x \leqq \pi$ より，

$$0 \leqq t \leqq 1$$

であり，①は，

$$2t^2-2kt-k+3=0 \qquad \cdots②$$

となる．

$0 \leqq t<1$ の範囲に②の解が 1 個だけ（重解でもよい）となるような k の条件を求めればよい．

$$f(t)=2t^2-2kt-k+3$$

とおくと，
$$f(t)=2\left(t-\frac{1}{2}k\right)^2-\frac{1}{2}k^2-k+3.$$

(i) $0<t<1$ に 1 解を，$t<0$ または $1<t$ に 1 解をもつとき，

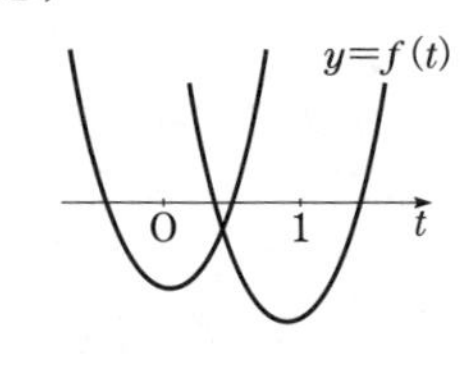

$$f(0)f(1)<0$$

より，
$$(-k+3)(-3k+5)<0.$$
$$(k-3)(3k-5)<0.$$
$$\frac{5}{3}<k<3.$$

(ii) $0<t<1$ に重解をもつとき，

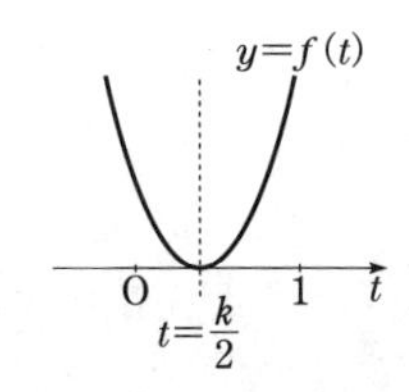

$$\begin{cases} 0<\dfrac{1}{2}k<1, \\ f\left(\dfrac{1}{2}k\right)=-\dfrac{1}{2}k^2-k+3=0 \end{cases}$$

$$\iff \begin{cases} 0<k<2, \\ k^2+2k-6=0. \end{cases}$$

これより，

$$k=-1+\sqrt{7}.$$

(iii) $t=0$ を解にもつとき，

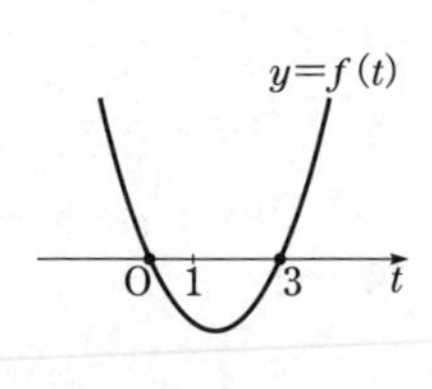

$$f(0)=-k+3=0.$$
$$k=3.$$

このとき，

$$② \iff 2t^2-6t=0$$
$$\iff t=0,\ 3.$$

よって，このとき②の $0 \leqq t<1$ の範囲での解はただ 1 つである．

(i)～(iii)より，求める k の条件は，

$$\boldsymbol{k=-1+\sqrt{7},\ \frac{5}{3}<k \leqq 3.}$$

［②式以下の別解］

$$2t^2-2kt-k+3=0 \iff t^2+\frac{3}{2}=k\left(t+\frac{1}{2}\right).$$

よって，求める条件は，ty 平面上で，

$$\begin{cases} y=t^2+\dfrac{3}{2}, & \cdots③ \\ y=k\left(t+\dfrac{1}{2}\right) & \cdots④ \end{cases}$$

が $0 \leqq t < 1$ の範囲に共有点を1個だけ（接するときも含む）もつことである．

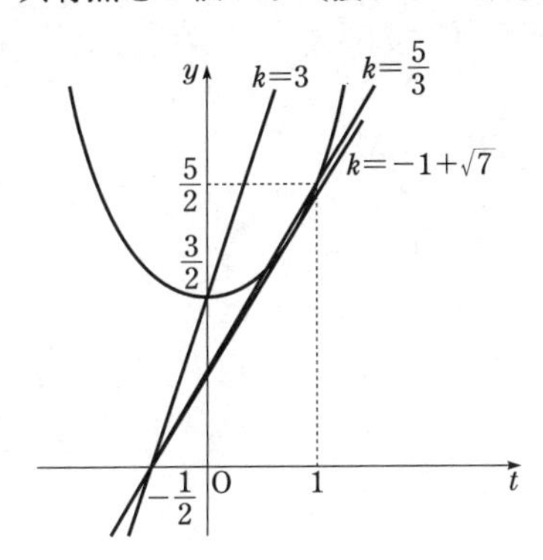

④が点 $\left(0,\ \dfrac{3}{2}\right)$ を通るとき，$k=3$.

④が点 $\left(1,\ \dfrac{5}{2}\right)$ を通るとき，$k=\dfrac{5}{3}$.

③，④が接するとき，

$$\begin{cases} ②\text{の判別式 } D=0, \\ k>0 \end{cases}$$

$$\iff \begin{cases} (-2k)^2-4\cdot 2(-k+3)=0, \\ k>0 \end{cases}$$

$$\iff \begin{cases} k^2+2k-6=0, \\ k>0 \end{cases} \iff k=-1+\sqrt{7}.$$

よって，グラフから，求める条件は，

$$\boldsymbol{k=-1+\sqrt{7},\ \frac{5}{3}<k\leqq 3.}$$

54 図形への応用（台形の周長の最大値）

解法のポイント

(1) O から CD に垂線を下ろす.

【解答】

(1) 三角形 OCD において，O より辺 CD に下ろした垂線の足を M とすると，OC＝OD より M は線分 CD の中点であり，

$$\angle \mathrm{OCM}=\angle \mathrm{AOC}=\theta.$$

よって，

$$\begin{aligned}\mathbf{CD}&=2\mathrm{CM}\\&=2\mathrm{OC}\cos\theta\\&=\mathbf{2\cos\theta.}\end{aligned}$$

(2) 三角形 OAC において，O より辺 AC に下ろした垂線の足を N とすると，N は辺 AC の中点であり，

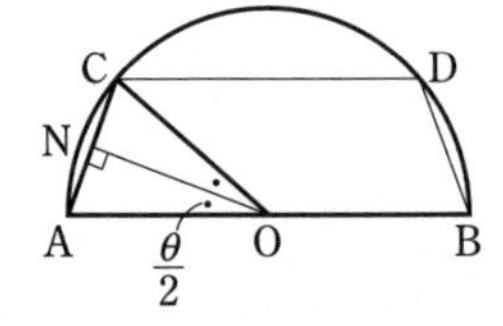

$$\begin{aligned}\angle \mathrm{AON}&=\frac{1}{2}\angle \mathrm{AOC}\\&=\frac{\theta}{2}.\end{aligned}$$

よって，

$$\mathrm{AC}=2\mathrm{AN}=2\mathrm{OA}\sin\frac{\theta}{2}=2\sin\frac{\theta}{2}.$$

台形 ABDC の周の長さを l とすると，

$$\begin{aligned}l&=\mathrm{CD}+2\mathrm{AC}+\mathrm{AB}\\&=2\cos\theta+4\sin\frac{\theta}{2}+2\\&=2\left(1-2\sin^2\frac{\theta}{2}\right)+4\sin\frac{\theta}{2}+2\\&=-4\sin^2\frac{\theta}{2}+4\sin\frac{\theta}{2}+4\\&=-4\left(\sin\frac{\theta}{2}-\frac{1}{2}\right)^2+5.\end{aligned}$$

$0<\theta<\dfrac{\pi}{2}$ より，

$$0<\frac{\theta}{2}<\frac{\pi}{4}.$$

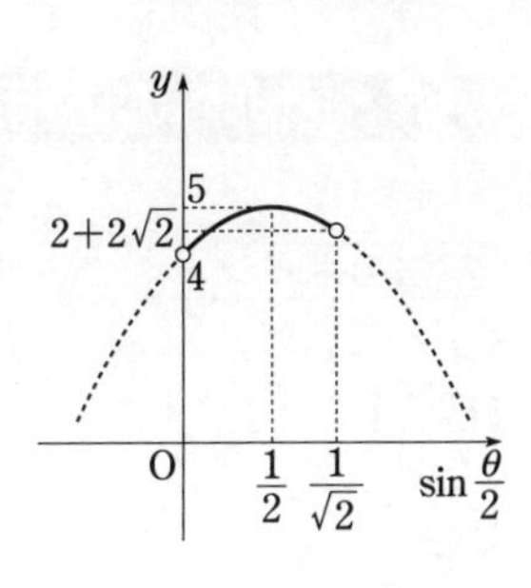

したがって，

$$0<\sin\frac{\theta}{2}<\frac{1}{\sqrt{2}}$$

であるから，l は，

$$\sin\frac{\theta}{2}=\frac{1}{2}$$

すなわち，

$$\boldsymbol{\theta=\frac{\pi}{3}}$$

で最大となり，そのときの台形の面積は，

$$\begin{aligned}\text{台形 ABDC}&=\triangle\mathrm{AOC}+\triangle\mathrm{COD}+\triangle\mathrm{BOD}\\&=3\cdot\frac{1}{2}\cdot1^2\cdot\sin\frac{\pi}{3}\\&=3\cdot\frac{1}{2}\cdot\frac{\sqrt{3}}{2}=\boldsymbol{\frac{3}{4}\sqrt{3}}.\end{aligned}$$

解説

(1)　［別解 1］

三角形 OCD において正弦定理より，

$$\frac{\mathrm{CD}}{\sin(\pi-2\theta)}=\frac{\mathrm{OC}}{\sin\theta}.$$

$$\frac{\mathrm{CD}}{\sin2\theta}=\frac{1}{\sin\theta}.$$

$$\mathbf{CD}=\frac{\sin2\theta}{\sin\theta}=\frac{2\sin\theta\cos\theta}{\sin\theta}\boldsymbol{=2\cos\theta}.$$

［別解 2］

三角形 OCD において余弦定理より，

$$\begin{aligned}\mathrm{CD}^2&=\mathrm{OC}^2+\mathrm{OD}^2-2\mathrm{OC}\cdot\mathrm{OD}\cos(\pi-2\theta)\\&=1+1+2\cos2\theta\\&=2+2(2\cos^2\theta-1)\\&=4\cos^2\theta.\end{aligned}$$

$\cos\theta>0$ より，

$$\mathbf{CD=2\cos\boldsymbol{\theta}}.$$

55 図形への応用（三角形の面積の最大値）

解法のポイント

$$S=\triangle \mathrm{OAB}+\triangle \mathrm{OBC}+\triangle \mathrm{OCA}$$

【解答】

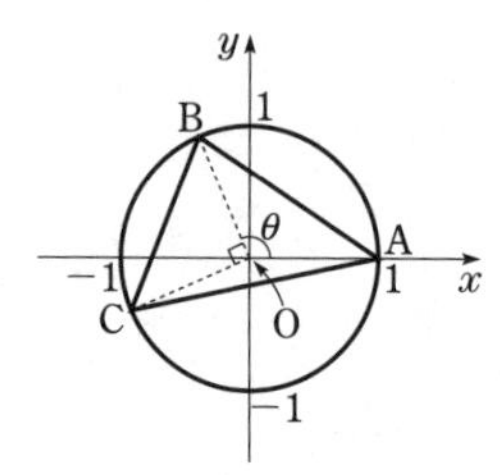

(1)
$$\begin{aligned} S&=\triangle \mathrm{OAB}+\triangle \mathrm{OBC}+\triangle \mathrm{OCA}\\ &=\frac{1}{2}\cdot 1^2\cdot\sin\theta+\frac{1}{2}\cdot 1^2+\frac{1}{2}\cdot 1^2\cdot\sin\left\{2\pi-\left(\theta+\frac{\pi}{2}\right)\right\}\\ &=\frac{1}{2}\left\{\sin\theta+1-\sin\left(\theta+\frac{\pi}{2}\right)\right\}\\ &=\boldsymbol{\frac{1}{2}(\sin\theta-\cos\theta+1)}. \end{aligned}$$

(2) (1)より，
$$S=\frac{1}{2}\left\{\sqrt{2}\sin\left(\theta-\frac{\pi}{4}\right)+1\right\}.$$

$\frac{\pi}{2}<\theta<\pi$ より，
$$\frac{\pi}{4}<\theta-\frac{\pi}{4}<\frac{3}{4}\pi.$$

よって，S は $\theta-\frac{\pi}{4}=\frac{\pi}{2}$ すなわち $\theta=\frac{3}{4}\pi$ のとき最大となり，

最大値は $\boldsymbol{\frac{1}{2}(\sqrt{2}+1)}$.

解説

(1) ［別解］

$\mathrm{B}(\cos\theta,\ \sin\theta)$，

$\mathrm{C}\left(\cos\left(\theta+\frac{\pi}{2}\right),\ \sin\left(\theta+\frac{\pi}{2}\right)\right)=\mathrm{C}(-\sin\theta,\ \cos\theta)$

であるから，

$\overrightarrow{\mathrm{AB}}=(\cos\theta-1,\ \sin\theta)$，$\overrightarrow{\mathrm{AC}}=(-\sin\theta-1,\ \cos\theta)$.

これより，

$$S=\frac{1}{2}|(\cos\theta-1)\cos\theta-\sin\theta(-\sin\theta-1)|$$
$$=\frac{1}{2}|\sin\theta-\cos\theta+1|.$$

$\frac{\pi}{2}<\theta<\pi$ より，$\sin\theta>0$，$\cos\theta<0$.

よって，　　$\boldsymbol{S=\frac{1}{2}(\sin\theta-\cos\theta+1)}$.

三角形の面積

$\overrightarrow{AB}=(x_1,\ y_1)$，$\overrightarrow{AC}=(x_2,\ y_2)$ のとき，

$$\triangle ABC=\frac{1}{2}|x_1y_2-x_2y_1|.$$

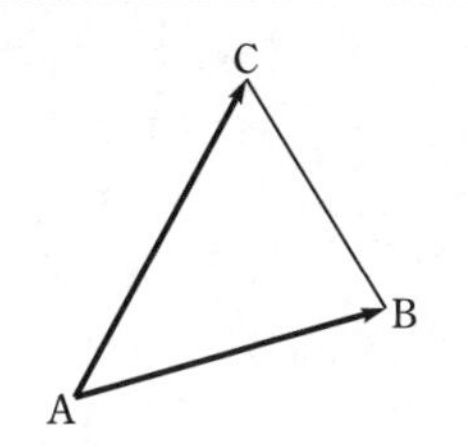

56　図形への応用（四角形の面積の最大値）

【解答】

(1)　PQ∥AB であるから，M$(\cos\theta,\ 0)$ とおくと，

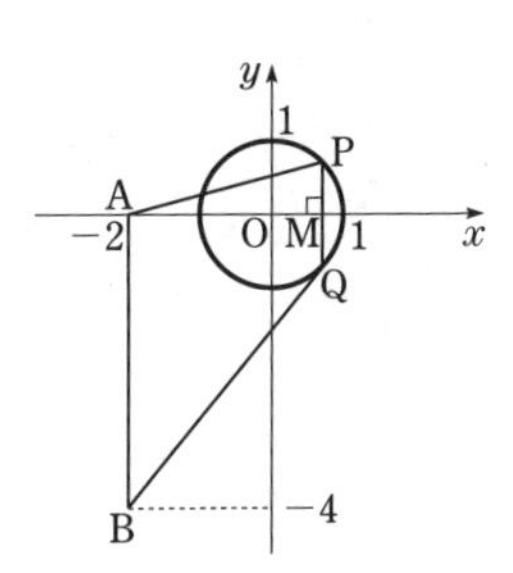

$$S=\frac{1}{2}(PQ+AB)AM$$
$$=\frac{1}{2}(2\sin\theta+4)\{\cos\theta-(-2)\}$$
$$=(\sin\theta+2)(\cos\theta+2)$$
$$=\sin\theta\cos\theta+2(\sin\theta+\cos\theta)+4.$$

$t=\sin\theta+\cos\theta$ より，

$$t^2=(\sin\theta+\cos\theta)^2=1+2\sin\theta\cos\theta.$$

これより，

$$\sin\theta\cos\theta=\frac{t^2-1}{2}$$

となるから，

$$S=\frac{t^2-1}{2}+2t+4$$
$$\boldsymbol{=\frac{1}{2}t^2+2t+\frac{7}{2}}.$$

(2) (1)より,

$$S=\frac{1}{2}(t+2)^2+\frac{3}{2}.$$

ここで,

$$t=\sqrt{2}\sin\left(\theta+\frac{\pi}{4}\right)$$

であり, $0<\theta<\pi$ より, $\frac{\pi}{4}<\theta+\frac{\pi}{4}<\frac{5}{4}\pi$ であるから,

$$-\frac{1}{\sqrt{2}}<\sin\left(\theta+\frac{\pi}{4}\right)\leqq 1.$$

$$-1<t\leqq\sqrt{2}.$$

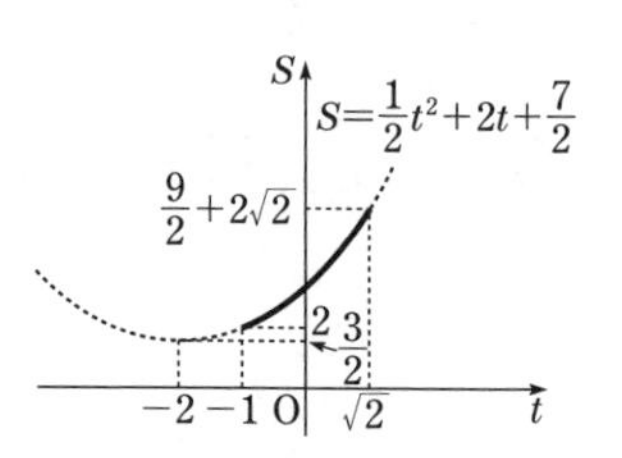

よって, S は $t=\sqrt{2}$ で最大となり,
最大値は,

$$\boldsymbol{\frac{9}{2}+2\sqrt{2}}.$$

57 図形への応用 (三角形の面積の最大値)

解法のポイント

$\angle AOP=\theta$ とおき, OP, OQ を θ で表し,

$$\triangle POQ=\frac{1}{2}OP\cdot OQ\sin\frac{\pi}{3}$$

を用いる.

【解答】

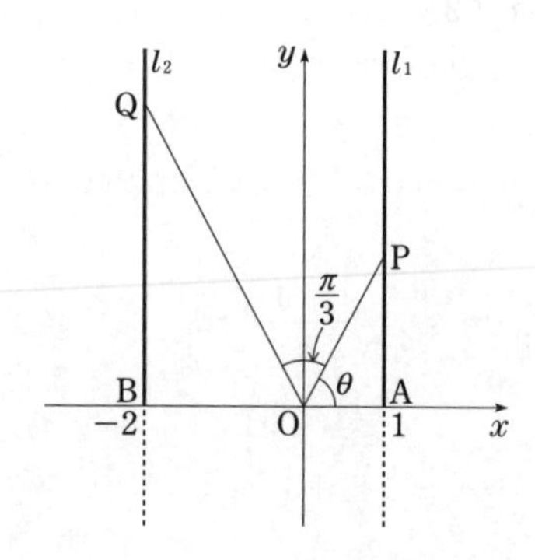

(1)　B$(-2,\ 0)$，$\angle\mathrm{AOP}=\theta$ とおくと，

$$\angle\mathrm{BOQ}=\frac{2}{3}\pi-\theta.$$

条件より，

$$0<\angle\mathrm{AOP}<\frac{\pi}{2}\quad かつ\quad 0<\angle\mathrm{BOQ}<\frac{\pi}{2}.$$

$$0<\theta<\frac{\pi}{2}\quad かつ\quad 0<\frac{2}{3}\pi-\theta<\frac{\pi}{2}.$$

よって，

$$\frac{\pi}{6}<\theta<\frac{\pi}{2}.$$

すなわち，

$$\boldsymbol{\frac{\pi}{6}<\angle\mathrm{AOP}<\frac{\pi}{2}}.$$

(2)　$\mathrm{OP}\cos\theta=1$ より，

$$\mathrm{OP}=\frac{1}{\cos\theta}.$$

$\mathrm{OQ}\cos\left(\frac{2}{3}\pi-\theta\right)=2$ より，

$$\mathrm{OQ}=\frac{2}{\cos\left(\frac{2}{3}\pi-\theta\right)}.$$

よって，

$$\begin{aligned}\triangle\mathrm{POQ}&=\frac{1}{2}\,\mathrm{OP}\cdot\mathrm{OQ}\sin\frac{\pi}{3}\\&=\frac{1}{2}\cdot\frac{1}{\cos\theta}\cdot\frac{2}{\cos\left(\frac{2}{3}\pi-\theta\right)}\cdot\frac{\sqrt{3}}{2}\\&=\frac{\sqrt{3}}{2}\cdot\frac{1}{\cos\theta\cos\left(\frac{2}{3}\pi-\theta\right)}.\end{aligned}$$

ここで，

$$\begin{aligned}\cos\theta\cos\left(\frac{2}{3}\pi-\theta\right)&=\frac{1}{2}\left\{\cos\frac{2}{3}\pi+\cos\left(2\theta-\frac{2}{3}\pi\right)\right\}\\&=\frac{1}{2}\cos\left(2\theta-\frac{2}{3}\pi\right)-\frac{1}{4}.\end{aligned}$$

$\dfrac{\pi}{6}<\theta<\dfrac{\pi}{2}$ より，

$$-\frac{\pi}{3}<2\theta-\frac{2}{3}\pi<\frac{\pi}{3}$$

であるから，$\cos\theta\cos\left(\dfrac{2}{3}\pi-\theta\right)$ は，

$$2\theta-\frac{2}{3}\pi=0 \quad すなわち \quad \theta=\frac{\pi}{3}$$

のとき最大となる．

したがって，三角形 POQ の面積は $\theta=\dfrac{\pi}{3}$ で最小となり，最小値は，

$$\frac{\sqrt{3}}{2}\cdot\frac{1}{\frac{1}{4}}=\mathbf{2\sqrt{3}}.$$

このとき，

$$\mathbf{P(1,\ \sqrt{3})}.$$

解説

(2) $\cos\theta\cos\left(\dfrac{2}{3}\pi-\theta\right)$ の最大値を求める際に，

積を和に直す公式

$$\cos\alpha\cos\beta=\frac{1}{2}\{\cos(\alpha+\beta)+\cos(\alpha-\beta)\}$$

を用いた．

これは，次のように，倍角公式と合成公式を用いて導くこともできる．

$$\begin{aligned}
&\cos\theta\cos\left(\frac{2}{3}\pi-\theta\right)\\
&=\cos\theta\left(\cos\frac{2}{3}\pi\cos\theta+\sin\frac{2}{3}\pi\sin\theta\right)\\
&=\cos\left(-\frac{1}{2}\cos\theta+\frac{\sqrt{3}}{2}\sin\theta\right)\\
&=-\frac{1}{2}\cos^2\theta+\frac{\sqrt{3}}{2}\sin\theta\cos\theta\\
&=-\frac{1}{2}\cdot\frac{1+\cos 2\theta}{2}+\frac{\sqrt{3}}{2}\cdot\frac{\sin 2\theta}{2}\\
&=\frac{1}{4}(\sqrt{3}\sin 2\theta-\cos 2\theta)-\frac{1}{4}\\
&=\frac{1}{2}\sin\left(2\theta-\frac{\pi}{6}\right)-\frac{1}{4}.
\end{aligned}$$

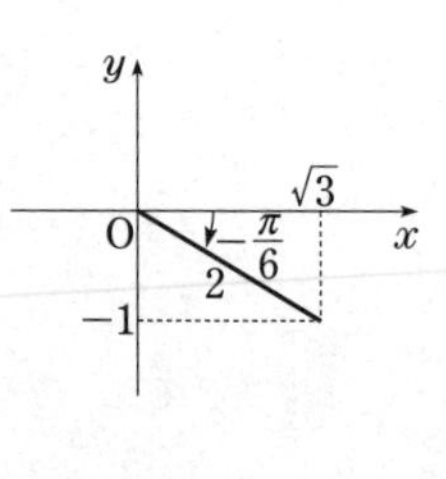

[別解]

$$\mathrm{P}(1,\ \tan\theta),\ \mathrm{Q}\left(-2,\ 2\tan\left(\frac{2}{3}\pi-\theta\right)\right)$$

と表せる．このとき，

$$\begin{aligned}\triangle\mathrm{POQ}&=(\text{台形 APQB})-(\triangle\mathrm{OAP}+\triangle\mathrm{OBQ})\\&=\frac{3}{2}\left\{\tan\theta+2\tan\left(\frac{2}{3}\pi-\theta\right)\right\}\\&\qquad\qquad-\left\{\frac{1}{2}\tan\theta+\frac{1}{2}\cdot2\cdot2\tan\left(\frac{2}{3}\pi-\theta\right)\right\}\\&=\tan\theta+\tan\left(\frac{2}{3}\pi-\theta\right)\\&=\tan\theta+\frac{\tan\frac{2}{3}\pi-\tan\theta}{1+\tan\frac{2}{3}\pi\tan\theta}\\&=\tan\theta+\frac{-\sqrt{3}-\tan\theta}{1-\sqrt{3}\tan\theta}\\&=\tan\theta+\frac{\tan\theta+\sqrt{3}}{\sqrt{3}\tan\theta-1}.\end{aligned}$$

$\sqrt{3}\tan\theta-1=t$ とおくと，$\frac{\pi}{6}<\theta<\frac{\pi}{2}$ より，

$$t>0.$$

このとき，

$$\begin{aligned}\triangle\mathrm{POQ}&=\frac{t+1}{\sqrt{3}}+\frac{\frac{t+1}{\sqrt{3}}+\sqrt{3}}{t}\\&=\frac{1}{\sqrt{3}}\left(t+\frac{4}{t}\right)+\frac{2}{\sqrt{3}}.\end{aligned}$$

(相加平均)≧(相乗平均) より，

$$t+\frac{4}{t}\geqq2\sqrt{t\cdot\frac{4}{t}}=4.$$

よって，

$$\triangle\mathrm{POQ}\geqq\frac{4}{\sqrt{3}}+\frac{2}{\sqrt{3}}=2\sqrt{3}.$$

ここで，等号は $t=\frac{4}{t}$ すなわち $t=2$ のとき成り立つ．

$$\sqrt{3}\tan\theta-1=2$$

より，

$$\tan\theta=\sqrt{3}.$$

$\frac{\pi}{6}<\theta<\frac{\pi}{2}$ より，

$$\theta=\frac{\pi}{3}.$$

したがって，三角形 POQ の面積は，$\theta=\frac{\pi}{3}$ で最小となり，最小値は，

$$\mathbf{2\sqrt{3}}.$$

また，このとき，

$$\mathbf{P(1,\ \sqrt{3})}.$$

【注】

三角形の面積はベクトルを利用しても求めることができる．

右図において，

$$\overrightarrow{OP}=(x_1,\ y_1),\ \overrightarrow{OQ}=(x_2,\ y_2)$$

とすると

$$\triangle POQ=\frac{1}{2}|x_1y_2-x_2y_1|.$$

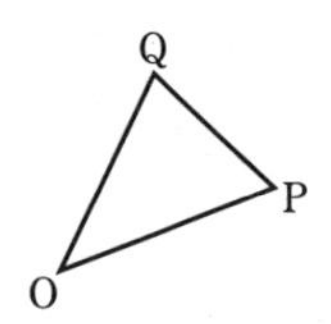

三角形 POQ において，

$$\overrightarrow{OP}=(1,\ \tan\theta),\ \overrightarrow{OQ}=\left(-2,\ 2\tan\left(\frac{2}{3}\pi-\theta\right)\right)$$

より，

$$\triangle POQ=\frac{1}{2}\left|1\cdot 2\tan\left(\frac{2}{3}\pi-\theta\right)-(-2)\cdot\tan\theta\right|$$

$$=\left|\tan\theta+\tan\left(\frac{2}{3}\pi-\theta\right)\right|.$$

$0<\theta<\frac{\pi}{2}$，$0<\frac{2}{3}\pi-\theta<\frac{\pi}{2}$ より，

$$\tan\theta>0,\ \tan\left(\frac{2}{3}\pi-\theta\right)>0.$$

よって，

$$\triangle POQ=\tan\theta+\tan\left(\frac{2}{3}\pi-\theta\right).$$

第 6 章｜指数関数・対数関数

58 大小比較

解法のポイント

n を自然数とするとき，正の実数 a，b に対し，

$$a<b \iff a^n<b^n.$$

【解答】

(1)
$$a^6=(2^{\frac{1}{2}})^6=2^3=8,$$
$$b^6=(3^{\frac{1}{3}})^6=3^2=9$$

より，
$$a^6<b^6.$$

$a>0$，$b>0$ より，
$$a<b. \quad \cdots①$$

また，
$$a^{10}=(2^{\frac{1}{2}})^{10}=2^5=32,$$
$$c^{10}=(5^{\frac{1}{5}})^{10}=5^2=25$$

より，
$$c^{10}<a^{10}.$$

$a>0$，$c>0$ より，
$$c<a. \quad \cdots②$$

①，②より，
$$\boldsymbol{c<a<b}.$$

(2) (1)より，
$$5^{\frac{1}{5}}<2^{\frac{1}{2}}<3^{\frac{1}{3}}$$

であるから，
$$\log_{10}5^{\frac{1}{5}}<\log_{10}2^{\frac{1}{2}}<\log_{10}3^{\frac{1}{3}}.$$
$$\frac{1}{5}\log_{10}5<\frac{1}{2}\log_{10}2<\frac{1}{3}\log_{10}3. \quad \cdots③$$

$2^x=3^y=5^z$ より，
$$\log_{10}2^x=\log_{10}3^y=\log_{10}5^z$$
$$\iff x\log_{10}2=y\log_{10}3=z\log_{10}5.$$

この共通な値を k とおくと，$k>0$ であり，
$$\log_{10}2=\frac{k}{x},\ \log_{10}3=\frac{k}{y},\ \log_{10}5=\frac{k}{z}.$$

これらを③に代入して,

$$\frac{k}{5z}<\frac{k}{2x}<\frac{k}{3y}.$$

よって,

$$\boldsymbol{3y<2x<5z.}$$

[(1)の別解]

$$a^{30}=(2^{\frac{1}{2}})^{30}=2^{15}=32768,$$

$$b^{30}=(3^{\frac{1}{3}})^{30}=3^{10}=59049,$$

$$c^{30}=(5^{\frac{1}{5}})^{30}=5^{6}=15625$$

より,

$$c^{30}<a^{30}<b^{30}.$$

$a>0$, $b>0$, $c>0$ であるから,

$$\boldsymbol{c<a<b.}$$

59 大小比較

解法のポイント

$a>1$ のとき, 正の数 M, N に対して,

$$M<N \iff \log_a M<\log_a N.$$

【解答】

(1)
$$\frac{3}{2}=\frac{3}{2}\log_2 2=\log_2 2^{\frac{3}{2}}=\log_2\sqrt{8},$$

$$\log_4 10=\frac{\log_2 10}{\log_2 4}=\frac{\log_2 10}{\log_2 2^2}=\frac{1}{2}\log_2 10=\log_2\sqrt{10}.$$

$8<9<10$ より,

$$\sqrt{8}<3<\sqrt{10}.$$

$$\log_2\sqrt{8}<\log_2 3<\log_2\sqrt{10}.$$

よって,

$$\boldsymbol{\frac{3}{2}<\log_2 3<\log_4 10.}$$

(2)
$$\begin{cases} x=\log_a b, \\ y=\log_b a=\dfrac{1}{\log_a b}=\dfrac{1}{x}, \\ z=\log_a ab=\log_a a+\log_a b=1+x, \\ w=\log_b \dfrac{b}{a}=\log_b b-\log_b a=1-\dfrac{1}{x}. \end{cases}$$

$1<a<b<a^2$ より，

$$\log_a 1<\log_a a<\log_a b<\log_a a^2.$$

$$0<1<x<2. \quad \cdots①$$

これより，

$$\frac{1}{2}<\frac{1}{x}<1. \quad \cdots②$$

①，②より，

$$1-\frac{1}{x}<\frac{1}{x}<x<1+x.$$

よって，

$$\boldsymbol{w<y<x<z}.$$

解説

(2)　[別解]　$1<a<b$ より $a<b<ab$.

よって，

$$1<\log_a b<\log_a ab. \quad \cdots③$$

また，$1<a$ かつ $b<a^2$ から $\dfrac{b}{a}<a$.

よって，

$$\log_b \frac{b}{a}<\log_b a. \quad \cdots④$$

さらに，

$$\log_b a=\frac{1}{\log_a b}.$$

$\log_a b>1$ より，

$$\log_b a<\log_a b. \quad \cdots⑤$$

③，④，⑤より，

$$\log_b \frac{b}{a}<\log_b a<\log_a b<\log_a ab.$$

すなわち，

$$\boldsymbol{w<y<x<z}.$$

60 桁数，最高位の数字

解法のポイント

$x \geqq 1$ とするとき，

$$x \text{ の整数部分が } N \text{ 桁の整数} \iff 10^{N-1} \leqq x < 10^N.$$

このとき，

$$x \text{ の最高位の数字が } k \iff k \cdot 10^{N-1} \leqq x < (k+1)10^{N-1}.$$

$0 < x < 1$ とするとき，

$$10^{-n} \leqq x < 10^{-n+1}$$

ならば，x は小数第 n 位にはじめて 0 でない数字が現れる．

その数字を a とすると，

$$a \cdot 10^{-n} \leqq x < (a+1) \cdot 10^{-n}.$$

【解答】

(1)

$$\begin{aligned}\log_{10}\frac{1}{45} &= -\log_{10}3^2 \cdot 5\\ &= -2\log_{10}3 - \log_{10}5\\ &= -2\log_{10}3 - \log_{10}\frac{10}{2}\\ &= -2\log_{10}3 - 1 + \log_{10}2\\ &= -2 \times 0.4771 - 1 + 0.3010\\ &= \mathbf{-1.6532.}\end{aligned}$$

(2)

$$\begin{aligned}\log_{10}\left(\frac{1}{45}\right)^{54} &= 54\log_{10}\frac{1}{45}\\ &= 54 \times (-1.6532)\\ &= -89.2728\end{aligned}$$

より，

$$-90 < \log_{10}\left(\frac{1}{45}\right)^{54} < -89.$$

$$10^{-90} < \left(\frac{1}{45}\right)^{54} < 10^{-89}.$$

よって，$\left(\frac{1}{45}\right)^{54}$ で，小数点以下最初に 0 でない数字が現れるのは，

小数第 90 位.

さらに，

$$\log_{10}\left(\frac{1}{45}\right)^{54} + 90 = 0.7272$$

かつ

$$\log_{10}5=1-\log_{10}2=0.6990,$$
$$\log_{10}6=\log_{10}2+\log_{10}3=0.7781$$

より，

$$\log_{10}5<\log_{10}\left(\frac{1}{45}\right)^{54}+90<\log_{10}6.$$

$$\log_{10}5\cdot10^{-90}<\log_{10}\left(\frac{1}{45}\right)^{54}<\log_{10}6\cdot10^{-90}.$$

$$5\cdot10^{-90}<\left(\frac{1}{45}\right)^{54}<6\cdot10^{-90}.$$

よって，小数第 90 位の数字は，

5.

(3)
$$\begin{aligned}\log_{10}18^{18}&=18\log_{10}2\cdot3^2\\&=18(\log_{10}2+2\log_{10}3)\\&=18(0.3010+2\times0.4771)\\&=22.5936\end{aligned}$$

より，

$$22<\log_{10}18^{18}<23.$$
$$10^{22}<18^{18}<10^{23}.$$

よって，**18^{18} は 23 桁の数である．**

また，

$$\log_{10}3=0.4771,$$
$$\log_{10}4=2\log_{10}2=0.6020$$

より，

$$22+\log_{10}3<\log_{10}18^{18}<22+\log_{10}4.$$
$$\log_{10}3\cdot10^{22}<\log_{10}18^{18}<\log_{10}4\cdot10^{22}.$$
$$3\cdot10^{22}<18^{18}<4\cdot10^{22}.$$

よって，最高位の数字は，

3.

61　対数方程式，指数・対数不等式

解法のポイント

(1)，(3)　真数>0 に注意．

(2)　$2^x=X$ とおく．

【解答】

(1) 底および真数についての条件より,

$$x>0,\ x\neq 1$$

である.

このとき,

$$\begin{aligned} & \log_3 9x-6\log_x 9=3 \\ \iff\ & \log_3 9+\log_3 x-\frac{6\log_3 9}{\log_3 x}=3 \\ \iff\ & 2+\log_3 x-\frac{12}{\log_3 x}=3 \qquad (\log_3 9=\log_3 3^2=2\ \text{より}) \\ \iff\ & \log_3 x-1-\frac{12}{\log_3 x}=0. \end{aligned}$$

ここで, $\log_3 x=t$ とおくと,

$$t-1-\frac{12}{t}=0 \iff t^2-t-12=0 \iff (t+3)(t-4)=0.$$

$$t=-3,\ 4.$$

よって,

$$\log_3 x=-3,\ 4.$$

$$x=3^{-3},\ 3^4.$$

ゆえに,

$$\boldsymbol{x=\frac{1}{27},\ 81.}$$

(2) $2^x=X$ とおくと,

$$2^{x+1}=2^x\cdot 2=2X,\ 8^x=(2^3)^x=(2^x)^3=X^3$$

であるから,

$$\begin{aligned} & 2^x(2^{x+1}+8)\geqq 8^x(5-2^x) \iff X(2X+8)\geqq X^3(5-X) \\ \iff\ & 2X+8\geqq X^2(5-X) \qquad (X=2^x>0\ \text{より}) \\ \iff\ & X^3-5X^2+2X+8\geqq 0 \iff (X+1)(X-2)(X-4)\geqq 0 \\ \iff\ & (X-2)(X-4)\geqq 0 \qquad (X>0\ \text{より}) \\ \iff\ & X\leqq 2,\ 4\leqq X \iff 2^x\leqq 2,\ 4\leqq 2^x. \end{aligned}$$

よって,

$$\boldsymbol{x\leqq 1,\ 2\leqq x.}$$

(3) 真数についての条件より,

$$x-2>0,\ x-4>0.$$

よって,

$$x>4.$$

このとき，

$$\log_2(x-2)<1+\log_{\frac{1}{2}}(x-4)$$

$$\iff \log_2(x-2)<1+\frac{\log_2(x-4)}{\log_2\frac{1}{2}}$$

$$\iff \log_2(x-2)<1-\log_2(x-4) \qquad \left(\log_2\frac{1}{2}=-1 \text{ より}\right)$$

$$\iff \log_2(x-2)+\log_2(x-4)<1$$

$$\iff \log_2(x-2)(x-4)<1$$

$$\iff (x-2)(x-4)<2$$

$$\iff x^2-6x+6<0.$$

$x>4$ より，

$$\mathbf{4<x<3+\sqrt{3}}.$$

62　指数・対数不等式

解法のポイント

$a>1$ のとき，

$$x<y \iff a^x<a^y,$$
$$x<y \iff \log_a x<\log_a y.$$

$0<a<1$ のとき，

$$x<y \iff a^x>a^y,$$
$$x<y \iff \log_a x>\log_a y.$$

【解答】

$$a^{2x-4}-1<a^{x+1}-a^{x-5}$$

の両辺に a^5（>0）を掛けて，

$$a^{2x+1}-a^5<a^{x+6}-a^x.$$
$$a(a^x)^2-(a^6-1)a^x-a^5<0.$$
$$(a\cdot a^x+1)(a^x-a^5)<0.$$

ここで，$a\cdot a^x+1>0$ であるから，

$$a^x<a^5.$$

よって，

$$\begin{cases} a>1 \text{ のとき，} x<5, \\ 0<a<1 \text{ のとき，} x>5. \end{cases} \qquad \cdots ①$$

次に，

$$2\log_a(x-2) \geqq \log_a(x-2)+\log_a 5$$
$$\Longleftrightarrow \quad \log_a(x-2) \geqq \log_a 5$$

において，真数条件より，　　$x>2$.

よって，

$$\begin{cases} a>1 \text{ のとき，} x-2 \geqq 5, \\ 0<a<1 \text{ のとき，} 0<x-2 \leqq 5 \end{cases}$$
$$\Longleftrightarrow \begin{cases} a>1 \text{ のとき，} x \geqq 7, \\ 0<a<1 \text{ のとき，} 2<x \leqq 7. \end{cases} \quad \cdots ②$$

①，②より，

$$\begin{cases} \boldsymbol{a>1} \textbf{ のとき，解なし，} \\ \boldsymbol{0<a<1} \textbf{ のとき，} \boldsymbol{5<x \leqq 7.} \end{cases}$$

63 対数を含む不等式

解法のポイント

(2)　与式の両辺を $\log_2 t$ （>0）で割って，(1)を利用する．

【解答】

(1)

$$f(t)=\log_2 t+\log_t 4$$
$$=\log_2 t+\frac{\log_2 4}{\log_2 t}$$
$$=\log_2 t+\frac{2}{\log_2 t}.$$

$t>1$ より $\log_2 t>0$ であるから，（相加平均）≧（相乗平均）より，

$$\log_2 t+\frac{2}{\log_2 t} \geqq 2\sqrt{\log_2 t \cdot \frac{2}{\log_2 t}}=2\sqrt{2}.$$

等号成立は，

$$\log_2 t=\frac{2}{\log_2 t} \quad \Longleftrightarrow \quad \log_2 t=\sqrt{2}$$
$$\Longleftrightarrow \quad t=2^{\sqrt{2}}$$

のとき．

よって，$f(t)$ は $t=2^{\sqrt{2}}$ で最小となり，最小値は，

$$\boldsymbol{2\sqrt{2}}.$$

(2)　$t>1$ のとき，$\log_2 t>0$ であるから，

$$k\log_2 t<(\log_2 t)^2-\log_2 t+2$$

$$\iff k<\log_2 t-1+\frac{2}{\log_2 t}$$

$$\iff k<f(t)-1.$$

(1)より $f(t)-1$ の最小値は $2\sqrt{2}-1$ であるから，

$$\boldsymbol{k<2\sqrt{2}-1}.$$

64　指数方程式の実数解の個数

解法のポイント

$$2^x+2^{-x}\geqq 2\sqrt{2^x\cdot 2^{-x}}=2.$$

【解答】

(1)　$t=2^x+2^{-x}$ より，

$$t^2=(2^x+2^{-x})^2=(2^x)^2+2\cdot 2^x\cdot 2^{-x}+(2^{-x})^2$$
$$=4^x+2+4^{-x}.$$

したがって，$4^x+4^{-x}=t^2-2$ となるから，

$$\boldsymbol{f(x)}=t^2-2+at+6-a$$
$$\boldsymbol{=t^2+at-a+4.}$$

(2)　$2^x>0$，$2^{-x}>0$ であるから，(相加平均)≧(相乗平均) より，

$$\frac{2^x+2^{-x}}{2}\geqq\sqrt{2^x\cdot 2^{-x}}=1.$$

(等号成立は，$2^x=2^{-x}$ すなわち $x=0$ のとき)

よって，

$$\boldsymbol{t\geqq 2.}$$

(3)　(i)　$t<2$ のとき，$2^x+2^{-x}=t$ を満たす x はない．

(ii)　$t=2$ のとき，$2^x+2^{-x}=t$ を満たす x は0だけである．

(iii)　$t>2$ のとき，$2^x=X$ とおくと，

$$2^x+2^{-x}=t \iff X+\frac{1}{X}=t$$

$$\iff X^2-tX+1=0 \qquad \cdots①$$

であって，①の判別式を D とすると，$t>2$ より，

$$D=t^2-4>0.$$

よって，①は相異なる実数解 X_1，X_2 をもち，解と係数との関係から，

$$\begin{cases} X_1+X_2=t, \\ X_1X_2=1. \end{cases}$$

したがって，$X_1>0$，$X_2>0$ である．

ゆえに，このとき，

$$2^x+2^{-x}=t$$

を満たす x は 2 個ある．

(i)〜(iii)より，

$f(x)=0$ が異なる 4 つの実数解をもつ

$\iff$ $t^2+at-a+4=0$ が 2 より大きい 2 つの異なる解をもつ．

$g(t)=t^2+at-a+4$ とすると，

$$g(t)=\left(t+\frac{a}{2}\right)^2-\frac{a^2}{4}-a+4.$$

よって，求める条件は，

$$\begin{cases} 2<-\dfrac{a}{2}, \\ g\left(-\dfrac{a}{2}\right)<0, \\ g(2)>0 \end{cases}$$

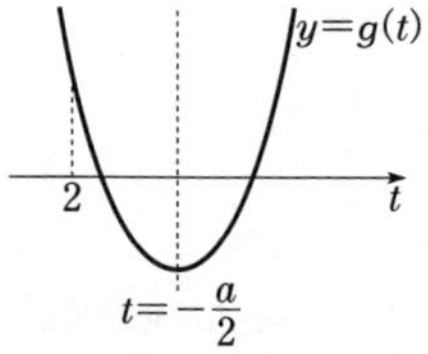

y=g(t)
2
t
t=-a/2

$$\iff \begin{cases} a<-4, \\ -\dfrac{a^2}{4}-a+4<0, \\ a+8>0 \end{cases}$$

$$\iff \begin{cases} a<-4, \\ a<-2-2\sqrt{5},\quad -2+2\sqrt{5}<a, \\ -8<a. \end{cases}$$

ゆえに，求める a の値の範囲は，

$$\boldsymbol{-8<a<-2-2\sqrt{5}}.$$

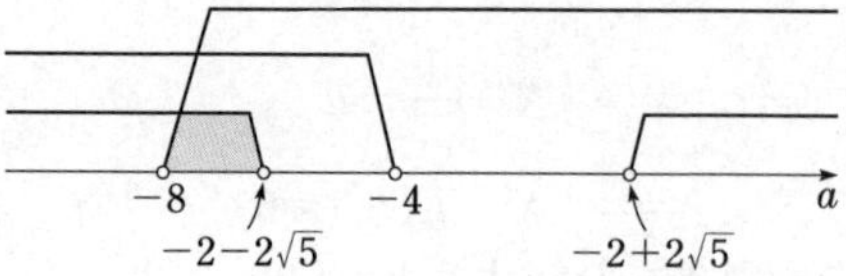

-8
-4
a
$-2-2\sqrt{5}$
$-2+2\sqrt{5}$

解説

$t=2^x+2^{-x}$ のグラフは次のようになる．

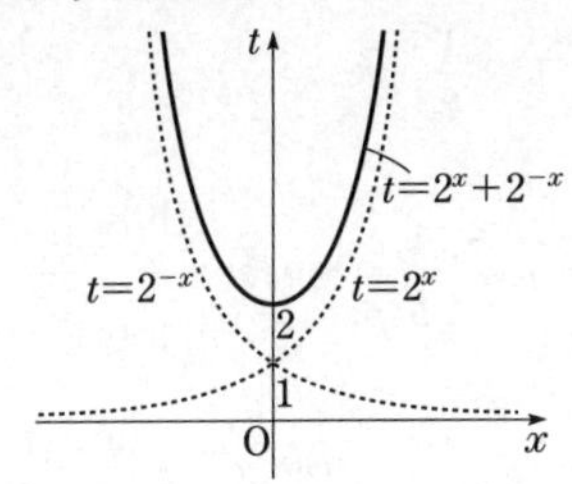

これより，

$$\begin{cases} t<2 \text{ のとき，} 2^x+2^{-x}=t \text{ を満たす } x \text{ はない，} \\ t=2 \text{ のとき，} 2^x+2^{-x}=t \text{ を満たす } x \text{ は } x=0 \text{ のみ，} \\ 2<t \text{ のとき，} 2^x+2^{-x}=t \text{ を満たす } x \text{ は2個ある} \end{cases}$$

ことがわかる．

65　対数関数の最大・最小

解法のポイント

2正数について，

(1)　積一定のときの和の最小値，

(2)　和一定のときの積の最大値

に関する問題である．

【解答】

(1)

$$\log_2 x+\log_2(2y)=5$$
$$\iff \log_2(2xy)=5$$
$$\iff 2xy=2^5=32$$
$$\iff xy=16.$$

$\dfrac{1}{x}>0$，$\dfrac{1}{y}>0$ であるから（相加平均）≧（相乗平均）より，

$$\frac{1}{x}+\frac{1}{y}\geqq 2\sqrt{\frac{1}{x}\cdot\frac{1}{y}}=2\sqrt{\frac{1}{16}}=\frac{1}{2}.$$

ここで，等号が成り立つのは，

$$\frac{1}{x}=\frac{1}{y}=\frac{1}{4}$$

のときである．

よって，$\dfrac{1}{x}+\dfrac{1}{y}$ は $\boldsymbol{x=y=4}$ のとき最小となり，最小値は，

$$\boldsymbol{\frac{1}{2}}.$$

(2)

$$\begin{aligned}\log_2 x+\log_{\frac{1}{2}}\frac{1}{y}&=\log_2 x+\frac{\log_2\frac{1}{y}}{\log_2\frac{1}{2}}\\&=\log_2 x+\frac{-\log_2 y}{-\log_2 2}\\&=\log_2 x+\log_2 y\\&=\log_2 xy.\end{aligned}$$

$x>0$，$y>0$，$\dfrac{x^2}{4}+\dfrac{y^2}{5}=1$ より，

$$0<x<2,\ 0<y<\sqrt{5} \qquad \cdots①$$

であり，（相加平均）≧（相乗平均）から，

$$1=\frac{x^2}{4}+\frac{y^2}{5}\geqq 2\sqrt{\frac{x^2}{4}\cdot\frac{y^2}{5}}=\frac{xy}{\sqrt{5}}.$$

ここで，等号が成立するのは，

$$\frac{x^2}{4}=\frac{y^2}{5}=\frac{1}{2} \iff x=\sqrt{2},\ y=\sqrt{\frac{5}{2}}$$

のときで，これらは①を満たしている．

したがって，xy は $x=\sqrt{2}$，$y=\sqrt{\dfrac{5}{2}}$ で最大値 $\sqrt{5}$ をとるから，

$\log_2 x+\log_{\frac{1}{2}}\dfrac{1}{y}$ の最大値は，

$$\log_2\sqrt{5}=\boldsymbol{\frac{1}{2}\log_2 5}.$$

[(2)の別解]

$$\frac{x^2}{4}+\frac{y^2}{5}=1 \iff \left(\frac{x}{2}\right)^2+\left(\frac{y}{\sqrt{5}}\right)^2=1$$

より，

$$\frac{x}{2}=\cos\theta,\quad \frac{y}{\sqrt{5}}=\sin\theta$$

と表される．

$x>0$，$y>0$ であるから $0<\theta<\dfrac{\pi}{2}$ としてよい．

このとき，　$\log_2 x+\log_{\frac{1}{2}}\dfrac{1}{y}=\log_2 xy$

$$=\log_2(2\sqrt{5}\sin\theta\cos\theta)$$

$$=\log_2(\sqrt{5}\sin 2\theta)$$

より，与式は $2\theta=\dfrac{\pi}{2}$ のとき最大値 $\mathbf{\log_2\sqrt{5}}$ をとる．

このとき，$x=2\cos\dfrac{\pi}{4}=\sqrt{2}$，$y=\sqrt{5}\sin\dfrac{\pi}{4}=\sqrt{\dfrac{5}{2}}$．

66　対数不等式を満たす点の存在範囲

解法のポイント

与式の両辺に $2(\log_x y)^2$（>0）を掛ける．

【解答】

底および真数についての条件より，

$$x>0,\ x\neq 1,\ y>0,\ y\neq 1$$

である．

このとき，

$$\log_x y+\log_y x>\frac{5}{2}$$

$$\iff\ \log_x y+\frac{1}{\log_x y}>\frac{5}{2}.$$

両辺に $2(\log_x y)^2$（>0）を掛けて，

$$2(\log_x y)^3+2\log_x y>5(\log_x y)^2.$$

$$(\log_x y)\left\{2(\log_x y)^2-5\log_x y+2\right\}>0.$$

$$(\log_x y)(2\log_x y-1)(\log_x y-2)>0.$$

よって，

$$0<\log_x y<\frac{1}{2}\ \text{または}\ 2<\log_x y$$

すなわち，

$$\log_x 1<\log_x y<\log_x\sqrt{x}\ \text{または}\ \log_x x^2<\log_x y.$$

したがって，

$0<x<1$ のとき，$\sqrt{x}<y<1$ または $y<x^2$，

$1<x$ のとき，　$1<y<\sqrt{x}$ または $x^2<y$．

これより，求める $(x,\ y)$ の存在する範囲は次の図の網目部分である（境界を含まない）．

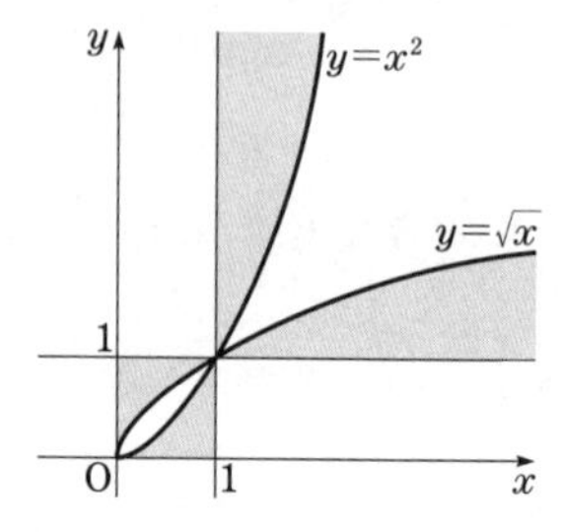

67 対数不等式を満たす点の存在範囲

解法のポイント

(1) 与式の両辺に $(\log_x y)^2\ (>0)$ を掛ける．

【解答】

(1) 底および真数についての条件より，

$$x>0,\ x\neq 1,\ y>0,\ y\neq 1$$

である．

このとき，

$$\log_x y-\log_y x^3-2<0$$

$$\Longleftrightarrow\ \log_x y-\frac{3}{\log_x y}-2<0.$$

両辺に $(\log_x y)^2\ (>0)$ を掛けて，

$$(\log_x y)^3-2(\log_x y)^2-3\log_x y<0.$$

$$(\log_x y)(\log_x y+1)(\log_x y-3)<0.$$

よって，

$$\log_x y<-1\ \text{または}\ 0<\log_x y<3$$

すなわち，

$$\log_x y<\log_x \frac{1}{x}\ \text{または}\ \log_x 1<\log_x y<\log_x x^3.$$

したがって，

$$0<x<1\ \text{のとき，}\ \frac{1}{x}<y\ \text{または}\ x^3<y<1,$$

$$1<x\ \text{のとき，}\ y<\frac{1}{x}\ \text{または}\ 1<y<x^3.$$

これより，求める $(x,\ y)$ の存在する範囲は次の図の網目部分である（境界を含まない）.

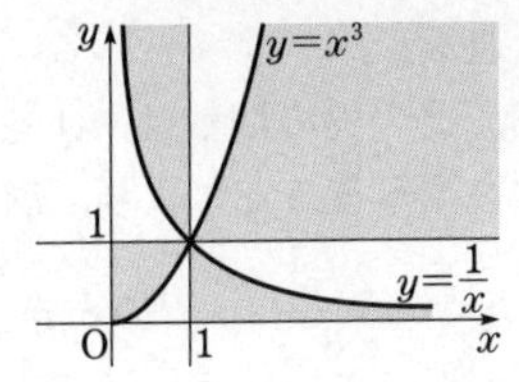

(2)
$$\begin{cases} \log_x y-\log_y x^3-2=0, & \cdots① \\ x-y+k=0. & \cdots② \end{cases}$$

$$①\iff \log_x y=-1,\ 3$$
$$\iff y=\frac{1}{x},\ y=x^3$$

より，①を満たす $(x,\ y)$ の存在範囲は次の図の太線部分である.

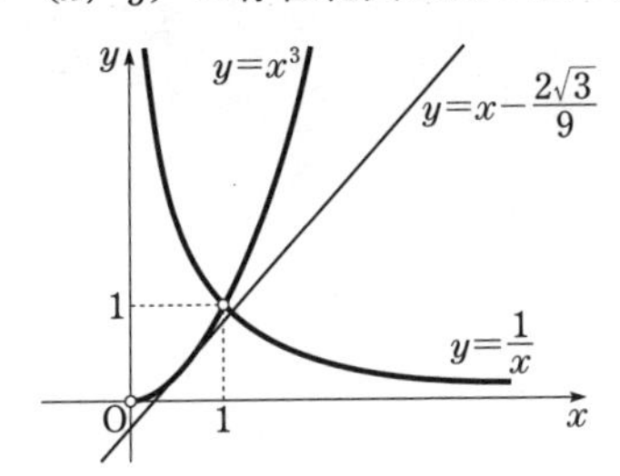

一方，

$$② \iff y=x+k$$

は傾き1，y 切片 k の直線であり，この直線が $y=x^3$ と接するとき，接点の x 座標を $t\ (>0)$ とおくと，

$$3t^2=1. \qquad t=\frac{1}{\sqrt{3}}.$$

よって，接点の座標は，

$$\left(\frac{1}{\sqrt{3}},\ \frac{1}{3\sqrt{3}}\right)=\left(\frac{\sqrt{3}}{3},\ \frac{\sqrt{3}}{9}\right)$$

で，このときの k の値は，

$$k=\frac{\sqrt{3}}{9}-\frac{\sqrt{3}}{3}=-\frac{2\sqrt{3}}{9}.$$

また，②が（1，1）を通るときの k の値は，

$$k=0$$

でこのとき，②は原点も通る．

よって，連立方程式①，②の解の個数は，①を満たす（x，y）の存在範囲と直線②の共有点の個数を調べることにより，次のようになる．

$$\begin{cases} \boldsymbol{k}<-\dfrac{2\sqrt{3}}{9} & \textbf{のとき，1 個,} \\ \boldsymbol{k}=-\dfrac{2\sqrt{3}}{9} & \textbf{のとき，2 個,} \\ -\dfrac{2\sqrt{3}}{9}<\boldsymbol{k}<0 & \textbf{のとき，3 個,} \\ \boldsymbol{k}=0 & \textbf{のとき，0 個,} \\ 0<\boldsymbol{k} & \textbf{のとき，2 個.} \end{cases}$$

第7章 微分法

68 放物線の法線

解法のポイント

(1)　A$(a,\ a^2)$ とおいて，X，Y を a で表す．

【解答】

(1)

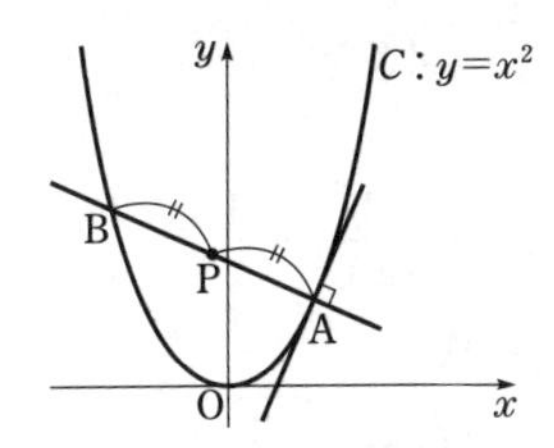

$$C:y=x^2,\ \mathrm{A}(a,\ a^2)\quad (a\neq 0)$$

とおく．

$y'=2x$ より，点Aにおける法線の方程式は，

$$y-a^2=-\frac{1}{2a}(x-a).$$

すなわち，

$$y=-\frac{1}{2a}x+a^2+\frac{1}{2} \qquad \cdots①$$

である．

C と直線①の共有点の x 座標は，

$$x^2=-\frac{1}{2a}x+a^2+\frac{1}{2}$$

$$\iff x^2+\frac{1}{2a}x-a^2-\frac{1}{2}=0$$

$$\iff (x-a)\left(x+a+\frac{1}{2a}\right)=0$$

$$\iff x=a,\ -a-\frac{1}{2a}.$$

ここで，$\quad a-\left(-a-\dfrac{1}{2a}\right)=\dfrac{4a^2+1}{2a}\neq 0$

であり，点 B は点 A と異なる点であるから，点 B の x 座標は，

$-a-\dfrac{1}{2a}$ である．

よって，線分 AB の中点 P の x 座標 X は，

$$X=\frac{1}{2}\left\{a+\left(-a-\frac{1}{2a}\right)\right\}=-\frac{1}{4a}. \qquad \cdots②$$

また，点 P は直線①上の点であるから，

$$Y=-\frac{1}{2a}X+a^2+\frac{1}{2}. \qquad \cdots③$$

②から，$X \neq 0$ であり，$a=-\dfrac{1}{4X}$.

これを③に代入して，

$$\boldsymbol{Y=2X^2+\frac{1}{16X^2}+\frac{1}{2}}.$$

(2)　(相加平均)≧(相乗平均) より，

$$2X^2+\frac{1}{16X^2} \geqq 2\sqrt{2X^2 \cdot \frac{1}{16X^2}}=\frac{1}{\sqrt{2}}.$$

よって，(1)の結果より，

$$Y \geqq \frac{1}{\sqrt{2}}+\frac{1}{2}=\frac{\sqrt{2}+1}{2}.$$

等号は，

$$2X^2=\frac{1}{16X^2} \iff X=\pm\frac{1}{\sqrt[4]{32}}$$

のとき成り立つ．

よって，求める Y の最小値は，

$$\boldsymbol{\frac{\sqrt{2}+1}{2}}.$$

解説

(1)　Y を X で表すには次のように考えてもよい．

［別解］

$$\mathrm{A}(a,\ a^2),\quad \mathrm{B}\left(-a-\frac{1}{2a},\ \left(a+\frac{1}{2a}\right)^2\right)$$

であるから，線分 AB の中点 P$(X,\ Y)$ について，

$$X=\frac{1}{2}\left\{a+\left(-a-\frac{1}{2a}\right)\right\}=-\frac{1}{4a},$$

$$Y=\frac{1}{2}\left\{a^2+\left(a+\frac{1}{2a}\right)^2\right\}=a^2+\frac{1}{8a^2}+\frac{1}{2}.$$

$X=-\dfrac{1}{4a}$ から，$X\neq 0$ であり，$a=-\dfrac{1}{4X}$.

したがって，

$$Y=\left(-\frac{1}{4X}\right)^2+\frac{(-4X)^2}{8}+\frac{1}{2}=\boldsymbol{2X^2+\frac{1}{16X^2}+\frac{1}{2}}.$$

(2)　Y を X の関数とみて Y の最小値を求めたが，

$$Y=a^2+\frac{1}{8a^2}+\frac{1}{2}$$

から，Y の最小値を求めてもよい．

［別解］

（相加平均）≧（相乗平均）より，

$$a^2+\frac{1}{8a^2}\geqq 2\sqrt{a^2\cdot\frac{1}{8a^2}}=\frac{1}{\sqrt{2}}$$

であるから，

$$Y=a^2+\frac{1}{8a^2}+\frac{1}{2}\geqq\frac{1}{\sqrt{2}}+\frac{1}{2}.$$

等号は，

$$a^2=\frac{1}{8a^2}\iff a=\pm\sqrt[4]{\frac{1}{8}}$$

のとき成り立つ．

よって，求める Y の最小値は，

$$\frac{1}{\sqrt{2}}+\frac{1}{2}=\boldsymbol{\frac{\sqrt{2}+1}{2}}.$$

69　曲線の接線

【解答】

(1)　$y=x^3-3x$ より，

$$y'=3x^2-3$$

であるから $x=0$ のとき，$y'=-3$.

したがって，原点における接線の方程式は，

$$y=-3x$$

であるから，l が原点における C の接線である．

(2) 曲線 C と接線 m の接点の座標を $(t,\ t^3-3t)$ $(t \neq 0)$ とすると，m の方程式は，

$$y-(t^3-3t)=(3t^2-3)(x-t)$$
$$\iff y=(3t^2-3)x-2t^3.$$

m が点 $\mathrm{P}(a,\ -3a)$ を通ることより，

$$-3a=(3t^2-3)a-2t^3.$$
$$2t^3-3at^2=0.$$
$$t^2(2t-3a)=0.$$

$t \neq 0$ より，

$$t=\frac{3}{2}a.$$

よって，m の方程式は，

$$\boldsymbol{y=\left(\frac{27}{4}a^2-3\right)x-\frac{27}{4}a^3}.$$

(3) l と m が直交することより，

$$(l\text{ の傾き})\cdot(m\text{ の傾き})=-1$$
$$\iff -3\left(\frac{27}{4}a^2-3\right)=-1$$
$$\iff a^2=\frac{40}{81}.$$

よって，

$$\boldsymbol{a=\pm\frac{2\sqrt{10}}{9}}.$$

70 曲線の接線

【解答】

(1) $y=x^3-kx$ より，$y'=3x^2-k$ であるから，l の方程式は，

$$y-(a^3-ka)=(3a^2-k)(x-a).$$
$$y=(3a^2-k)x-2a^3.$$

C と l の共有点の x 座標は，

$$x^3-kx=(3a^2-k)x-2a^3.$$
$$x^3-3a^2x+2a^3=0.$$
$$(x-a)^2(x+2a)=0.$$
$$x=a,\ -2a.$$

Q≠P であるから，$a \neq 0$ であり，

$$\mathbf{Q(-2a,\ -8a^3+2ka)}.$$

(2)　点Qにおける接線 m の傾きは $12a^2-k$ であるから，$l \perp m$ となるのは，

$$(3a^2-k)(12a^2-k)=-1.$$

$$36a^4-15ka^2+k^2+1=0. \quad \cdots①$$

①を満たす実数 a が存在する条件を求める．

$t=a^2$ とおくと $t>0$ であり，①は，

$$36t^2-15kt+k^2+1=0 \quad \cdots②$$

となるから，②が少なくとも1つの正の実数解をもつ条件を求めればよい．

$g(t)=36t^2-15kt+k^2+1$ とおくと，

$$g(t)=36\left(t-\frac{5}{24}k\right)^2-\frac{9}{16}k^2+1$$

であり $g(0)=k^2+1>0$ であるから求める条件は，

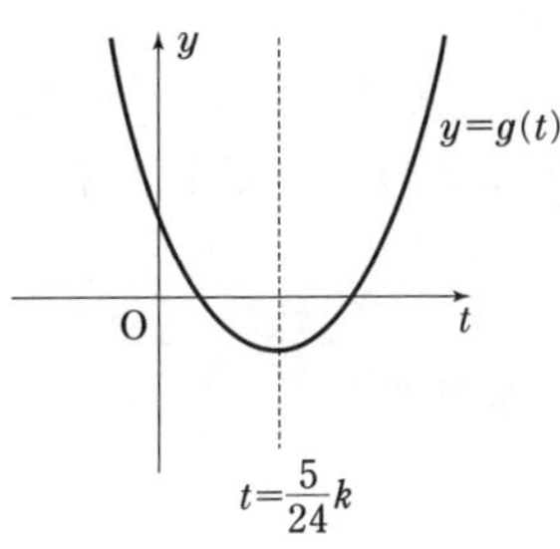

$$\begin{cases} \dfrac{5}{24}k>0, \\ -\dfrac{9}{16}k^2+1 \leqq 0. \end{cases}$$

これより，

$$\boldsymbol{k \geqq \frac{4}{3}}.$$

解説

> $f(x)$ を整式とするとき，$f(x)$ を $(x-a)^2$ で割った余りは，
> $$f'(a)(x-a)+f(a)$$
> である．

［証明］

$$f(x)=(x-a)^2Q(x)+p(x-a)+q$$

とおくと，$x=a$ とおくことにより，

$$f(a)=q.$$

したがって，

$$f(x)-f(a)=(x-a)^2Q(x)+p(x-a).$$

よって，$x \neq a$ のとき

$$\frac{f(x)-f(a)}{x-a}=(x-a)Q(x)+p$$

であり，ここで$x \to a$とすると，

$$f'(a)=\lim_{x\to a}\frac{f(x)-f(a)}{x-a}$$
$$=\lim_{x\to a}\left\{(x-a)Q(x)+p\right\}$$
$$=p.$$

したがって，

$$f(x)=(x-a)^2Q(x)+f'(a)(x-a)+f(a)$$

が成り立つ．

（証明終り）

これより，$f(x)-\left\{f'(a)(x-a)+f(a)\right\}$ は $(x-a)^2$ で割り切れることがわかる．

よって，曲線 $C：y=f(x)$ 上の点 $(a,\ f(a))$ における接線 l の方程式を $y=mx+n$ とすると，方程式

$$f(x)=mx+n$$

は $x=a$ を重解にもつことがわかる．

本問では，

$$x^3-kx=(3a^2-k)x-2a^3$$

すなわち，

$$x^3-3a^2x+2a^3=0$$

は $x=a$ を重解にもつから，Q の x 座標をβとおくと，3 次方程式の解と係数の関係より，

$$a+a+\beta=0.$$

これから，

$$\beta=-2a$$

が得られる．

71 関数の増減

解法のポイント

$0<x<1$ において，$f'(x)\geqq 0$ である．

【解答】

$f(x)=x^3-3ax^2+3bx-2$ より，

$$f'(x)=3x^2-6ax+3b=3\left\{(x-a)^2-a^2+b\right\}.$$

$f(x)$ が $0\leqq x\leqq 1$ で増加するための条件は，

$$0<x<1 \text{ のとき } f'(x)\geqq 0$$

が成り立つことであるから，

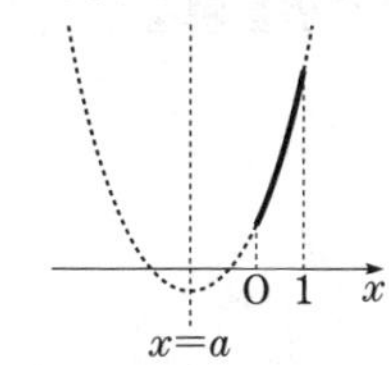

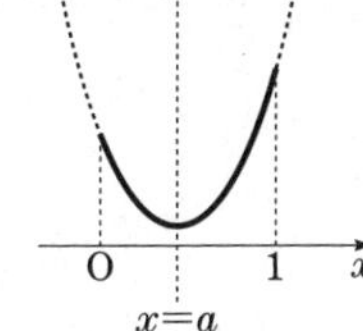

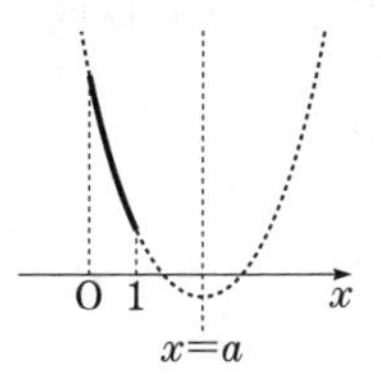

$$\begin{cases} a\leqq 0 \text{ のとき，} & f'(0)=3b\geqq 0, \\ 0\leqq a\leqq 1 \text{ のとき，} & f'(a)=3(-a^2+b)\geqq 0, \\ 1\leqq a \text{ のとき，} & f'(1)=3(1-2a+b)\geqq 0. \end{cases}$$

したがって，

$$\begin{cases} a\leqq 0 \text{ のとき，} & b\geqq 0, \\ 0\leqq a\leqq 1 \text{ のとき，} & b\geqq a^2, \\ 1\leqq a \text{ のとき，} & b\geqq 2a-1. \end{cases}$$

これより，点 $(a,\ b)$ の存在範囲は**次の図の網目部分（境界を含む）**．

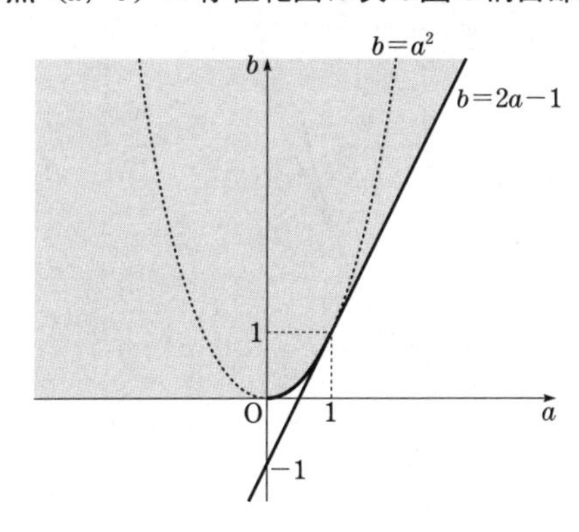

72 関数の極大・極小

解法のポイント

$f'(x)=0$ が $-1 \leqq x \leqq 1$ の範囲に相異なる2つの実数解をもつ.

【解答】

$f(x)=x^3+ax^2+bx$ より,

$$f'(x)=3x^2+2ax+b$$
$$=3\left(x+\frac{1}{3}a\right)^2-\frac{1}{3}a^2+b.$$

3次関数 $f(x)$ が $-1 \leqq x \leqq 1$ で極大値と極小値をもつ

$\iff$ 2次方程式 $f'(x)=0$ が区間 $-1 \leqq x \leqq 1$ に相異なる2つの実数解をもつ

$$\iff \begin{cases} -1<-\dfrac{1}{3}a<1, \\ f'\left(-\dfrac{1}{3}a\right)=-\dfrac{1}{3}a^2+b<0, \\ f'(-1)=3-2a+b \geqq 0, \\ f'(1)=3+2a+b \geqq 0 \end{cases}$$

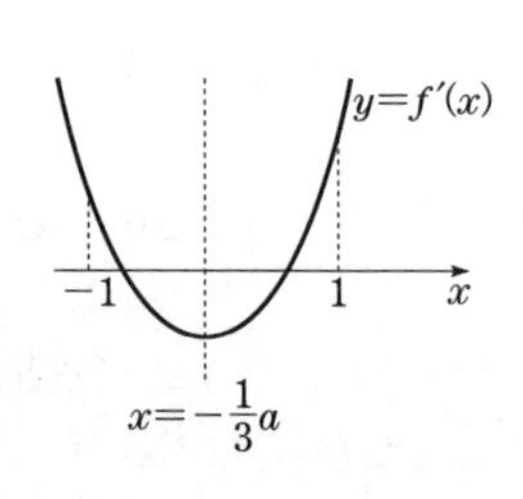

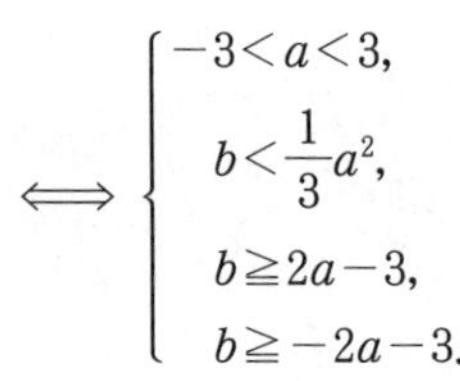

$$\iff \begin{cases} -3<a<3, \\ b<\dfrac{1}{3}a^2, \\ b \geqq 2a-3, \\ b \geqq -2a-3. \end{cases}$$

よって, 求める $(a,\ b)$ の存在する範囲は, **次の図の網目部分である(境界線上の点は, 放物線上の点を除き, すべて含む)**.

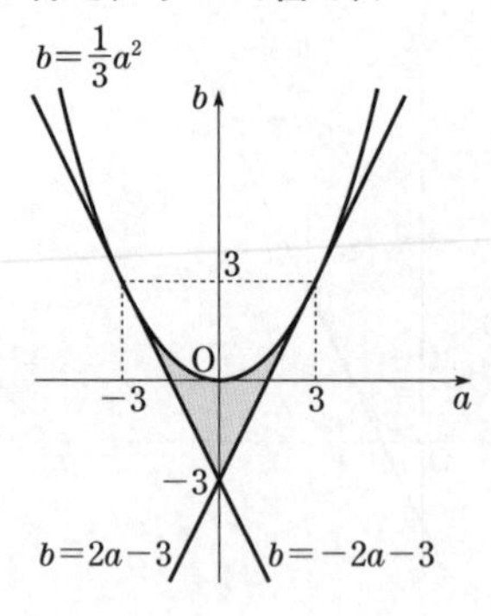

73 微分法の図形への応用（長方形の面積の最大値）

【解答】

(1)
$$\begin{cases} OP'=\sin\theta, \\ OQ'=a+\cos 2\theta \end{cases}$$

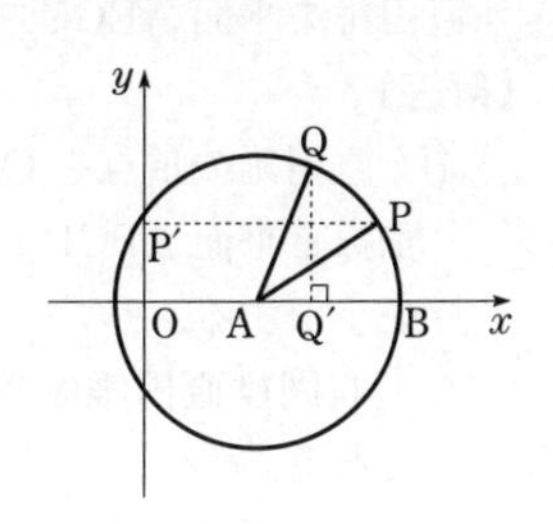

より，
$$\begin{aligned} \boldsymbol{S}&=OP'\cdot OQ' \\ &=\sin\theta(a+\cos 2\theta) \\ &=\sin\theta(a+1-2\sin^2\theta) \\ &=t(a+1-2t^2) \\ &=\boldsymbol{-2t^3+(a+1)t.} \end{aligned}$$

(2)
$$\begin{aligned} \frac{dS}{dt}&=-6t^2+(a+1) \\ &=-6\left(t+\sqrt{\frac{a+1}{6}}\right)\left(t-\sqrt{\frac{a+1}{6}}\right). \end{aligned}$$

$0<\theta\leqq\dfrac{\pi}{4}$ より，　　$0<t\leqq\dfrac{1}{\sqrt{2}}.$

(i) $\sqrt{\dfrac{a+1}{6}}\leqq\dfrac{1}{\sqrt{2}}$ すなわち $0\leqq a\leqq 2$ のとき，

t	0	$\cdots$	$\sqrt{\dfrac{a+1}{6}}$	$\cdots$	$\dfrac{1}{\sqrt{2}}$
$\dfrac{dS}{dt}$		$+$	0	$-$	
S		↗		↘	

よって，S は $\boldsymbol{t=\sqrt{\dfrac{a+1}{6}}}$ で最大となり，最大値は，

$$\boldsymbol{\frac{\sqrt{6}}{9}(a+1)\sqrt{a+1}.}$$

(ii) $\dfrac{1}{\sqrt{2}}\leqq\sqrt{\dfrac{a+1}{6}}$ すなわち $2\leqq a$ のとき，

$0\leqq t\leqq\dfrac{1}{\sqrt{2}}$ で $\dfrac{dS}{dt}\geqq 0$ であるから，S は単調増加.

よって，S は $\boldsymbol{t=\dfrac{1}{\sqrt{2}}}$ で最大となり，最大値は，

$$\boldsymbol{\frac{a}{\sqrt{2}}.}$$

74 微分法の図形への応用（体積の最大値）

解法のポイント

直円錐を平面 AEGC で切った断面を考える.

【解答】

(1) 直円錐の頂点をO, Oから底面に下ろした垂線と平面 ABCD の交点をI, 底面との交点をJとする.

右図は直円錐を平面 AEGC で切った断面である.

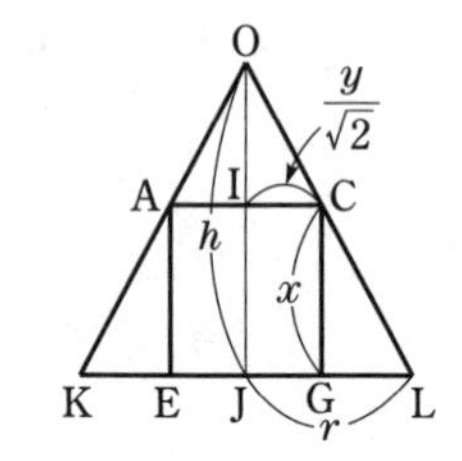

正方形 ABCD の1辺の長さを y とすると,

$$\mathrm{IC}=\frac{1}{2}\mathrm{AC}=\frac{y}{\sqrt{2}}.$$

$\triangle\mathrm{OIC}\backsim\triangle\mathrm{OJL}$ より,

$$\mathrm{OI}:\mathrm{IC}=\mathrm{OJ}:\mathrm{JL}.$$

$$(h-x):\frac{y}{\sqrt{2}}=h:r.$$

$$\frac{h}{\sqrt{2}}y=r(h-x).$$

$$y=\frac{\sqrt{2}\,r}{h}(h-x).$$

よって, 直方体の体積 V は,

$$\begin{aligned}V&=y^2x\\&=\left\{\frac{\sqrt{2}\,r}{h}(h-x)\right\}^2x\\&=\boldsymbol{\frac{2r^2}{h^2}x(h-x)^2}.\end{aligned}$$

(2)

$$V=\frac{2r^2}{h^2}(x^3-2hx^2+h^2x).$$

$$\begin{aligned}\frac{dV}{dx}&=\frac{2r^2}{h^2}(3x^2-4hx+h^2)\\&=\frac{2r^2}{h^2}(3x-h)(x-h).\end{aligned}$$

よって, $0<x<h$ における V の増減は次のようになる.

x	(0)	$\cdots$	$\dfrac{h}{3}$	$\cdots$	(h)
$\dfrac{dV}{dx}$		$+$	0	$-$	0
V		↗		↘	

したがって，体積 V は $\boldsymbol{x=\dfrac{h}{3}}$ のとき最大で，最大値は，

$$\frac{2r^2}{h^2}\cdot\frac{h}{3}\left(\frac{2h}{3}\right)^2=\boldsymbol{\frac{8}{27}r^2h}.$$

75　微分法の応用（3次方程式の実数解）

解法のポイント

方程式 $f(x)-k=0$ の実数解は，2つのグラフ

$$\begin{cases} y=f(x), \\ y=k \end{cases}$$

の共有点の x 座標と一致する．

【解答】

方程式

$$2x^3+3x^2-12x-k=0$$

すなわち

$$2x^3+3x^2-12x=k$$

の実数解は，2つのグラフ

$$\begin{cases} y=2x^3+3x^2-12x, & \cdots① \\ y=k & \cdots② \end{cases}$$

の共有点の x 座標である．

(1)　①，②が相異なる3点で交わるための k の値の範囲を求めればよい．

$f(x)=2x^3+3x^2-12x$ とおくと，

$$\begin{aligned} f'(x)&=6x^2+6x-12 \\ &=6(x+2)(x-1). \end{aligned}$$

よって，$f(x)$ の増減は次のようになる．

x	$\cdots$	-2	$\cdots$	1	$\cdots$
$f'(x)$	$+$	0	$-$	0	$+$
$f(x)$	↗	20	↘	-7	↗

これより，$y=f(x)$ のグラフは次のようになる.

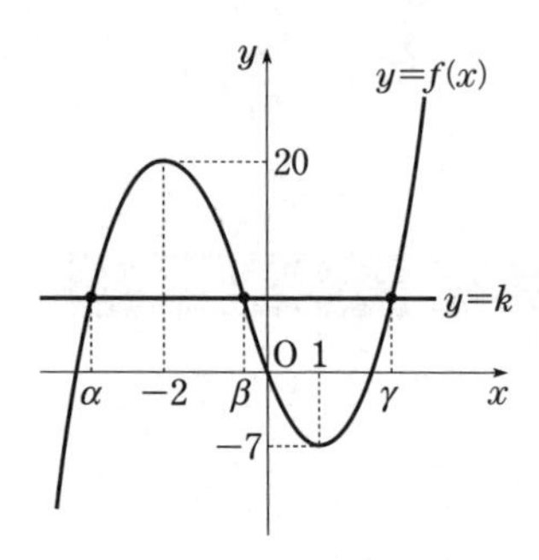

よって，①，②が相異なる 3 点で交わるための条件は，

$$-7<k<20.$$

(2)　$f(x)=f(-2)$ を満たす x は，

$$2x^3+3x^2-12x=20.$$

$$(x+2)^2(2x-5)=0.$$

$$x=-2,\ \frac{5}{2}.$$

また，$f(x)=f\left(-\frac{1}{2}\right)$ を満たす x は，

$$2x^3+3x^2-12x=\frac{13}{2}.$$

$$(2x+1)(2x^2+2x-13)=0.$$

$$x=-\frac{1}{2},\ \frac{-1\pm3\sqrt{3}}{2}.$$

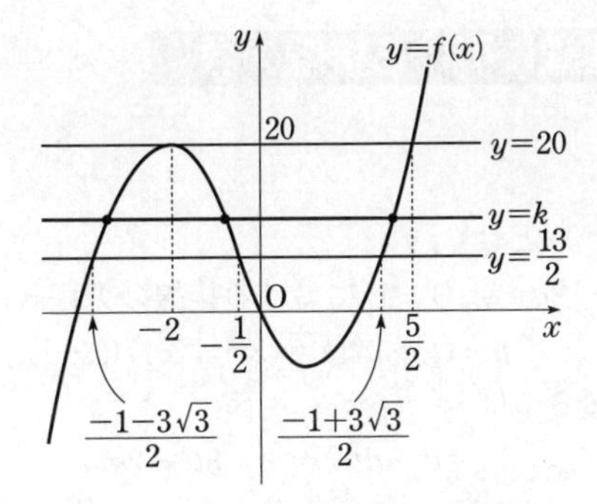

方程式 $2x^3+3x^2-12x-k=0$ が異なる実数解をもつとき，①，②の3つの交点の x 座標が小さい方から順に α，β，γ であるから，$-2<\beta<-\dfrac{1}{2}$ より $\dfrac{13}{2}<k<20$ である．

k がこの範囲を動くとき，α，γ のとり得る値の範囲は，図よりそれぞれ，

$$\boldsymbol{\frac{-1-3\sqrt{3}}{2}<\alpha<-2,\quad \frac{-1+3\sqrt{3}}{2}<\gamma<\frac{5}{2}.}$$

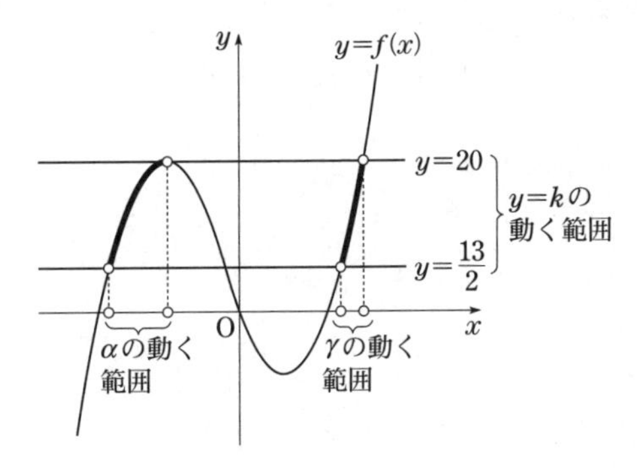

76 定点から曲線に引ける接線の数

【解答】

接点を $\mathrm{P}(t,\ t^3-at^2)$ とおく.

このとき，$y'=3x^2-2ax$ より，P における接線の方程式は,

$$y-(t^3-at^2)=(3t^2-2at)(x-t).$$

これが $(0,\ 1)$ を通るのは,

$$1-(t^3-at^2)=-t(3t^2-2at)$$

$$\iff\quad 2t^3-at^2+1=0 \qquad \cdots①$$

が成り立つときである.

よって，$(0,\ 1)$ を通る接線がちょうど 2 本引けるのは，方程式①が 2 個の実数解をもつときである.

$f(t)=2t^3-at^2+1$ とおくと,

$$f'(t)=6t^2-2at=2t(3t-a).$$

求める条件は,

$$f(t)\ \text{が極値をもち，(極大値)}\times\text{(極小値)}=0$$

となることであるから,

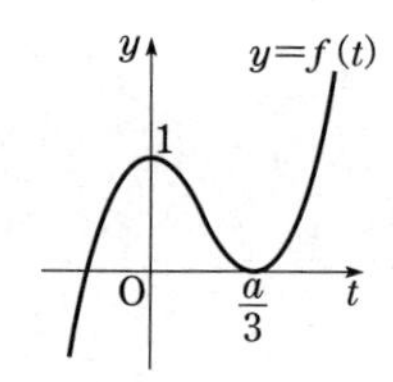

$$a\neq 0\ \text{かつ}\ f(0)f\left(\frac{a}{3}\right)=0.$$

$$a\neq 0\ \text{かつ}\ -\frac{1}{27}a^3+1=0.$$

よって,

$$\boldsymbol{a=3}.$$

このとき，①は,

$$2t^3-3t^2+1=0.$$

$$(t-1)^2(2t+1)=0.$$

$$t=1,\ -\frac{1}{2}.$$

$t=1$ のとき，接点は $(1,\ -2)$ であり，接線の方程式は,

$$y-(-2)=-3(x-1).$$

$$\boldsymbol{y=-3x+1}.$$

$t=-\dfrac{1}{2}$ のとき，接点は $\left(-\dfrac{1}{2},\ -\dfrac{7}{8}\right)$ であり，接線の方程式は,

$$y-\left(-\frac{7}{8}\right)=\frac{15}{4}\left\{x-\left(-\frac{1}{2}\right)\right\}.$$

$$\boldsymbol{y=\frac{15}{4}x+1}.$$

第8章　積分法

77　定積分で定義された関数

【解答】

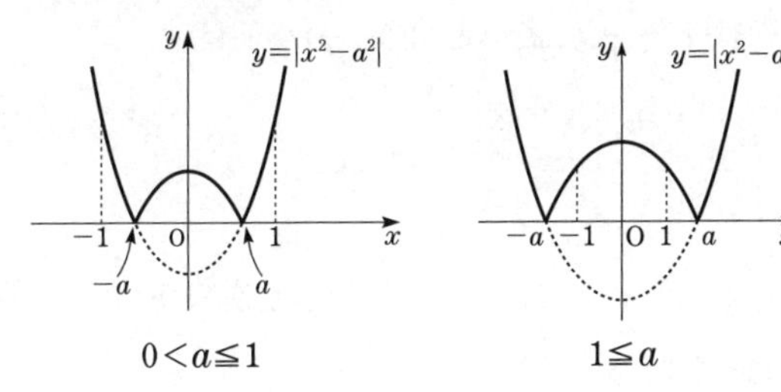

$0<a\leqq 1$　　　　　　　　　$1\leqq a$

(1)
$$f(a)=2\int_0^1|x^2-a^2|\,dx$$

である．

$0<a\leqq 1$ のとき，

$$f(a)=2\left\{\int_0^a(-x^2+a^2)\,dx+\int_a^1(x^2-a^2)\,dx\right\}$$
$$=2\left\{\left[-\frac{1}{3}x^3+a^2x\right]_0^a+\left[\frac{1}{3}x^3-a^2x\right]_a^1\right\}$$
$$=2\left(\frac{4}{3}a^3-a^2+\frac{1}{3}\right).$$

$1\leqq a$ のとき，

$$f(a)=2\int_0^1(-x^2+a^2)\,dx=2\left[-\frac{1}{3}x^3+a^2x\right]_0^1$$
$$=2\left(a^2-\frac{1}{3}\right).$$

よって，

$$\boldsymbol{f(a)=\begin{cases}\dfrac{8}{3}a^3-2a^2+\dfrac{2}{3} & (0<a\leqq 1),\\ 2a^2-\dfrac{2}{3} & (1\leqq a).\end{cases}}$$

(2)　(1)より，

$$f'(a)=\begin{cases}8a^2-4a=4a(2a-1) & (0<a<1),\\ 4a & (1<a)\end{cases}$$

であるから，$f(a)$ の増減は次のようになる．

a	0	$\cdots$	$\frac{1}{2}$	$\cdots$	1	$\cdots$
$f'(a)$		$-$	0	$+$		$+$
$f(a)$		↘		↗		↗

よって，$f(a)$ は $a=\frac{1}{2}$ で最小となり，最小値は，

$$\mathbf{\frac{1}{2}}.$$

解説

$f(a)=\int_{-1}^{1}|x^2-a^2|\,dx$ は，$-1\leqq x\leqq 1$ において放物線 $y=x^2$ と直線 $y=a^2$ の間にある部分の面積を表す．

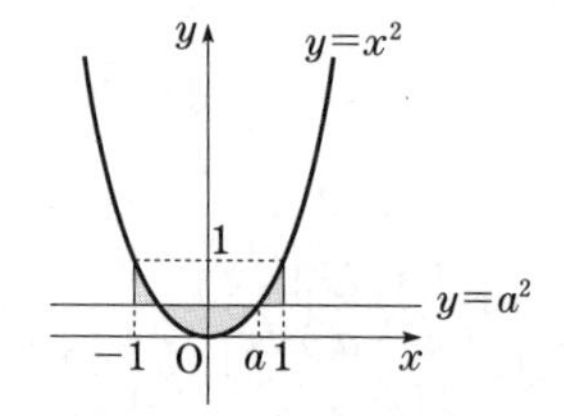

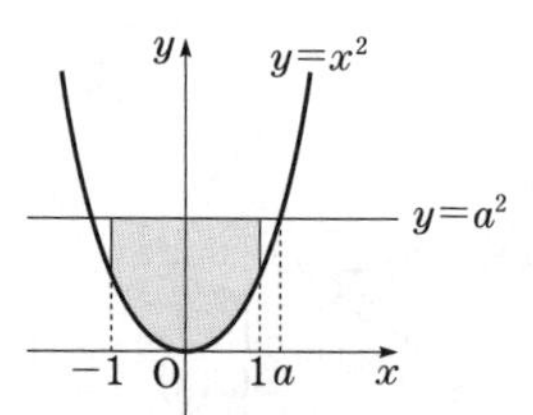

これより，明らかに $a\geqq 1$ のとき，a が増加すれば $f(a)$ も増加する．
よって，$f(a)$ を最小にする a は $0<a\leqq 1$ の範囲にある．

78 定積分で表された関数

解法のポイント

$-\frac{1}{2}\leqq t\leqq 0$，$0\leqq t\leqq 1$，$1\leqq t\leqq 2$ で場合分けする．

【解答】

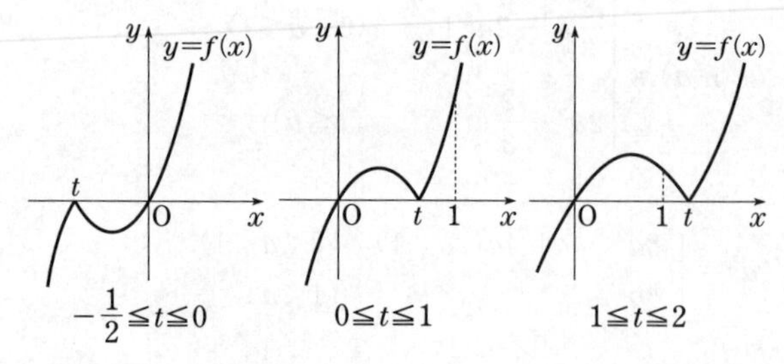

$$f(x)=x|x-t|$$
$$=\begin{cases} -x^2+tx & (x\leqq t), \\ x^2-tx & (t\leqq x) \end{cases}$$

である．

(i)　$-\dfrac{1}{2}\leqq t\leqq 0$ のとき，

$$F(t)=\int_0^1 (x^2-tx)\,dx$$
$$=\left[\frac{1}{3}x^3-\frac{1}{2}tx^2\right]_0^1=-\frac{1}{2}t+\frac{1}{3}.$$

(ii)　$0\leqq t\leqq 1$ のとき，

$$F(t)=\int_0^t (-x^2+tx)\,dx+\int_t^1 (x^2-tx)\,dx$$
$$=\left[-\frac{1}{3}x^3+\frac{1}{2}tx^2\right]_0^t+\left[\frac{1}{3}x^3-\frac{1}{2}tx^2\right]_t^1=\frac{1}{3}t^3-\frac{1}{2}t+\frac{1}{3}.$$

(iii)　$1\leqq t\leqq 2$ のとき，

$$F(t)=\int_0^1 (-x^2+tx)\,dx$$
$$=\left[-\frac{1}{3}x^3+\frac{1}{2}tx^2\right]_0^1=\frac{1}{2}t-\frac{1}{3}.$$

よって，

$$F(t)=\begin{cases} -\dfrac{1}{2}t+\dfrac{1}{3} & \left(-\dfrac{1}{2}\leqq t\leqq 0\right), \\ \dfrac{1}{3}t^3-\dfrac{1}{2}t+\dfrac{1}{3} & (0\leqq t\leqq 1), \\ \dfrac{1}{2}t-\dfrac{1}{3} & (1\leqq t\leqq 2). \end{cases}$$

これより，

$$F'(t)=\begin{cases} -\dfrac{1}{2} & \left(-\dfrac{1}{2}<t<0\right), \\ t^2-\dfrac{1}{2} & (0<t<1), \\ \dfrac{1}{2} & (1<t<2). \end{cases}$$

したがって，$F(t)$ の増減は次のようになる．

t	$-\frac{1}{2}$	$\cdots$	0	$\cdots$	$\frac{1}{\sqrt{2}}$	$\cdots$	1	$\cdots$	2
$F'(t)$		$-$		$-$	0	$+$		$+$	
$F(t)$	$\frac{7}{12}$	↘		↘		↗		↗	

$$F\left(-\frac{1}{2}\right)=\frac{7}{12},\ F(2)=\frac{2}{3}>\frac{7}{12}.$$

よって，$F(t)$ は，

$t=2$ で最大となり，最大値は $\frac{2}{3}$，

$t=\frac{1}{\sqrt{2}}$ で最小となり，最小値は $\frac{2-\sqrt{2}}{6}$.

79 定積分と数列

解法のポイント

$f_n(x)=a_nx+b_n$ $(n=1,\ 2,\ 3,\cdots)$ とおき，条件式の両辺の係数を比べる．

【解答】

$f_n(x)=a_nx+b_n$ $(n=1,\ 2,\ 3,\cdots)$ とおくと，

$$\int_0^x tf_n(t)\,dt=\int_0^x (a_nt^2+b_nt)\,dt$$
$$=\left[\frac{1}{3}a_nt^3+\frac{1}{2}b_nt^2\right]_0^x=\frac{1}{3}a_nx^3+\frac{1}{2}b_nx^2$$

より，
$$x^2f_{n+1}(x)=x^3+x^2+\int_0^x tf_n(t)\,dt$$
$$\iff\ a_{n+1}x^3+b_{n+1}x^2=\left(\frac{1}{3}a_n+1\right)x^3+\left(\frac{1}{2}b_n+1\right)x^2.$$

これが x についての恒等式であることから，

$$\begin{cases} a_{n+1}=\frac{1}{3}a_n+1, \\ b_{n+1}=\frac{1}{2}b_n+1. \end{cases}$$

これらを変形して，

$$\begin{cases} a_{n+1}-\frac{3}{2}=\frac{1}{3}\left(a_n-\frac{3}{2}\right), \\ b_{n+1}-2=\frac{1}{2}(b_n-2). \end{cases}$$

$\left\{a_n-\dfrac{3}{2}\right\}$ は公比 $\dfrac{1}{3}$ の等比数列，$\{b_n-2\}$ は公比 $\dfrac{1}{2}$ の等比数列であるから，

$a_1=b_1=1$ より，

$$\begin{cases} a_n-\dfrac{3}{2}=\left(a_1-\dfrac{3}{2}\right)\left(\dfrac{1}{3}\right)^{n-1}=-\dfrac{1}{2}\left(\dfrac{1}{3}\right)^{n-1}, \\ b_n-2=(b_1-2)\left(\dfrac{1}{2}\right)^{n-1}=-\left(\dfrac{1}{2}\right)^{n-1}. \end{cases}$$

よって，

$$\begin{cases} a_n=\dfrac{3}{2}-\dfrac{1}{2}\left(\dfrac{1}{3}\right)^{n-1}, \\ b_n=2-\left(\dfrac{1}{2}\right)^{n-1}. \end{cases}$$

したがって，

$$\boldsymbol{f_n(x)=\left\{\dfrac{3}{2}-\dfrac{1}{2}\left(\dfrac{1}{3}\right)^{n-1}\right\}x+2-\left(\dfrac{1}{2}\right)^{n-1}.}$$

80　接線と面積

【解答】

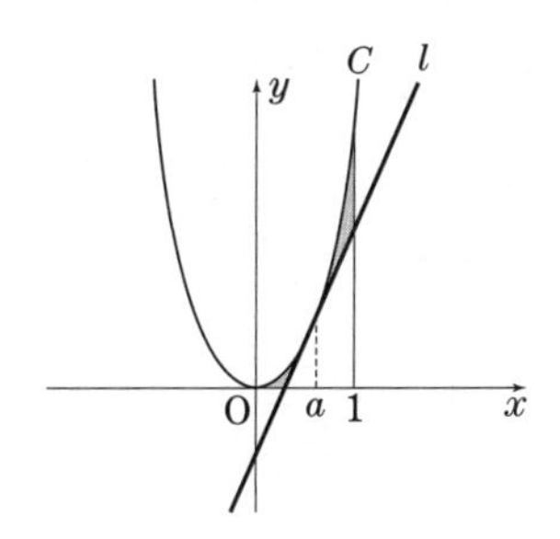

(1)　$y=x^2$ より $y'=2x$ であるから，

$$l : y-a^2=2a(x-a).$$

よって，求める方程式は，

$$\boldsymbol{y=2ax-a^2}.$$

(2)　l と x 軸との交点の x 座標は，

$$2ax-a^2=0.$$

$$x=\frac{a}{2}.$$

よって,

$$\boldsymbol{S(a)}= \qquad - $$

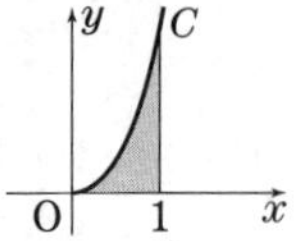

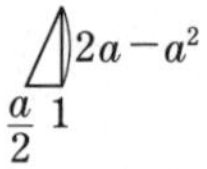

$$=\int_0^1 x^2dx-\frac{1}{2}\left(1-\frac{a}{2}\right)(2a-a^2)$$

$$=\left[\frac{1}{3}x^3\right]_0^1-\frac{1}{2}\left(2a-2a^2+\frac{1}{2}a^3\right)$$

$$\boldsymbol{=-\frac{1}{4}a^3+a^2-a+\frac{1}{3}}.$$

(3)

$$S'(a)=-\frac{3}{4}a^2+2a-1$$

$$=-\frac{1}{4}(3a^2-8a+4)$$

$$=-\frac{1}{4}(3a-2)(a-2).$$

$0<a\leqq 1$ より,

$$S'(a)=0 \iff a=\frac{2}{3}.$$

したがって,$S(a)$ の増減は次のようになる.

a	0	$\cdots$	$\frac{2}{3}$	$\cdots$	1
$S'(a)$		$-$	0	$+$	
$S(a)$		↘		↗	

よって,$S(a)$ は $a=\frac{2}{3}$ で最小となり,最小値は,

$$\boldsymbol{\frac{1}{27}}.$$

81　2つの放物線で囲まれる部分の面積

解法のポイント

$$\int_{\alpha}^{\beta}(x-\alpha)(x-\beta)\,dx=-\frac{1}{6}(\beta-\alpha)^3.$$

【解答】

$$y=x^2-2ax+a^2-a, \qquad \cdots①$$
$$y=-x^2+2. \qquad \cdots②$$

(1)　①，②より y を消去すると，

$$x^2-2ax+a^2-a=-x^2+2.$$
$$2x^2-2ax+a^2-a-2=0. \qquad \cdots③$$

2曲線①，②が異なる2点で交わる条件は，③が相異なる2つの実数解をもつことであるから，

$$(③の判別式)=4a^2-4\cdot2(a^2-a-2)>0.$$
$$a^2-2a-4<0.$$

よって，

$$\mathbf{1-\sqrt{5}<a<1+\sqrt{5}}.$$

(2)　α，β は③の解であり，$\alpha<\beta$ であるから，

$$\alpha=\frac{a-\sqrt{-a^2+2a+4}}{2},$$
$$\beta=\frac{a+\sqrt{-a^2+2a+4}}{2}.$$

よって，

$$\beta-\alpha=\sqrt{\mathbf{-a^2+2a+4}}.$$

(3)

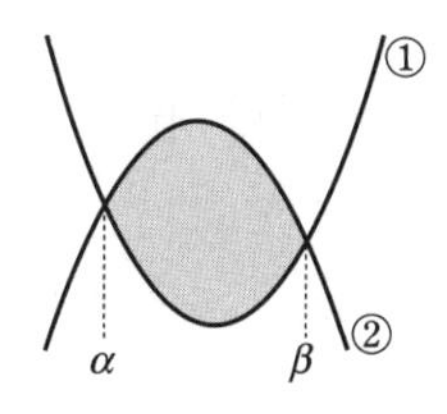

$$\boldsymbol{S}=\int_{\alpha}^{\beta}\left\{-x^2+2-(x^2-2ax+a^2-a)\right\}dx$$
$$=\int_{\alpha}^{\beta}-(2x^2-2ax+a^2-a-2)\,dx$$
$$=\int_{\alpha}^{\beta}-2(x-\alpha)(x-\beta)\,dx$$
$$=\frac{2}{6}(\beta-\alpha)^3$$
$$=\boldsymbol{\frac{1}{3}\left(\sqrt{-a^2+2a+4}\right)^3}.$$

(4) (3)より,

$$S=\frac{1}{3}\left(\sqrt{-(a-1)^2+5}\right)^3.$$

よって，S は $\boldsymbol{a=1}$ のとき最大で，最大値は,

$$\frac{1}{3}\left(\sqrt{5}\right)^3=\boldsymbol{\frac{5\sqrt{5}}{3}}.$$

82 円と放物線で囲まれる部分の面積

【解答】

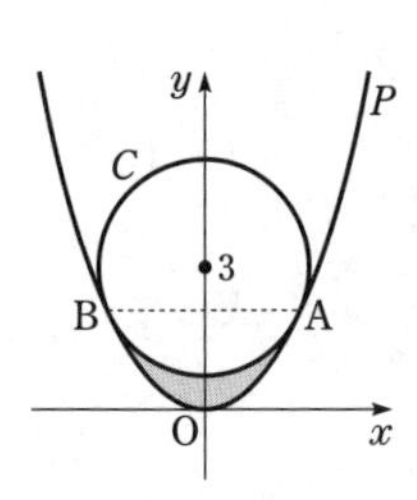

(1) 円 $C：x^2+(y-3)^2=r^2$ と放物線

$P：y=\frac{1}{4}x^2$ が接するとき,

y の 2 次方程式

$$4y+(y-3)^2=r^2$$
$$\iff\quad y^2-2y+9-r^2=0 \qquad \cdots①$$

は重解をもつから,

$$(①の判別式)=(-2)^2-4(9-r^2)=0.$$
$$r^2=8.$$

$r>0$ より,

$$\boldsymbol{r=2\sqrt{2}}.$$

(2) A，B の y 座標は,

$$y^2-2y+1=0$$

の解であるから,

$$y=1.$$

よって，A，B の x 座標は，

$$\frac{1}{4}x^2=1.\quad x=\pm 2.$$

円 C の中心を K とすると，

$$\angle\mathrm{OKA}=45^\circ$$

となるから，求める面積 S は，

$S=2\times\Bigg($ K A O P $-$ K 45° A C $\Bigg)$

$$=2\left\{\int_0^2\left\{(-x+3)-\frac{1}{4}x^2\right\}dx-\frac{1}{8}\cdot\pi(2\sqrt{2})^2\right\}$$

$$=2\left\{\left[-\frac{1}{2}x^2+3x-\frac{1}{12}x^3\right]_0^2-\pi\right\}$$

$$=2\left(\frac{10}{3}-\pi\right)$$

$$=\boldsymbol{\frac{20}{3}-2\pi}.$$

83　2つの放物線の共通接線

解法のポイント

(1)　C_1 上の点 P_1 における接線と C_2 上の点 P_2 における接線が一致すると考える．

(2)　$$\int(x-\alpha)^2dx=\frac{1}{3}(x-\alpha)^3+C\quad (C\text{ は積分定数}).$$

【解答】

$y=x^2$ より，$y'=2x$.

$y=x^2-4x+8$ より，$y'=2x-4$.

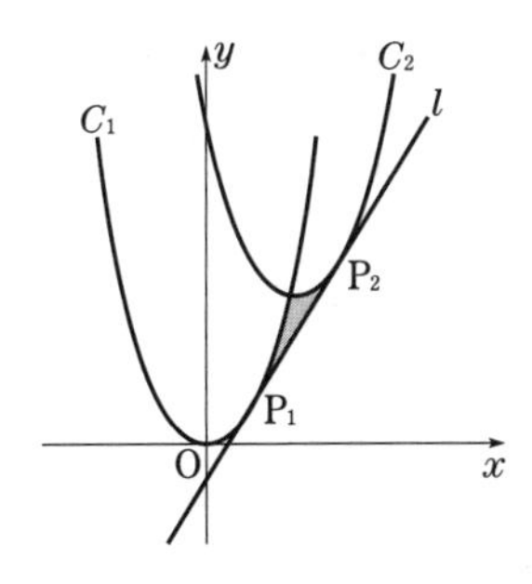

(1) P_1, P_2 の x 座標をそれぞれ s, t とおく.

l は P_1 における C_1 の接線であるから, l の方程式は,

$$y-s^2=2s(x-s)$$

すなわち,

$$y=2sx-s^2. \qquad \cdots①$$

また, l は P_2 における C_2 の接線でもあるから, l の方程式は,

$$y-(t^2-4t+8)=(2t-4)(x-t)$$

すなわち,

$$y=(2t-4)x-t^2+8. \qquad \cdots②$$

①, ②は同じ l の方程式であるから,

$$\begin{cases} 2s=2t-4, & \cdots③ \\ -s^2=-t^2+8. & \cdots④ \end{cases}$$

③より,

$$s=t-2.$$

これを④に代入して,

$$-t^2+4t-4=-t^2+8.$$

$$t=3.$$

したがって,

$$s=1.$$

よって,

$$(P_1 \text{ の } x \text{ 座標})=\mathbf{1}, \quad (P_2 \text{ の } x \text{ 座標})=\mathbf{3}.$$

(2) C_1 と C_2 の交点の x 座標は,

$$x^2=x^2-4x+8$$

を解いて,

$$x=2.$$

また, ①と $s=1$ より, l の方程式は,

$$y=2x-1.$$

よって，C_1，C_2 と l で囲まれた図形の面積は，

$$\int_1^2\left\{x^2-(2x-1)\right\}dx+\int_2^3\left\{x^2-4x+8-(2x-1)\right\}dx$$

$$=\int_1^2(x-1)^2dx+\int_2^3(x-3)^2dx$$

$$=\left[\frac{1}{3}(x-1)^3\right]_1^2+\left[\frac{1}{3}(x-3)^3\right]_2^3$$

$$=\frac{1}{3}+\frac{1}{3}$$

$$=\mathbf{\frac{2}{3}}.$$

84　放物線と2接線とで囲まれる部分の面積

解法のポイント

$$\int(x-\alpha)^2dx=\frac{1}{3}(x-\alpha)^3+C \quad (C\text{ は積分定数}).$$

【解答】

C 上の点 $(t,\ t^2)$ における接線の方程式は，$y'=2x$ より，

$$y-t^2=2t(x-t).$$

$$y=2tx-t^2.$$

これが $\mathrm{P}(a,\ b)$ を通るとすると，

$$b=2ta-t^2.$$

$$t^2-2at+b=0. \qquad \cdots①$$

A，B の x 座標を α，β $(\alpha<\beta)$ とおくと，α，β は①の異なる実数解であるから，

$$\alpha=a-\sqrt{a^2-b},\quad \beta=a+\sqrt{a^2-b}.$$

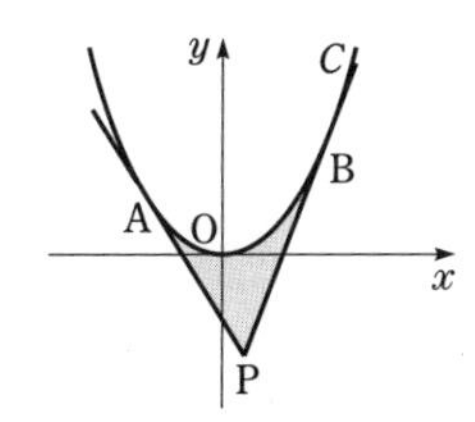

C と2つの線分 PA，PB で囲まれた図形の面積を S とすると，

$$S=\int_\alpha^a\left\{x^2-(2\alpha x-\alpha^2)\right\}dx+\int_a^\beta\left\{x^2-(2\beta x-\beta^2)\right\}dx$$
$$=\int_\alpha^a(x-\alpha)^2dx+\int_a^\beta(x-\beta)^2dx$$
$$=\left[\frac{1}{3}(x-\alpha)^3\right]_\alpha^a+\left[\frac{1}{3}(x-\beta)^3\right]_a^\beta=\frac{1}{3}(a-\alpha)^3-\frac{1}{3}(a-\beta)^3$$
$$=\frac{1}{3}(\sqrt{a^2-b})^3-\frac{1}{3}(-\sqrt{a^2-b})^3=\frac{2}{3}(\sqrt{a^2-b})^3.$$

$S=\frac{2}{3}$ より，

$$\frac{2}{3}(\sqrt{a^2-b})^3=\frac{2}{3}.$$
$$a^2-b=1.\quad b=a^2-1.$$

よって，求める点 P の軌跡は，

放物線：$\boldsymbol{y=x^2-1}$.

85 直線と放物線で囲まれる部分の面積の最小値

【解答】

(1) $y=x^2$ より $y'=2x$ であるから，

P$(\alpha,\ \alpha^2)$ における接線の傾きは，

$$2\alpha.$$

よって，直交条件より，

$$2\alpha\cdot m=-1.$$
$$\boldsymbol{\alpha=-\frac{1}{2m}}.$$

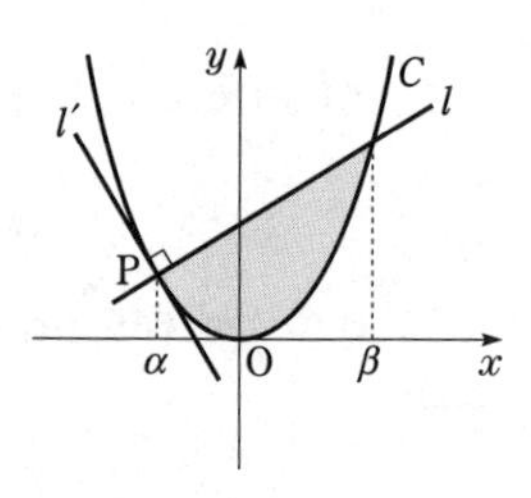

これより，P$\left(-\frac{1}{2m},\ \frac{1}{4m^2}\right)$ となり，l の方程式は，

$$y-\frac{1}{4m^2}=m\left(x+\frac{1}{2m}\right).$$
$$\boldsymbol{y=mx+\frac{1}{4m^2}+\frac{1}{2}}.$$

(2)　C と l の P 以外の交点の x 座標を β とすると,

$$x^2=mx+\frac{1}{4m^2}+\frac{1}{2}.$$

$$x^2-mx-\frac{1}{4m^2}-\frac{1}{2}=0.$$

$$\left(x+\frac{1}{2m}\right)\left(x-m-\frac{1}{2m}\right)=0.$$

$\beta\neq\alpha\left(=-\dfrac{1}{2m}\right)$ より, $\beta=m+\dfrac{1}{2m}$.

このとき,

$$\begin{aligned}S&=\int_\alpha^\beta\left\{\left(mx+\frac{1}{4m^2}+\frac{1}{2}\right)-x^2\right\}dx\\&=-\int_\alpha^\beta(x-\alpha)(x-\beta)dx\\&=\frac{1}{6}(\beta-\alpha)^3\\&=\frac{1}{6}\left\{\left(m+\frac{1}{2m}\right)-\left(-\frac{1}{2m}\right)\right\}^3\\&=\boldsymbol{\frac{1}{6}\left(m+\frac{1}{m}\right)^3}.\end{aligned}$$

(3)　$m>0$ であるから, (相加平均)≧(相乗平均) より,

$$m+\frac{1}{m}\geqq2\sqrt{m\cdot\frac{1}{m}}=2.$$

ここで, 等号は $m=\dfrac{1}{m}$, すなわち $m=1$ のとき成立する.

よって, (2)から, S の最小値は

$$\boldsymbol{\frac{4}{3}}.$$

また, このときの m の値は,

$$\boldsymbol{m=1}.$$

86　2 曲線の共通接線

解法のポイント

2 曲線 $y=f(x)$, $y=g(x)$ が $x=p$ で共通の接線をもつ

$\Longleftrightarrow$　$f(p)=g(p)$ かつ $f'(p)=g'(p)$.

【解答】

(1) $f(x)=x^3-x$, $g(x)=x^2-a$ とおくと,

$$f'(x)=3x^2-1,\ g'(x)=2x.$$

点Pの x 座標を p とおくと, $y=f(x)$, $y=g(x)$ が $x=p$ で共通の接線をもつことより,

$$\begin{cases} f(p)=g(p), \\ f'(p)=g'(p) \end{cases}$$

$$\Longleftrightarrow \begin{cases} p^3-p=p^2-a, & \cdots① \\ 3p^2-1=2p. & \cdots② \end{cases}$$

②より,

$$3p^2-2p-1=0.$$
$$(3p+1)(p-1)=0.$$
$$p=-\frac{1}{3},\ 1.$$

$p=1$ のとき, ①より, $a=1$. これは, $a>0$ を満たす.

$p=-\dfrac{1}{3}$ のとき, ①より, $a=-\dfrac{5}{27}$. これは, $a>0$ を満たさない.

よって,

$$\boldsymbol{a=1.}$$

(2) 2曲線 $y=x^3-x$, $y=x^2-1$ の共有点の x 座標は,

$$x^3-x=x^2-1.$$
$$(x+1)(x-1)^2=0.$$
$$x=-1,\ 1.$$

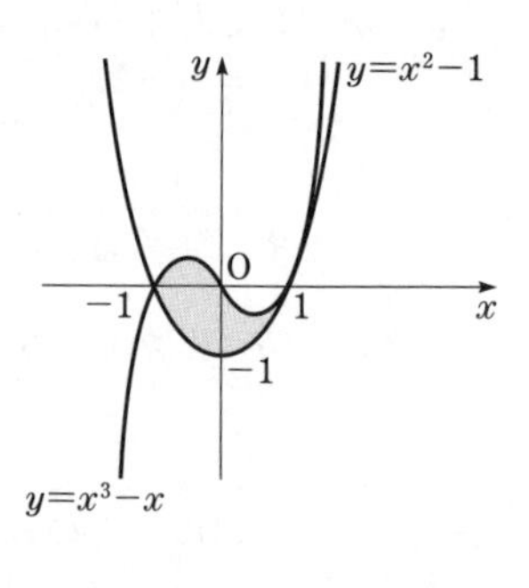

よって, 2曲線で囲まれた部分の面積 S は,

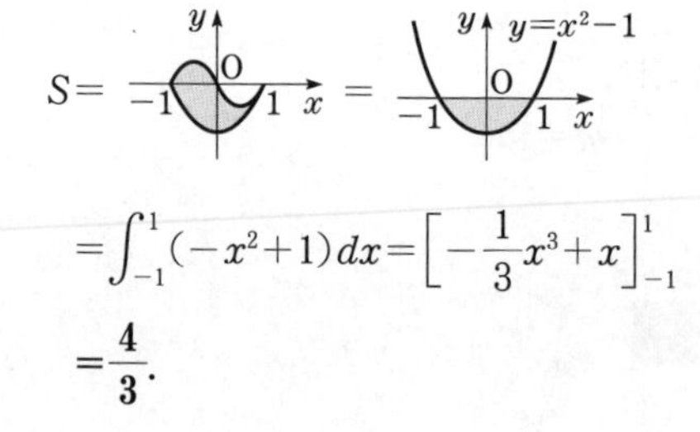

$$=\int_{-1}^{1}(-x^2+1)\,dx=\left[-\frac{1}{3}x^3+x\right]_{-1}^{1}$$

$$=\boldsymbol{\frac{4}{3}}.$$

解説

(1)

2つの整式 $f(x)$, $g(x)$ に対し, $h(x)=f(x)-g(x)$ とおくとき,
2曲線 $y=f(x)$, $y=g(x)$ が $x=p$ で共通の接線をもつ
$\iff f(p)=g(p)$ かつ $f'(p)=g'(p)$
$\iff h(p)=h'(p)=0$
$\iff h(x)$ は $(x-p)^2$ で割り切れる

が成り立つ.

これを利用して a を求めることもできる.

[別解]

Pの x 座標を p とおくと

$$(x^3-x)-(x^2-a)$$

は $(x-p)^2$ で割り切れるから,

$$(x^3-x)-(x^2-a)=(x-p)^2(x-q)$$

と表される.

両辺の係数を比べて,

$$\begin{cases} -2p-q=-1, & \cdots① \\ p^2+2pq=-1, & \cdots② \\ -p^2q=a. & \cdots③ \end{cases}$$

①, ②より,

$$p^2+2p(-2p+1)=-1.$$
$$3p^2-2p-1=0.$$
$$(3p+1)(p-1)=0.$$
$$p=-\frac{1}{3},\ 1.$$

$p=-\frac{1}{3}$ のとき, $q=\frac{5}{3}$ となるから, ③より,

$$a=-\frac{5}{27}\quad (a>0 \text{ を満たさない}).$$

$p=1$ のとき, $q=-1$ となるから, ③より,

$$a=1\quad (a>0 \text{ を満たす}).$$

$a>0$ より求める a の値は,

$$\boldsymbol{a=1}.$$

(2) $a>0$ という条件をはずすと，(1)の［別解］で示したように，

$$a=1,\quad -\frac{5}{27}$$

が得られる．

このとき，いずれの場合についても，2 曲線で囲まれた部分の面積は $\frac{4}{3}$ となることが示される．

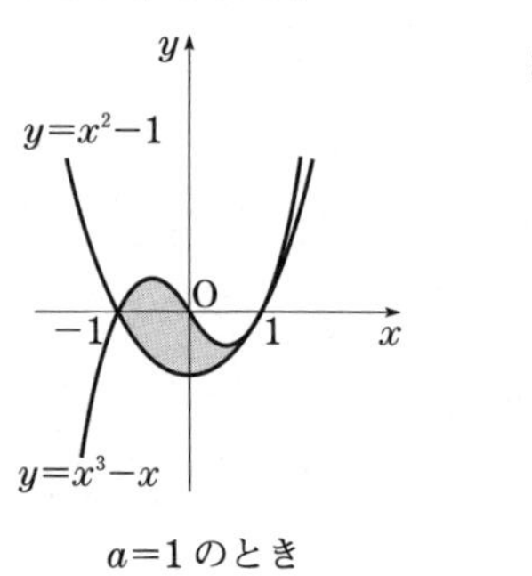

$a=1$ のとき

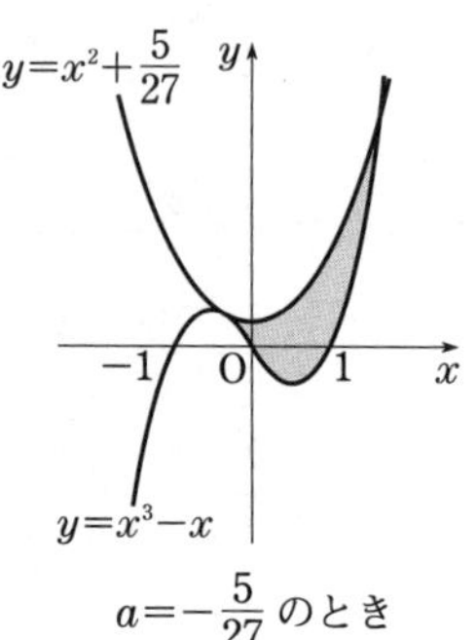

$a=-\frac{5}{27}$ のとき

［別解］

$a=1$ のとき，$p=1$，$q=-1$，

$a=-\frac{5}{3}$ のとき，$p=-\frac{1}{3}$，$q=\frac{5}{3}$

とする．

このとき，2 曲線で囲まれた部分の面積 S は，

$$\begin{aligned}
S&=\left|\int_p^q \left\{(x^3-x)-(x^2-a)\right\}dx\right|\\
&=\left|\int_p^q (x-p)^2(x-q)\,dx\right|\\
&=\left|\int_p^q (x-p)^2\left\{(x-p)-(q-p)\right\}dx\right|\\
&=\left|\int_p^q \left\{(x-p)^3-(q-p)(x-p)^2\right\}dx\right|\\
&=\left|\left[\frac{1}{4}(x-p)^4-\frac{1}{3}(q-p)(x-p)^3\right]_p^q\right|\\
&=\frac{1}{12}(q-p)^4\\
&=\frac{1}{12}\cdot 2^4\\
&=\mathbf{\frac{4}{3}}.
\end{aligned}$$

87　3 次関数のグラフと直線で囲まれた部分の面積

解法のポイント

(1)　　　$y=f(x)$ のグラフが原点に関して対称

$\iff$ 任意の実数 x に対して，$f(-x)=-f(x)$.

(2)　$\displaystyle\int(x-\alpha)^n dx=\frac{1}{n+1}(x-\alpha)^{n+1}+C$ が利用できる形に変形する.

【解答】

(1)　$f(x)=x^3+ax^2+bx+c$ とおく.

(ア)より，

$$f(-x)=-f(x).$$

$$-x^3+ax^2-bx+c=-x^3-ax^2-bx-c.$$

$$ax^2+c=0.$$

これが任意の実数 x に対して成り立つことより，

$$a=c=0.$$

このとき，

$$f(x)=x^3+bx,$$

$$f'(x)=3x^2+b$$

であるから，(イ)より，

$$\begin{cases} f(t)=t^3+bt=2, & \cdots① \\ f'(t)=3t^2+b=0 & \cdots② \end{cases}$$

を満たす実数 t が存在する.

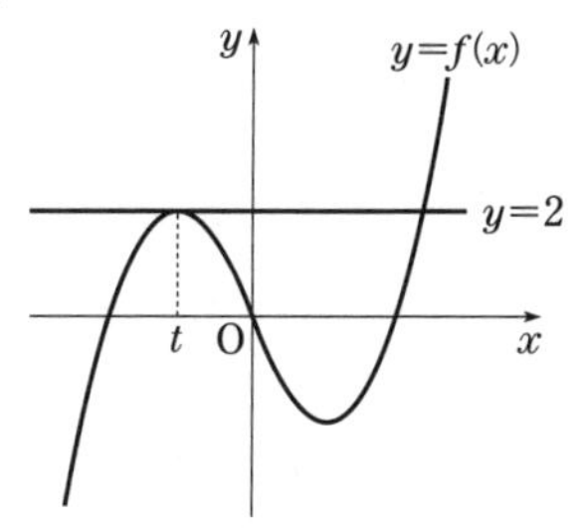

①，②より b を消去すると，

$$-2t^3=2.$$

これを満たす実数 t は，

$$t=-1.$$

よって，②より，

$$b=-3.$$

以上より，

$$\boldsymbol{a=0,\ \ b=-3,\ \ c=0.}$$

(2) (1)より，

$$f(x)=x^3-3x.$$

よって，

$$\begin{aligned} f(x)-2&=x^3-3x-2\\ &=(x+1)^2(x-2) \end{aligned}$$

より，C と直線 $y=2$ の位置関係は次のようになる．

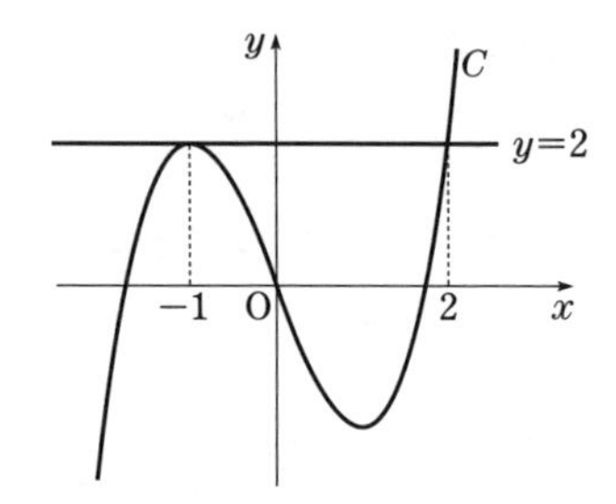

したがって，求める面積は，

$$\begin{aligned} &\int_{-1}^{2}\left\{2-f(x)\right\}dx\\ &=-\int_{-1}^{2}(x+1)^2(x-2)\,dx\\ &=-\int_{-1}^{2}(x+1)^2\left\{(x+1)-3\right\}dx\\ &=-\int_{-1}^{2}\left\{(x+1)^3-3(x+1)^2\right\}dx\\ &=-\left[\frac{1}{4}(x+1)^4-(x+1)^3\right]_{-1}^{2}\\ &=\boldsymbol{\frac{27}{4}}. \end{aligned}$$

第9章　場合の数

88 順　列

解法のポイント

(1)　まず，両端の男子を決める．

(2)，(3)　まず，男子4人を1列に並べる．

(4)　まず，男子4人を円周上に並べる．

【解答】

男子をB，女子をGとかく．

(1)　B ○ ○ ○ ○ ○ B

両端の男子の決め方は $_4P_2$ 通りで，それらいずれの場合においても，残り5人をその間に1列に並べる方法は5!通りあるから，求める並べ方は，

$$_4P_2\times5!=\mathbf{1440}\ (\text{通り}).$$

(2)　○ B ○ B ○ B ○ B ○

まず，男子4人を1列に並べ，男子と男子の間または両端の5か所（図の○の位置）から3か所を選んで女子を並べればよい．

男子の並べ方は4!通りであり，その各々に対し，女子の並べ方が $_5P_3$ 通りずつあるから，求める並べ方は，

$$4!\times{}_5P_3=\mathbf{1440}\ (\text{通り}).$$

(3)　隣り合った女子2人と残りの女子を GG，G と表す．このとき，隣り合った女子2人の決め方およびその並べ方は $_3P_2$ 通りある．

(2)と同様にまず，男子4人を1列に並べ，男子と男子の間または両端の5か所から2か所を選んで，GG とGを並べればよい．

よって，求める並べ方は，

$$_3P_2\times4!\times{}_5P_2=\mathbf{2880}\ (\text{通り}).$$

(4)　男子4人を円周上に並べる方法は，円順列により $(4-1)!=3!$ 通りあり，それらいずれの場合に対しても，男子と男子の間の4か所から3か所を選んで女子3人を並べる方法は，$_4P_3$ 通りであるから，求める並べ方は，

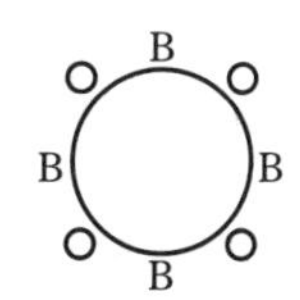

$$3!\times{}_4P_3=\mathbf{144}\ (\text{通り}).$$

89 同じものを含む順列

解法のポイント

(3) まずU 3個を並べ，次にS，G，A，Kを並べる．

(4) まずS，G，A，Kを並べ，次にU 3個を並べる．

【解答】

(1) 7個の場所を用意し，そこにS，U，U，G，A，K，Uの7文字を配置するものと考える．

U 3個を置く場所の選び方は，

$${}_7C_3=35 \text{（通り）}.$$

これらの配置のしかた1つ1つに対し，残る4か所にS，G，A，Kを並べる方法がそれぞれ

$$4!=24 \text{（通り）}$$

ずつある．

よって，求める並べ方は，

$$35\times24=\mathbf{840} \text{（通り）}.$$

(2) [GAUSU] を1つのものと考えて，これとK，Uの3つのものを並べる方法の数と同じであるから，

$$3!=\mathbf{6} \text{（通り）}.$$

(3) U 3個は左から1番目，3番目，5番目，7番目の4か所の中から3か所選んで並べればよいから，その並べ方は，

$${}_4C_3=4 \text{（通り）}$$

ある．

これらの並べ方は1つ1つに対し，残り4文字S，G，A，Kの並べ方がそれぞれ

$$4!=24 \text{（通り）}$$

ずつある．

よって，求める並べ方は，

$$4\times24=\mathbf{96} \text{（通り）}.$$

(4) まずS，G，A，Kを並べる方法が

$$4!=24 \text{（通り）}$$

ある．

例えば，

S　A　G　K

という並び方に対し，U 3個は，次の○で示された5か所から3か所を選ん

で並べればよい．

$$\bigcirc S\bigcirc A\bigcirc G\bigcirc K\bigcirc$$

よって，このときUの並べ方は，

$${}_5C_3=10 \text{（通り）}$$

ある．

S，G，A，Kの他の並び方に対してもU3個の並び方はそれぞれ10通りずつある．

よって，求める並べ方は，

$$24\times10=\mathbf{240} \text{（通り）}.$$

［別解］

(1)　U3個を区別して，S，U_1，U_2，G，A，K，U_3としたとき，異なる7個のものの並べ方は，

$$7!\text{通り}$$

ある．

S，G，A，Kはそのままの位置にして，U_1，U_2，U_3を並びかえる方法が

$$3!\text{通り}$$

あり，これらはS，U，U，G，A，K，Uの並びとしては同一のものである．

よって，求める並べ方は，

$$\frac{7!}{3!}=\mathbf{840} \text{（通り）}.$$

90　最短経路の数

解法のポイント

(2)，(3)　余事象を考える．

【解答】

地点D，E，F，Gを図のように定める．

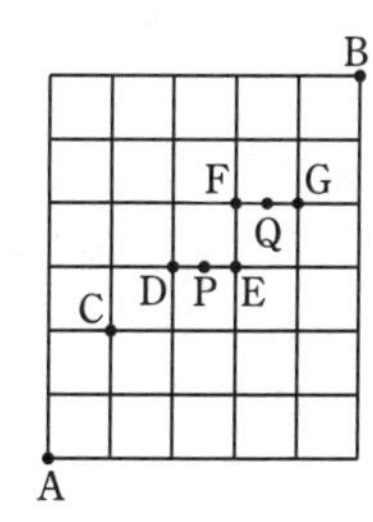

(1)　地点Aから地点Cまでの道順は${}_3C_1=3$（通り）あり，そのそれぞれに対して地点Cから地点Bまでの道順が${}_8C_4=70$（通り）ずつあるから，地点Cを通る道順は，

$$3\times70=\mathbf{210} \text{（通り）}.$$

(2) 地点Aから地点Bまでの道順の総数は，${}_{11}C_5=462$（通り）あり，

このうち地点Pを通る道は，

$$\underset{A \to D}{\underset{\sim\sim}{{}_5C_2}} \times \underset{D \to E}{\underset{\sim\sim}{1}} \times \underset{E \to B}{\underset{\sim\sim}{{}_5C_2}} = 100 \text{（通り）}$$

あるから，地点Pを通らない道順は，

$$462-100=\mathbf{362} \text{（通り）}.$$

(3) 地点Qを通る道順は，

$$\underset{A \to F}{\underset{\sim\sim}{{}_7C_3}} \times \underset{F \to G}{\underset{\sim\sim}{1}} \times \underset{G \to B}{\underset{\sim\sim}{{}_3C_1}} = 105 \text{（通り）}$$

あり，地点P，Qをともに通る道順は，

$$\underset{A \to D}{\underset{\sim\sim}{{}_5C_2}} \times \underset{D \to E}{\underset{\sim\sim}{1}} \times \underset{E \to F}{\underset{\sim\sim}{1}} \times \underset{F \to G}{\underset{\sim\sim}{1}} \times \underset{G \to B}{\underset{\sim\sim}{{}_3C_1}} = 30 \text{（通り）}$$

ある．

よって，地点Pまたは地点Qのうち少なくとも一方を通る道順は，

$$100+105-30=175 \text{（通り）}$$

あるから，地点Pおよび地点Qは通らない道順は，

$$462-175=\mathbf{287} \text{（通り）}.$$

解説

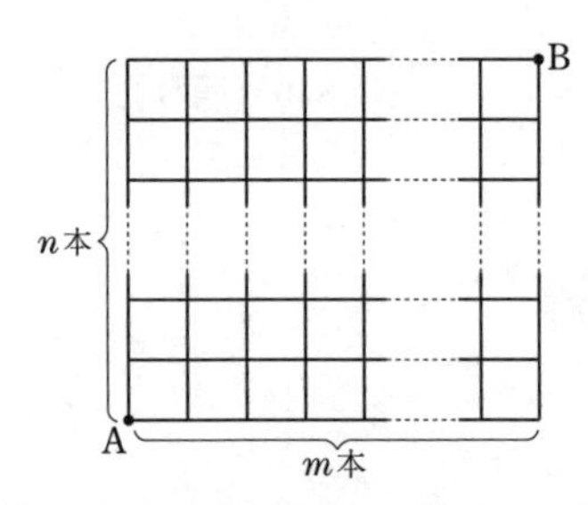

図のような縦 m 本，横 n 本の道が交差する街路において，地点Aから地点Bへの最短経路の数は，順列または組合せの考え方を用いて次のようにして求めることができる．

(i) 順列による考え方．

右へ1区画進む動きを→，上へ1区画進む動きを↑で表すと，最短経路の総数は，→を $(m-1)$ 個，↑を $(n-1)$ 個並べる(同じものを含む)順列の総数に等しい．

よって，求める最短経路の総数は，同じものを含む順列の考え方により，

$$\frac{(m+n-2)!}{(m-1)!(n-1)!} \text{通り}.$$

(ii)　組合せによる考え方.

→を $(m-1)$ 個，↑を $(n-1)$ 個並べるとき，→，↑を並べる合計 $(m+n-2)$ 個の場所から→を並べる $(m-1)$ 個の場所を選ぶことにより，→，↑の並び方が定まる.

よって，最短経路の総数は組合せの考え方により，

$${}_{m+n-2}\mathrm{C}_{m-1} \text{ 通り.}$$

(3)　すべての道順の集まりを U，地点Pを通る道順の集まりを X，地点Qを通る道順の集まりを Y とすると，地点Pおよび地点Qを通らない道順は右図の網目で示される部分である.

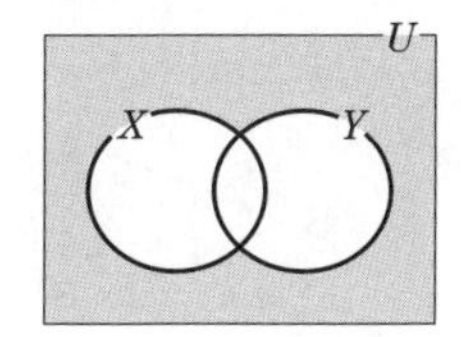

91　重複順列

【解答】

(1)　1枚のカードについてそれぞれ4通りのスタンプの押し方があるから，

$$\mathbf{4^n} \text{ 通り.}$$

(2)　A，B，C，Dのうち，使うスタンプの2種類の選び方が ${}_4\mathrm{C}_2=6$（通り).

使うスタンプを決めたとき，1枚のカードについてそれぞれ2通りの押し方があるが，1種類のスタンプしか使わない（n 枚とも同じスタンプを押す）場合が除かれるから，求める場合の数は，

$$6\times(2^n-2)=\mathbf{12(2^{n-1}-1)} \text{（通り).}$$

(3)　A，B，C，Dのうち使うスタンプ3種類の選び方が ${}_4\mathrm{C}_3=4$（通り).

使うスタンプを決めたとき，1枚のカードについてそれぞれ3通りの押し方があるが，そのうち，

(i)　2種類しか使わない場合 … ${}_3\mathrm{C}_2\times(2^n-2)$ 通り

(ii)　1種類しか使わない場合 … 3通り

を除くことにより，求める場合の数は，

$$4\times\left\{3^n-{}_3\mathrm{C}_2\times(2^n-2)-3\right\}$$
$$=\mathbf{4(3^n-3\cdot 2^n+3)} \text{（通り).}$$

解説

(2) 例えば，A，B 2種類のスタンプを使うとき樹形図をかくと，

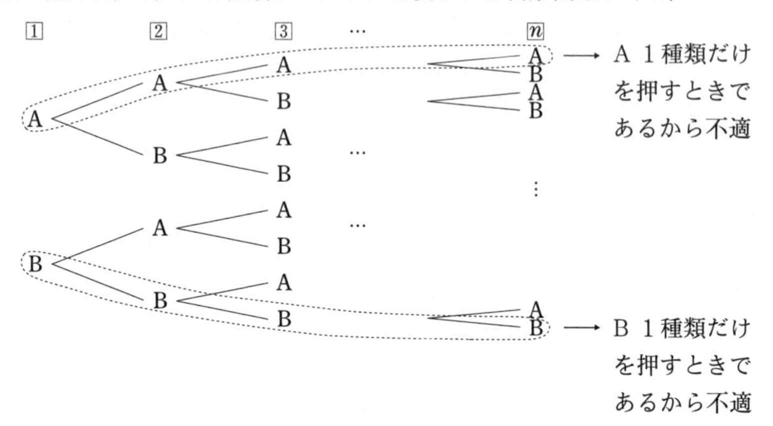

となり，このときスタンプの押し方は，

$$2^n-2 \text{（通り）}$$

であることがわかる．

(3) 例えば，A，B，C 3種類のスタンプを使うとき，n 枚のカードにA，B，Cを自由に押してもよいときの押し方の総数は 3^n 通り．

このうち，

A，Bの2種類で押す（n 枚ともAまたは n 枚ともBは除く）

B，Cの2種類で押す（n 枚ともBまたは n 枚ともCは除く）

C，Aの2種類で押す（n 枚ともCまたは n 枚ともAは除く）

方法がそれぞれ

$$2^n-2 \text{（通り）}$$

ずつある．

また，n 枚とも同じスタンプを押す場合（n 枚ともAを押す，n 枚ともBを押す，n 枚ともCを押す）が3通りある．

よって，Dだけが現れないスタンプの押し方は，

$$3^n-3(2^n-2)-3 \text{（通り）}$$

ある．

92 乱列

解法のポイント

(2)　自分の番号の数字と同じ数字のカードをもらう人の数は0，1，2，3，5のいずれかである．

【解答】

(1)　もらったカードの数字と自分の番号の数字とが一致する2人の選び方は $_5C_2=10$（通り）ある．

例えば，その2人が番号4，5の人であるとすると，番号1，2，3の人がもらうカードは，次の表のようになる．

人の番号	1	2	3
もらったカードの数字	2 3	3 1	1 2

よって，求める配り方は，

$$_5C_2\times 2=\mathbf{20}$$ **（通り）**．

(2)　カードの配り方の総数は $5!=120$（通り）である．

自分の番号の数字ともらったカードの数字が同じである人の数を X とすると，

$$X=0,\ 1,\ 2,\ 3,\ 5$$

であり，求めたいのは $X=0$ となるときのカードの配り方の数である．

(i)　$X=5$ のとき．

5人全員が自分の番号の数字と同じ数字のカードをもらうときであり，その配り方は，1通り．

(ii)　$X=3$ のとき．

自分の番号の数字と同じ数字のカードをもらう3人の人の選び方は $_5C_3=10$（通り）．

例えば，その3人が番号3，4，5の人であるとすると，番号1，2の人のもらうカードはそれぞれ数字2，1が書いてあるカードである．

よって，このときのカードの配り方は，10通り．

(iii)　$X=2$ のとき．

(1)の結果より，このときのカードの配り方は，20通り．

(iv)　$X=1$ のとき．

自分の番号の数字と同じ数字のカードをもらう1人の選び方は，5通り．

例えば，その人が番号 5 の人であるとすると，番号 1，2，3，4 の人がもらうカードは，次の表のようになる．

人の番号	1	2	3	4
もらったカードの数字	2	1	4	3
	2	3	4	1
	2	4	1	3
	3	1	4	2
	3	4	1	2
	3	4	2	1
	4	1	2	3
	4	3	1	2
	4	3	2	1

よって，このときのカードの配り方は，

$$5\times 9=45 \text{（通り）}.$$

以上より，$X=0$ すなわち，もらったカードの数字と自分の番号の数字とが一致する人が 1 人もいないようなカードの配り方は，

$$120-(1+10+20+45)=\mathbf{44} \text{（通り）}.$$

93 分割の数

【解答】

(1) A の組に入る 3 人の選び方は ${}_9C_3$ 通りあり，それぞれについて，B の組に入る 3 人の選び方は ${}_6C_3$ 通りある．このとき，3 つの組に入る人が確定する．

よって，求める分け方は，

$${}_9C_3\cdot{}_6C_3=\mathbf{1680} \text{（通り）}.$$

(2) 3 人ずつ，3 つの組に分ける方法が m 通りあるとする．このような分け方に対し，3 人ずつを A，B，C の 3 室に入れる方法は，それぞれ $3!$ 通りある．

したがって，

$$3!\times m=1680.$$

よって，求める分け方は，

$$m=\frac{1680}{3!}=\mathbf{280} \text{（通り）}.$$

(3)　2人部屋A，Bと，5人部屋Cに9人の学生を入れる方法を考える．

Aの部屋に入る2人の選び方は${}_9C_2$通りあり，それぞれについて，Bの部屋に入る2人の選び方は${}_7C_2$通りある．このとき，3つの部屋に入る人は確定する．

よって，9人をA，B，Cに分ける方法の数は，

$${}_9C_2 \times {}_7C_2 \text{（通り）}.$$

9人を2人，2人，5人の3つの組に分ける方法がn通りあるとする．

このような分け方に対し，2人，2人，5人をA，B，Cの3部屋に入れる方法は，それぞれ2通りある．

したがって，

$$2 \times n = {}_9C_2 \times {}_7C_2.$$

よって，求める分け方は，

$$n = \frac{{}_9C_2 \times {}_7C_2}{2} = \mathbf{378} \text{（通り）}.$$

94　分割の数

【解答】

(1)　（1人，1人，4人），（1人，2人，3人），（2人，2人，2人）

の分け方があるから，このときの分け方は，

3通り．

(2)　3つの部屋をA，B，Cとする．

(i)　1つの部屋に4人，他の2部屋に1人ずつ入れるとき，A，B，Cのどの部屋に4人入れるかによって，3通りの入れ方がある．

(ii)　3室に入る人数が1人，2人，3人と異なるような入れ方は $3!=6$ 通りある．

(iii)　3室とも2人ずつ入れる入れ方は1通りである．

(i)，(ii)，(iii)より，求める分け方は，

$$3+6+1=\mathbf{10} \text{（通り）}.$$

(3)　3つの部屋をA，B，Cとする．

空室ができてもよいとして，6人をA，B，Cの3部屋に入れる方法の総数は，3^6 通りである．

このうち，2部屋が空室になる入れ方は3通りである．

また，1部屋だけが空室になるとき，空室の選び方が3通りある．

このうち，C が空室になるのは，6 人のそれぞれを A または B の部屋のどちらか一方に入れる場合の数 2^6 通りから，6 人をすべて A に入れる場合と 6 人をすべて B に入れる場合の 2 通りを除いた

$$2^6-2 \text{（通り）}$$

ある．

同様に，B または A だけが空室になる入れ方も

$$2^6-2 \text{（通り）}$$

ずつある．

したがって，1 部屋だけが空室になる入れ方は，

$$3\times(2^6-2) \text{（通り）}$$

である．

よって，6 人を A，B，C どの部屋にも少なくとも 1 人は入るように分ける方法の数は，

$$3^6-\left\{3+3\times(2^6-2)\right\}=\mathbf{540} \text{（通り）}.$$

解説

(2) 表にして数えてもよい．

A	B	C	
1 人	1 人	4 人	3 通り
1 人	4 人	1 人	
4 人	1 人	1 人	
1 人	2 人	3 人	6 通り
1 人	3 人	2 人	
2 人	1 人	3 人	
2 人	3 人	1 人	
3 人	1 人	2 人	
3 人	2 人	1 人	
2 人	2 人	2 人	1 通り

よって，求める分け方は，

$$3+6+1=10 \text{（通り）}.$$

(3) C が空室になるとき，①，②，…，⑥の 6 人を A，B の部屋に入れる方法を樹形図で表してみると 2^6 通りあることがわかる．

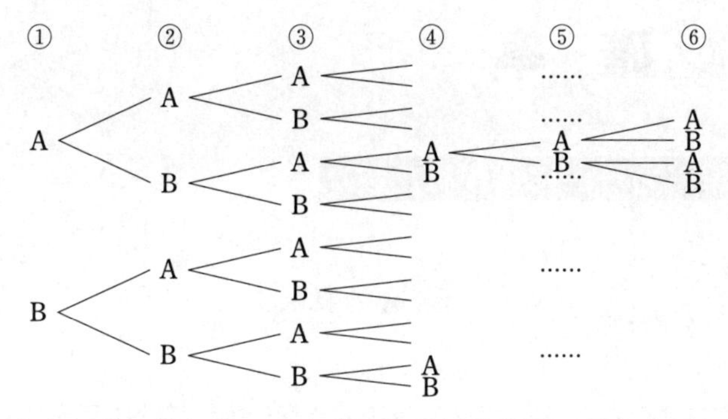

このうち，①～⑥がすべてＡ室に入る場合と①～⑥がすべてＢ室に入る場合は，それぞれＢ室とＣ室が空室，Ａ室とＣ室が空室となる．

よって，Ｃ室だけが空室になる６人の入れ方は，

$$2^6-2 \quad （通り）$$

である．

第10章 確　率

95 確率（カードに書かれた数）

解法のポイント

(1) 余事象を考える.

(2) 3枚とも奇数.

(3) 8または4を含む場合と，8も4も含まない場合に分けて考える.

【解答】

8枚のカードの中から，3枚のカードを取り出す方法の数は，

$${}_8C_3=56 \text{（通り）}$$

で，どの取り出し方も同様に確からしい.

(1) 3枚のカードに書かれた数の和が19以上となるとき，3つのカードに書かれた数は，

$$\{8,\ 7,\ 6\},\ \{8,\ 7,\ 5\},\ \{8,\ 7,\ 4\},\ \{8,\ 6,\ 5\}$$

のどれかである.

したがって，3枚のカードに書かれた数の和が18以下となるような取り出し方は，

$$56-4=52 \text{（通り）}.$$

よって，求める確率は，

$$\frac{52}{56}=\boldsymbol{\frac{13}{14}}.$$

(2) 3枚のカードに書かれた数の積が奇数になるのは，3つの数がすべて奇数のときである.

1以上8以下の奇数は1，3，5，7の4つで，これらの数字が書かれた4枚のカードの中から3枚取り出す方法の数は，${}_4C_3=4$（通り）である.

よって，求める確率は，

$$\frac{4}{56}=\boldsymbol{\frac{1}{14}}.$$

(3) 3枚のカードに書かれた数の積が4の倍数となるには，次の2つの場合がある.

(i) 取り出された3枚のカードの中に，8または4の書かれたカードの少なくとも一方が含まれる場合.

(ii) 取り出された3枚のカードの中に，8または4の書かれたカードがいずれも含まれていない場合.

(i)のとき，3枚のカードに書かれた数と，このときの3枚のカードの取り出し方は，次のようになる.

$\{8,\ 4,\ \square\}$　…　${}_6C_1=6$（通り），
$\{8,\ \square,\ \square\}$　…　${}_6C_2=15$（通り），
$\{4,\ \square,\ \square\}$　…　${}_6C_2=15$（通り）.
（□は1，2，3，5，6，7 のいずれかの数）

(ii)のとき，3枚のカードに書かれた数と，このときの3枚のカードの取り出し方は，次のようになる.

$\{2,\ 6,\ \square\}$　…　${}_4C_1=4$（通り）.
（□は 1，3，5，7 のいずれかの数）

したがって，3枚のカードに書かれた数の積が4の倍数となるような取り出し方は，

$$6+15+15+4=40\ (\text{通り}).$$

よって，求める確率は，

$$\frac{40}{56}=\boldsymbol{\frac{5}{7}}.$$

[別解]

(3)　余事象を考える.

3枚のカードに書かれた数の積が4の倍数とならないのは，

$\{2,\ \square,\ \square\}$　…　${}_4C_2=6$（通り），
$\{6,\ \square,\ \square\}$　…　${}_4C_2=6$（通り），
$\{\square,\ \square,\ \square\}$　…　${}_4C_3=4$（通り）
（□は奇数1，3，5，7 のいずれかの数）

で，このときの確率は，

$$\frac{6+6+4}{56}=\frac{2}{7}.$$

よって，3枚のカードに書かれた数の積が4の倍数となる確率は，

$$1-\frac{2}{7}=\boldsymbol{\frac{5}{7}}.$$

96 確率（カードに書かれた数）

解法のポイント

積が 5 で割り切れる $\Longleftrightarrow$ 少なくとも 1 つ 5 がある

と考えて，余事象から求める．

【解答】

事象 E に対して，E の起こる確率を $P(E)$ で表す．

(1) 記録された数の積が 5 で割り切れるのは，n 回のうち少なくとも 1 回 5 が記されたカードを抜き出すときである．

この事象を A とすると，余事象 $\overline{A}$ は，n 回とも 5 以外の数が記されたカードを抜き出すときであるから，

$$P(\overline{A})=\left(\frac{8}{9}\right)^n.$$

よって，求める確率は，

$$\begin{aligned}P(A)&=1-P(\overline{A})\\&=\mathbf{1-\left(\frac{8}{9}\right)^{\mathit{n}}}.\end{aligned}$$

(2) 記録された数の積が 10 で割り切れるのは，

少なくとも 1 回は 5 が記されたカードを抜き出し（事象 A とする），

かつ

少なくとも 1 回は偶数が記されたカードを抜き出す（事象 B とする）

ときである．

事象 A かつ B（$A\cap B$ とかく）の余事象 $\overline{A\cap B}$ は，$\overline{A}$ または $\overline{B}$（$\overline{A}\cup\overline{B}$ とかく）であり，

$$P(\overline{A\cap B})=P(\overline{A}\cup\overline{B})=P(\overline{A})+P(\overline{B})-P(\overline{A}\cap\overline{B})$$

が成り立つ．

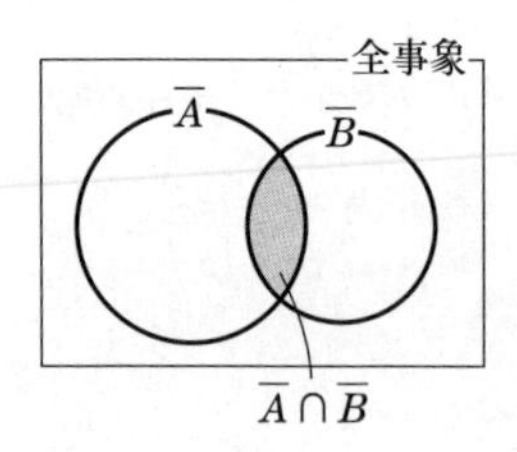

(1)より，

$$P(\overline{A})=\left(\frac{8}{9}\right)^n.$$

また，$\overline{B}$，$\overline{A}\cap\overline{B}$ はそれぞれ

$\overline{B}$：n 回とも奇数の記されたカードを抜き出す事象，

$\overline{A}\cap\overline{B}$：$n$ 回とも1，3，7，9のどれかが記されたカードを抜き出す事象

であるから，

$$P(\overline{B})=\left(\frac{5}{9}\right)^n,$$

$$P(\overline{A}\cap\overline{B})=\left(\frac{4}{9}\right)^n.$$

したがって，

$$P(\overline{A\cap B})=\left(\frac{8}{9}\right)^n+\left(\frac{5}{9}\right)^n-\left(\frac{4}{9}\right)^n.$$

よって，求める確率は，

$$\begin{aligned}P(A\cap B)&=1-P(\overline{A\cap B})\\&=1-\left(\frac{8}{9}\right)^n-\left(\frac{5}{9}\right)^n+\left(\frac{4}{9}\right)^n\\&=\boldsymbol{\frac{9^n+4^n-8^n-5^n}{9^n}}.\end{aligned}$$

97　確率（サイコロの目）

解法のポイント

(2)　$M-m<2 \iff M-m=0$ または1

に注目して，$(M,\ m)$ のとり得る値によって場合分けする．

【解答】

(1)　サイコロを1回投げて2以下の目が出る確率は，

$$\frac{2}{6}=\frac{1}{3}.$$

よって，3回投げて2以下の目が1回だけ出る確率は，

$${}_3C_1\left(\frac{1}{3}\right)^1\left(\frac{2}{3}\right)^2=\boldsymbol{\frac{4}{9}}.$$

(2)　$M-m<2 \iff M-m=0$ または1.

(i)　$M-m=0$ となるのは，3回とも同じ目が出る場合であるから，その確率は，

$$\left(\frac{1}{6}\right)^3\times 6=\frac{1}{36}.$$

(ii) $M-m=1$ となるとき，3 回の目の出方は，

(ア) k が 1 回出て，$k+1$ が 2 回出る，

または

(イ) k が 2 回出て，$k+1$ が 1 回出る

（ただし，$k=1,\ 2,\ 3,\ 4,\ 5$）

のいずれかであり，各場合について，そのときの起こる確率はすべて，

$${}_3C_1\left(\frac{1}{6}\right)^1\left(\frac{1}{6}\right)^2=\frac{1}{72}$$

である．

したがって，$M-m=1$ となる確率は，

$$\frac{1}{72}\times5\times2=\frac{5}{36}.$$

よって，$M-m<2$ となる確率は，

$$\frac{1}{36}+\frac{5}{36}=\mathbf{\frac{1}{6}}.$$

98 確率（優勝決定）

【解答】

1 回のゲームで，「A が勝つ」，「B が勝つ」，「引き分ける」ことの起こる確率はすべて $\frac{1}{3}$ である．

(1) 5 回目に A の優勝が決定するのは，4 回までに A が 2 勝して，5 回目に A が勝つときで，次の 3 通りの場合がある．

(i) 4 回までに A が 2 勝 2 敗 … この確率は ${}_4C_2\left(\frac{1}{3}\right)^5$.

(ii) 4 回までに A が 2 勝 1 敗 1 分 … この確率は $\frac{4!}{2!}\left(\frac{1}{3}\right)^5$.

(iii) 4 回までに A が 2 勝 2 分 … この確率は ${}_4C_2\left(\frac{1}{3}\right)^5$.

(i)，(ii)，(iii)は互いに排反であるから，求める確率は，

$${}_4C_2\left(\frac{1}{3}\right)^5+\frac{4!}{2!}\left(\frac{1}{3}\right)^5+{}_4C_2\left(\frac{1}{3}\right)^5=\frac{24}{3^5}=\mathbf{\frac{8}{81}}.$$

(2) 6 回目に A の優勝が決定するのは，5 回までに B が 3 勝せず，A が 2 勝して，6 回目に A が勝つときで，次の 3 通りの場合がある．

(i)　5回までにAが2勝2敗1分　…　この確率は $\dfrac{5!}{2!2!}\left(\dfrac{1}{3}\right)^6$.

(ii)　5回までにAが2勝1敗2分　…　この確率は $\dfrac{5!}{2!2!}\left(\dfrac{1}{3}\right)^6$.

(iii)　5回までにAが2勝3分　…　この確率は ${}_5C_2\left(\dfrac{1}{3}\right)^6$.

(i), (ii), (iii)は互いに排反であるから，求める確率は，

$$\frac{5!}{2!2!}\left(\frac{1}{3}\right)^6+\frac{5!}{2!2!}\left(\frac{1}{3}\right)^6+{}_5C_2\left(\frac{1}{3}\right)^6=\frac{70}{3^6}=\mathbf{\frac{70}{729}}.$$

(3)　引き分けが1回も起こらずAが優勝するには，次の3通りの場合がある．

(i)　3回目でAの優勝が決定するとき，

このとき，Aは3連勝するから，この確率は $\left(\dfrac{1}{3}\right)^3$.

(ii)　4回目でAの優勝が決定するとき，

このとき，3回までにAは2勝1敗で，4回目にAが勝つから，この確率は，

$${}_3C_2\left(\frac{1}{3}\right)^4.$$

(iii)　5回目にAの優勝が決定するとき，

このとき，4回までにAは2勝2敗で，5回目にAが勝つから，この確率は，

$${}_4C_2\left(\frac{1}{3}\right)^5.$$

(i), (ii), (iii)は互いに排反であるから，求める確率は，

$$\left(\frac{1}{3}\right)^3+{}_3C_2\left(\frac{1}{3}\right)^4+{}_4C_2\left(\frac{1}{3}\right)^5=\mathbf{\frac{8}{81}}.$$

解説

1回のゲームでAが勝つことを○，Bが勝つことを×，引き分けることを△で表すと，○，×，△の起こる確率はすべて $\dfrac{1}{3}$ である．

(1)　5回目にAの優勝が決定する(i), (ii), (iii)の場合は，次のようになる．

(i)

○	○	×	×	○	1〜4回は4つの場所から○2個の現れる場所を選ぶ ${}_4C_2$ 通りの場合がある．
○	×	○	×	○	
⋮				⋮	
×	×	○	○	○	

(ii)

○	○	×	△	○	
○	○	△	×	○	
	⋮			⋮	
△	×	○	○	○	

1〜4回は○2個，×1個，△1個を並べる

$$\frac{4!}{2!}\text{ 通り}$$

の場合がある．

(iii)

○	○	△	△	○
○	△	○	△	○
	⋮			⋮
△	△	○	○	○

(i)と同様に

$${}_4C_2\text{ 通り}$$

の場合がある．

(2)　6回目にAの優勝が決定する(i)，(ii)，(iii)の場合は，次のようになる．

(i)

○	○	×	×	△	○
	⋮				⋮
△	×	×	○	○	○

1〜5回は○2個，×2個，△1個を並べる

$$\frac{5!}{2!2!}\text{ 通り}$$

の場合がある．

(ii)

○	○	×	△	△	○
	⋮				⋮
△	△	×	○	○	○

(i)と同様である．

(iii)

○	○	△	△	△	○
	⋮				⋮
△	△	△	○	○	○

1〜5回は5つの場所から○2個の現れる場所を選ぶ

$${}_5C_2\text{ 通り}$$

の場合がある．

(3)についても同様にして(i)，(ii)，(iii)の起こる場合の数が求められる．

なお，(1)(ii)，(2)(i)では，次の公式を使った．

同じものを含む順列

n 個のもののうち，p 個，q 個，r 個（$p+q+r=n$）がそれぞれ同じものであるとき，この n 個のものを並べてできる順列の総数は，

$$\frac{n!}{p!q!r!}$$

である．

99　反復試行

解法のポイント

硬貨を n 回投げたとき，表が k 回，裏が $(n-k)$ 回出る確率は，

$$ {}_n\mathrm{C}_k\left(\frac{1}{2}\right)^k\left(\frac{1}{2}\right)^{n-k}\quad (k=0,\ 1,\ 2,\ \cdots,\ n). $$

【解答】

(1)　硬貨を6回投げて表，裏が3回ずつ出る確率であるから，

$$ {}_6\mathrm{C}_3\left(\frac{1}{2}\right)^3\left(\frac{1}{2}\right)^3=\boldsymbol{\frac{5}{16}}. $$

(2)　1，2回目で表，裏が1回ずつ出て，3〜6回目で表，裏が2回ずつ出る確率であるから，

$$ {}_2\mathrm{C}_1\left(\frac{1}{2}\right)\left(\frac{1}{2}\right)\cdot{}_4\mathrm{C}_2\left(\frac{1}{2}\right)^2\left(\frac{1}{2}\right)^2=\boldsymbol{\frac{3}{16}}. $$

(3)　硬貨を6回投げたとき，点Aが原点に戻る事象を E，そのうち，2回目と6回目に点Aが原点に戻る事象を E_1，また，4回目と6回目に点Aが原点に戻る事象を E_2 とする．

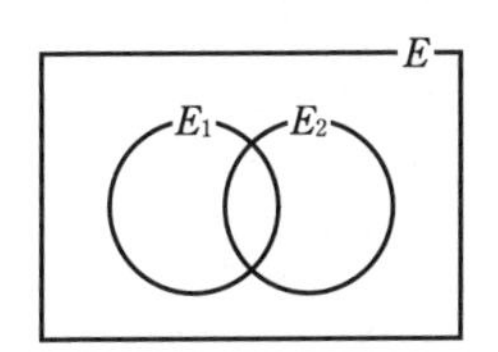

事象 E，E_1，E_2，$E_1\cap E_2$ が起こる確率をそれぞれ $P(E)$，$P(E_1)$，$P(E_2)$，$P(E_1\cap E_2)$ とおくと，(1)，(2)より，

$$ P(E)=\frac{5}{16},\ P(E_1)=\frac{3}{16}. $$

また，

$$ P(E_2)={}_4\mathrm{C}_2\left(\frac{1}{2}\right)^2\left(\frac{1}{2}\right)^2\cdot{}_2\mathrm{C}_1\left(\frac{1}{2}\right)\left(\frac{1}{2}\right)=\frac{3}{16}, $$

$$ P(E_1\cap E_2)={}_2\mathrm{C}_1\left(\frac{1}{2}\right)\left(\frac{1}{2}\right)\cdot{}_2\mathrm{C}_1\left(\frac{1}{2}\right)\left(\frac{1}{2}\right)\cdot{}_2\mathrm{C}_1\left(\frac{1}{2}\right)\left(\frac{1}{2}\right)=\frac{1}{8} $$

であるから，求める確率は，

$$ \begin{aligned} &P(E)-P(E_1\cup E_2)\\ &=P(E)-\{P(E_1)+P(E_2)-P(E_1\cap E_2)\}=\frac{5}{16}-\left(\frac{3}{16}+\frac{3}{16}-\frac{1}{8}\right)\\ &=\boldsymbol{\frac{1}{16}}. \end{aligned} $$

解説

横軸に硬貨を投げた回数, 縦軸に点 A の位置をとり, 点 A の移動を図示する (↗は表が出たときの移動, ↘は裏が出たときの移動を表す).

どの地点に対しても, 原点から↗, ↘の移動を行ってその地点に到達する道順の選び方は同様に確からしい.

硬貨を6回投げたときの表, 裏の出方の総数は,

$$2^6 \text{ 通り}$$

である.

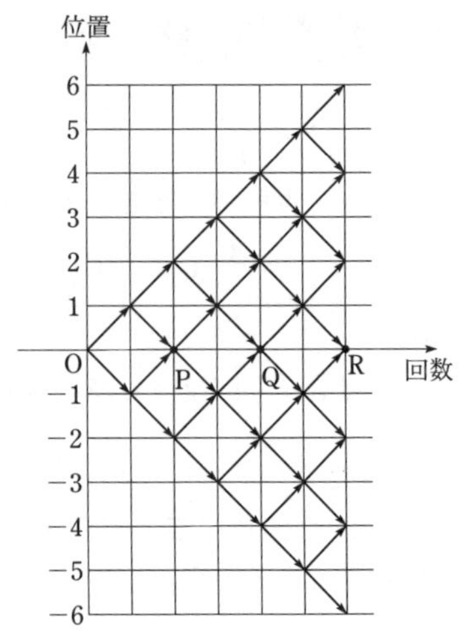

(1) 硬貨を6回投げたとき, 点 R に到達する道順は, いずれも↗, ↘が3回ずつ現れるから, その数は,

$${}_6C_3=20 \text{ (通り)}.$$

よって, 求める確率は, $\dfrac{20}{2^6}=\dfrac{5}{16}$.

(2) O→P の道順の数, P→R の道順の数は, それぞれ

$${}_2C_1=2 \text{ (通り)},\ {}_4C_2=6 \text{ (通り)}$$

ずつあるから, O→P→R の道順の数は,

$$2\times6=12 \text{ (通り)}.$$

よって, 求める確率は, $\dfrac{12}{2^6}=\dfrac{3}{16}$.

(3) 硬貨を6回投げたとき, 点 A が初めて原点に戻るのは右図のような道順をたどるときで, その数は4通りである.

(図の各点のそばに記された数は, 点 O からその点に到る道順の数を表す).

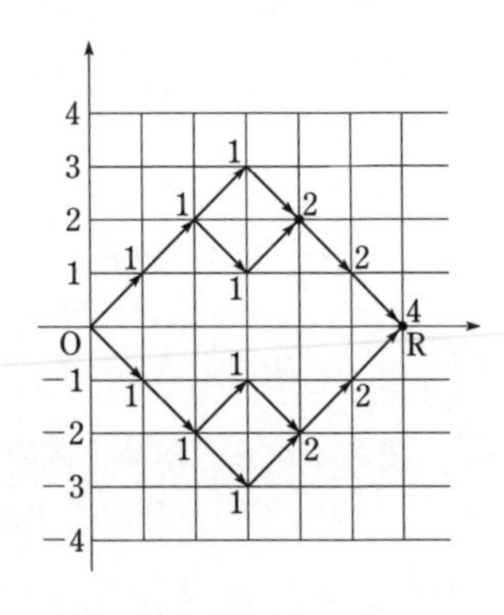

よって, 求める確率は, $\dfrac{4}{2^6}=\dfrac{1}{16}$.

100　平面上の点の移動

【解答】

さいころを投げたとき，出た目の数が1か2か3である事象をA，出た目が4か5である事象をB，出た目が6である事象をCとすると，事象A，B，Cの起こる確率はそれぞれ，

$$P_A=\frac{3}{6}=\frac{1}{2},\qquad P_B=\frac{2}{6}=\frac{1}{3},\qquad P_C=\frac{1}{6}.$$

(1)　5回目に駒が（3，0）に到達するのは，Aが2回，Cが3回起こるときであるから，求める確率は，

$$\begin{aligned}{}_5\mathrm{C}_3{P_A}^2{P_C}^3&=10\cdot\left(\frac{1}{2}\right)^2\left(\frac{1}{6}\right)^3\\&=\mathbf{\frac{5}{432}}.\end{aligned}$$

(2)　5回目に駒が初めてx軸に到達するのは，

(i)　4回目までに駒が直線$y=1$上の点に到達して，5回目に事象Aが起こる

(ii)　4回目までに駒が直線$y=1$上の点に到達して，5回目に事象Bが起こる

のいずれかであり，これらは互いに排反である．

4回目までに駒が直線$y=1$上の点に到達するのは，事象Cが3回起こり，残る1回が事象Aまたは事象Bのときであるから，その確率Pは，

$$P={}_4\mathrm{C}_1{P_C}^3(P_A+P_B).$$

よって，求める確率は，

$$\begin{aligned}P\cdot P_A+P\cdot P_B&=P(P_A+P_B)\\&={}_4\mathrm{C}_1{P_C}^3(P_A+P_B)^2\\&=4\cdot\left(\frac{1}{6}\right)^3\left(\frac{5}{6}\right)^2\\&=\mathbf{\frac{25}{1944}}.\end{aligned}$$

解説

(1)　事象A，B，Cが起こるとき，駒はそれぞれ平面上を

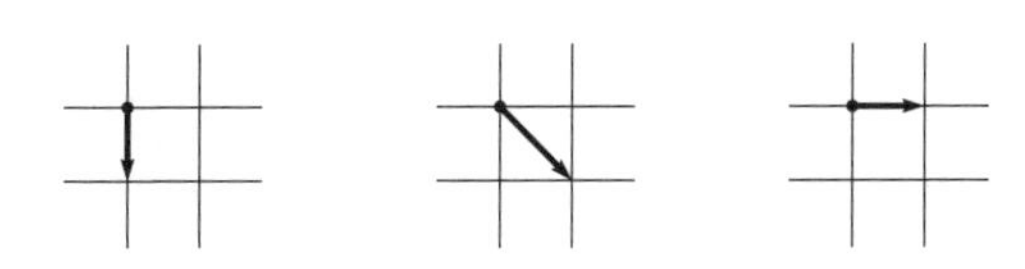

のように移動する．

よって，点（0，2）から5回の移動で点（3，0）に到達するときの移動は右図のように事象A，Cがそれぞれ2回，3回ずつ起こるときであることが図を描いてみることで容易に読みとることができる．

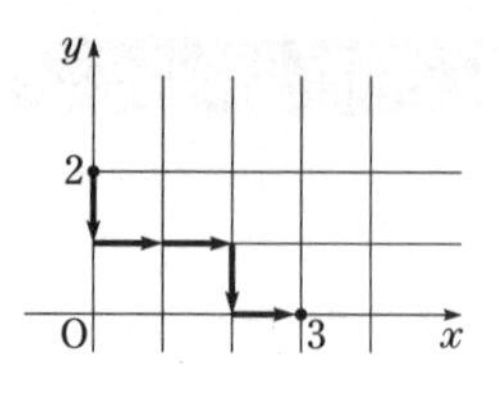

[別解]

(1)　A，B，Cがそれぞれx回，y回，z回起こったとすると，

$$\begin{cases} x+y+z=5 \\ y+z=3 & (x\text{ 軸方向の移動分}) \\ x+y=2 & (y\text{ 軸方向の移動分}) \end{cases}$$

これを解いて，

$$x=2,\quad y=0,\quad z=3.$$

よって，このときは事象A，Cがそれぞれ2回，3回起こるときである．

(2)　5回目に駒が初めてx軸に到達するときを図示すると次のようになる．

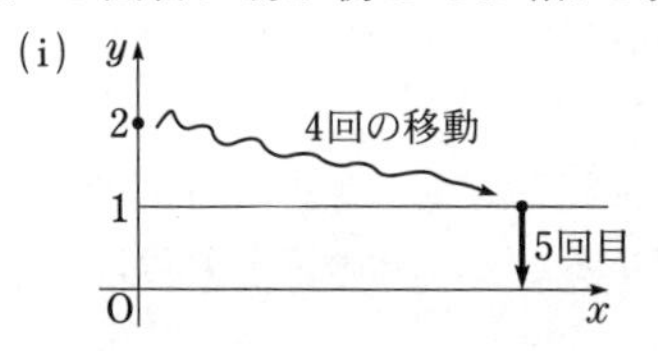

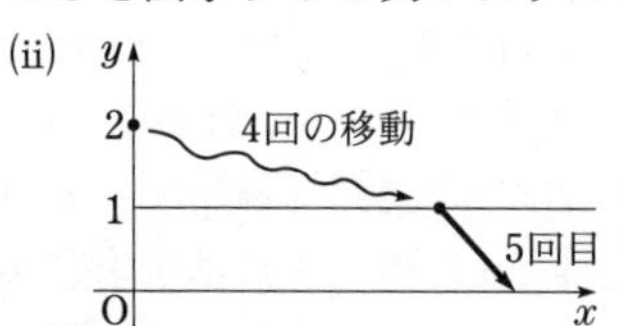

(i)のとき，

4回目までに，事象A，B，Cがそれぞれx回，y回，z回起こったとすると，

$$\begin{cases} x+y+z=4 \\ x+y=1 & (y\text{ 軸方向の移動分}) \end{cases}$$

これを満たす0以上の整数の組（x，y，z）は，

$$(x,\ y,\ z)=(1,\ 0,\ 3),\ (0,\ 1,\ 3)$$

であるから，このとき事象Cが3回起こり，残る1回に事象Aまたは事象Bが起こることがわかる．(ii)についても同様である．

101　期待値

解法のポイント

(1)　各回の試行後のAの袋に入っている球の個数に着目する．

(2)　ゲームが終了したとき，Aの袋の球の個数は0個，2個，4個のいずれか（偶数個）である．

【解答】

各回の試行後にAの袋に入っている球の個数を考える．

1回の試行でAの袋の個数が1だけ増加する確率は $\frac{2}{3}$，1だけ減少する確率は $\frac{1}{3}$ である．

(1)　Aから2回続けて球を取り出すときであるから，求める確率は，

$$\left(\frac{1}{3}\right)^2=\mathbf{\frac{1}{9}}.$$

(2)　(i)　2回の試行でゲームが終了する確率は，(1)より，

$$\frac{1}{9}.$$

(ii)　3回の試行でゲームが終了するのは，Bから3回続けて球を取り出すときであるから，その確率は，

$$\left(\frac{2}{3}\right)^3=\frac{8}{27}.$$

(iii)　4回の試行でゲームが終了するのは，各回終了後にAの袋に入っている球の個数が次のように変化するときである．

初め	1回目	2回目	3回目	4回目
2	3	2	1	0
2	1	2	1	0

いずれの場合もAの袋から3回，Bの袋から1回ずつ球を取り出すときであるから，このときの確率は，

$$\left(\frac{1}{3}\right)^3\times\frac{2}{3}\times2=\mathbf{\frac{4}{81}}.$$

(i)，(ii)，(iii)より求める確率は，

$$\frac{1}{9}+\frac{8}{27}+\frac{4}{81}=\frac{37}{81}.$$

(3)　4回目の試行終了後に，Aの袋に入っている球の個数は，

$$0,\ 2,\ 4$$

のいずれかである．

それぞれの場合の確率を p_0，p_2，p_4 とおくと，(2)より，

$$p_0=\frac{37}{81}.$$

Ａに入っている球が２個であるのは，Ａの袋の球の個数が

初め	1回目	2回目	3回目	4回目
2	3	4	3	2
2	3	2	3	2
2	3	2	1	2
2	1	2	3	2
2	1	2	1	2

と変化するときで，いずれもＡ，Ｂの袋から２回ずつ球を取り出すときであるから，

$$p_2=\left(\frac{1}{3}\right)^2\times\left(\frac{2}{3}\right)^2\times 5=\frac{20}{81}.$$

Ａに入っている球が４個であるのは，Ａの袋の球の個数が

初め	1回目	2回目	3回目	4回目
2	3	4	3	4
2	3	2	3	4
2	1	2	3	4

と変化するときで，いずれの場合もＡの袋から１回，Ｂの袋から３回ずつ球を取り出すときであるから，

$$p_4=\frac{1}{3}\times\left(\frac{2}{3}\right)^3\times 3=\frac{8}{27}.$$

よって，求める期待値は，

$$\begin{aligned}&5p_0+8p_2+16p_4\\&=5\times\frac{37}{81}+8\times\frac{20}{81}+16\times\frac{8}{27}\\&=\mathbf{9}\ （点）.\end{aligned}$$

解説

(3)で p_2 を求めたり，試行回数を４回でなく，もっと多くしたとき，試行終了後にＡの袋に入っている球の個数に対する確率を求めるには，次のように考えると楽である．

横軸を試行回数，縦軸をＡの袋に入っている球の個数とする座標平面を考え，Ａの袋の中の球の個数の推移を調べる．

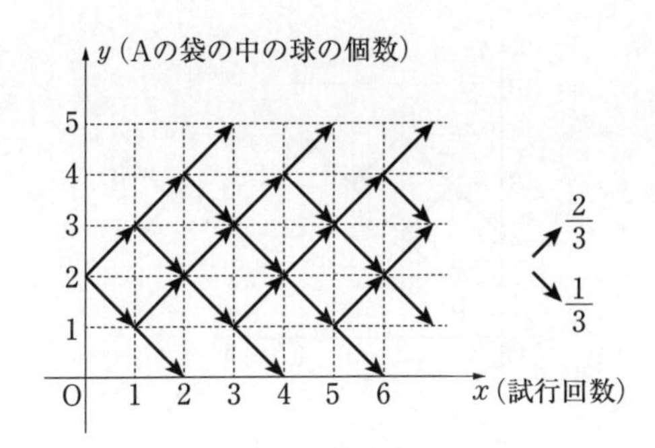

動点Pが点（0，2）から右上（↗）および右下（↘）に移動し，Pが直線 $y=0$ または $y=5$ 上に来たときは移動を止め，直線 $y=1$，2，3，4上に来たときは移動を続ける．

右上（↗）に移動するのはサイコロの目が3，4，5，6のときであるからその確率は $\frac{2}{3}$，右下（↘）に移動するのはサイコロの目が1，2のときであるからその確率は $\frac{1}{3}$ である．

例として，p_2，p_4 を求めてみる．

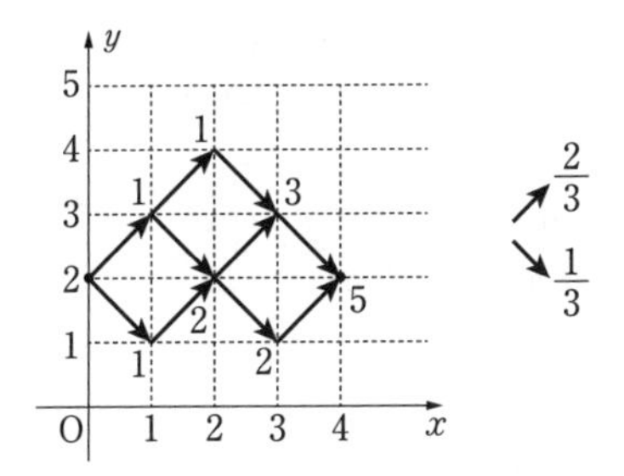

点Pが（0，2）を出発し，点（4，2）に到達するのは上の図のように各点に到達する経路数を書くことで5通りあることが容易にわかる．

どの経路をたどっても↗が2回，↘が2回の移動であるから，求める確率 p_2 は，

$$p_2=\left(\frac{2}{3}\right)^2\times\left(\frac{1}{3}\right)^2\times5$$

$$=\frac{20}{81}.$$

同様にして，点（4，4）に到達するのは↗が3回，↘が1回の移動であり，経路数は3通りである．

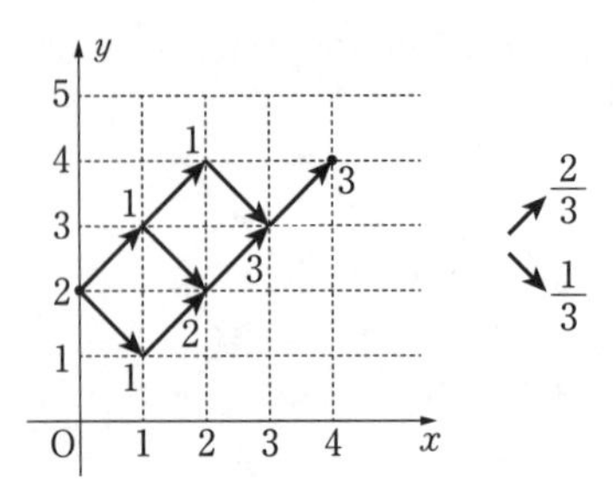

よって，

$$p_4=\left(\frac{2}{3}\right)^3\times\frac{1}{3}\times3$$
$$=\frac{8}{27}.$$

102 三角形の面積の期待値

【解答】

正六角形 ABCDEF の 6 つの頂点から，相異なる 3 点を同時に選ぶ場合の数は，

$${}_6C_3=20\text{（通り）}$$

あり，それらは同様に確からしい．

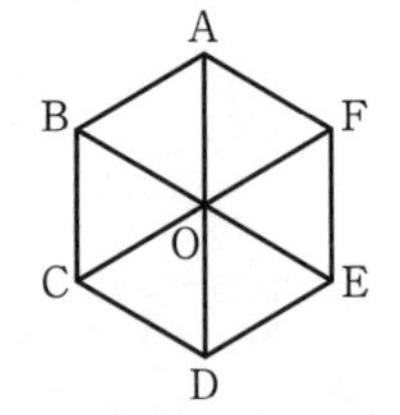

(1) 3 点を選んで出来る正三角形は，

△ACE，△BDF の 2 個であるから，

求める確率は，

$$\frac{2}{20}=\boldsymbol{\frac{1}{10}}.$$

(2) 3 点を選んで出来る三角形が直角三角形となるのは，△ABD のように正六角形と 1 辺のみを共有するときであり，そのような三角形は 12 個ある．

よって，求める確率は，

$$\frac{12}{20}=\boldsymbol{\frac{3}{5}}.$$

(3) 3 点を選んで出来る三角形のうち，正三角形，直角三角形以外のものは，△ABC のように正六角形と 2 辺を共有する二等辺三角形で，そのような三角形は 6 個ある．

よって，このような三角形が作られる確率は，

$$\frac{6}{20}=\frac{3}{10}.$$

図において，三角形OABの面積をSとすると，

$$S=\frac{1}{2}\cdot 1\cdot 1\cdot \sin 60^\circ=\frac{\sqrt{3}}{4}$$

であり，3点を選んで作られる正三角形，直角三角形および正六角形と2辺を共有する二等辺三角形の面積はそれぞれ，

$$3S=\frac{3\sqrt{3}}{4},\ 2S=\frac{\sqrt{3}}{2},\ S=\frac{\sqrt{3}}{4}$$

である．

よって，求める期待値は，

$$\frac{3\sqrt{3}}{4}\cdot\frac{1}{10}+\frac{\sqrt{3}}{2}\cdot\frac{3}{5}+\frac{\sqrt{3}}{4}\cdot\frac{3}{10}=\boldsymbol{\frac{9\sqrt{3}}{20}}.$$

解説

3点を選んで作られる三角形は，正六角形ABCDEFと共通する辺の個数により3種類に分類できる．

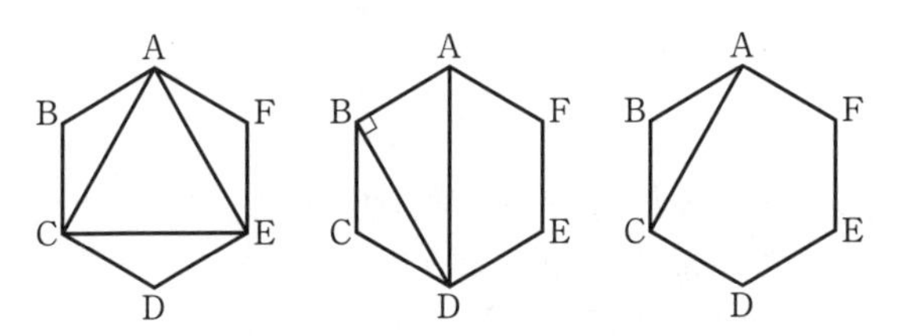

正六角形と1辺のみを共有する三角形（直角三角形になる）の個数は，正六角形と共有している辺の選び方が6通りあり，辺を1つ選んだとき，この辺の両端の2頂点以外のもう1つの頂点の選び方が2通りあることより，

$$6\times 2=12\text{（個）}$$

である．

また，正六角形と2辺を共有する三角形（二等辺三角形になる）を選ぶことは，この二等辺三角形の底辺と向かい合った頂点を選ぶことに他ならない．

よって，正六角形と2 辺を共有する三角形の個数は，

6個

である．

上と同様にして，次のことが示される．

> 正 n 角形の n 個の頂点から，3 点を選んで作られる三角形のうち，
> (i) 正 n 角形と 1 辺のみを共通するようなものの個数は，
> $$n\cdot{}_{n-4}\mathrm{C}_2\ (\text{通り})$$
> (ii) 正 n 角形と 2 辺を共有するようなものの個数は，
> $$n\ (\text{通り})$$
> である．

変数 X のとり得る値が x_1，x_2，…，x_n であり，それぞれの値をとる確率が P_1，P_2，…，P_n であるとき，

$$E=x_1P_1+x_2P_2+\cdots+x_nP_n$$

を変数 X の期待値，または平均という．

103 確率の最大値

解法のポイント

(2)
$$P_N<P_{N+1} \iff \frac{P_N}{P_{N+1}}<1.$$

【解答】

(1) 最小の番号が 3 であるのは，3 番の番号札 1 枚と，4 番以上の番号札 $N-3$ 枚の中から 3 枚の番号札を取り出すときであるから，

$$P_N=\frac{{}_{N-3}\mathrm{C}_3}{{}_N\mathrm{C}_4}=\frac{\dfrac{(N-3)!}{(N-6)!3!}}{\dfrac{N!}{(N-4)!4!}}=\boldsymbol{\frac{4(N-4)(N-5)}{N(N-1)(N-2)}}.$$

(2) $P_N>0$，$P_{N+1}>0$ であるから，

$$P_N<P_{N+1} \iff \frac{P_N}{P_{N+1}}<1.$$

このとき，

$$\frac{P_N}{P_{N+1}}=\frac{4(N-4)(N-5)}{N(N-1)(N-2)}\cdot\frac{(N+1)N(N-1)}{4(N-3)(N-4)}=\frac{(N-5)(N+1)}{(N-2)(N-3)}$$

であるから，

$$\frac{P_N}{P_{N+1}}<1 \iff (N-5)(N+1)<(N-2)(N-3)$$
$$\iff N<11.$$

$N \geqq 6$ より，求める N は，

$$\boldsymbol{N=6,\ 7,\ 8,\ 9,\ 10.}$$

(3) (2)より，

$$6 \leqq N \leqq 10 \text{ のとき，} P_N < P_{N+1},$$
$$N=11 \text{ のとき，} P_N = P_{N+1},$$
$$12 \leqq N \text{ のとき，} P_N > P_{N+1}$$

となるので，

$$P_6 < P_7 < \cdots < P_{10} < P_{11} = P_{12} > P_{13} > \cdots.$$

よって，P_N を最大にする N は，$\boldsymbol{N=11,\ 12}$ で，P_N の最大値は，

$$\frac{4\cdot 7\cdot 6}{11\cdot 10\cdot 9} = \boldsymbol{\frac{28}{165}}.$$

[(2)の別解]

$$P_N < P_{N+1} \iff P_{N+1} - P_N > 0$$

であり，

$$\begin{aligned} P_{N+1} - P_N &= \frac{4(N-3)(N-4)}{(N+1)N(N-1)} - \frac{4(N-4)(N-5)}{N(N-1)(N-2)} \\ &= \frac{4(N-4)}{(N+1)N(N-1)(N-2)}\left\{(N-2)(N-3)-(N+1)(N-5)\right\} \\ &= \frac{4(N-4)(11-N)}{(N+1)N(N-1)(N-2)}. \end{aligned}$$

$N \geqq 6$ より，

$$P_{N+1} - P_N > 0 \iff 11 - N > 0 \iff N < 11.$$

よって，$\quad P_N < P_{N+1} \iff 6 \leqq N < 11$

となるから，求める N は，

$$\boldsymbol{N=6,\ 7,\ 8,\ 9,\ 10.}$$

104 条件つき確率

解法のポイント

事象 E が起こったという条件の下で事象 F が起こる条件つき確率 $P_E(F)$ は，

$$P_E(F) = \frac{P(E \cap F)}{P(E)}.$$

【解答】

(1) 太郎だけが賞品をもらえるのは，太郎が赤玉，次郎と三郎が白玉を取り出すときであるから，求める確率は，

$$\frac{1}{6}\times\frac{4}{5}\times\frac{3}{4}=\mathbf{\frac{1}{10}}.$$

(2) 1人だけが賞品をもらえる事象をE，太郎が賞品をもらえる事象をFとすると，求める確率は，

$$P_E(F)=\frac{P(E\cap F)}{P(E)}.$$

ここで，(1)の結果より，

$$P(E\cap F)=\frac{1}{10}.$$

また，$P(E)$ は太郎，次郎，三郎のそれぞれ1人だけが賞品をもらえる場合を考えて，

$$\begin{aligned}P(E)&=\frac{1}{10}+\frac{5}{6}\times\frac{1}{5}\times\frac{3}{4}+\frac{5}{6}\times\frac{4}{5}\times\frac{1}{4}\\&=\frac{47}{120}.\end{aligned}$$

したがって，

$$P_E(F)=\frac{\frac{1}{10}}{\frac{47}{120}}=\mathbf{\frac{12}{47}}.$$

(3) 太郎が賞品をもらえる事象をF，2人だけが賞品をもらえる事象をGとすると，求める確率は，

$$P_G(F)=\frac{P(G\cap F)}{P(G)}.$$

ここで，$P(G)$ は，

$$\begin{aligned}P(G)&=\underset{\left(\text{太郎と次郎だけが賞品をもらう確率}\right)}{\frac{1}{6}\times\frac{1}{5}\times\frac{3}{4}}+\underset{\left(\text{太郎と三郎だけが賞品をもらう確率}\right)}{\frac{1}{6}\times\frac{4}{5}\times\frac{1}{4}}+\underset{\left(\text{次郎と三郎だけが賞品をもらう確率}\right)}{\frac{5}{6}\times\frac{1}{5}\times\frac{1}{4}}\\&=\frac{12}{120}\\&=\frac{1}{10}.\end{aligned}$$

また，

$$P(G\cap F)=\underbrace{\frac{1}{6}\times\frac{1}{5}\times\frac{3}{4}}_{\text{太郎と次郎だけが賞品をもらう確率}}+\underbrace{\frac{1}{6}\times\frac{4}{5}\times\frac{1}{4}}_{\text{太郎と三郎だけが賞品をもらう確率}}$$

$$=\frac{7}{120}.$$

したがって，

$$P_G(F)=\frac{\frac{7}{120}}{\frac{1}{10}}=\mathbf{\frac{7}{12}}.$$

解説

(3)　賞品をもらえる人数は 0 人，1 人，2 人，3 人のいずれかであり，0 人，3 人である確率はそれぞれ，

$$\frac{5}{6}\times\frac{4}{5}\times\frac{3}{4}=\frac{60}{120},$$

$$\frac{1}{6}\times\frac{1}{5}\times\frac{1}{4}=\frac{1}{120}.$$

また，1 人であるのは(2)で求めたように $\frac{47}{120}$ であるから，余事象を考えて，

$$P(G)=1-\left(\frac{60}{120}+\frac{1}{120}+\frac{47}{120}\right)=\frac{12}{120}=\frac{1}{10}.$$

105　条件つき確率

【解答】

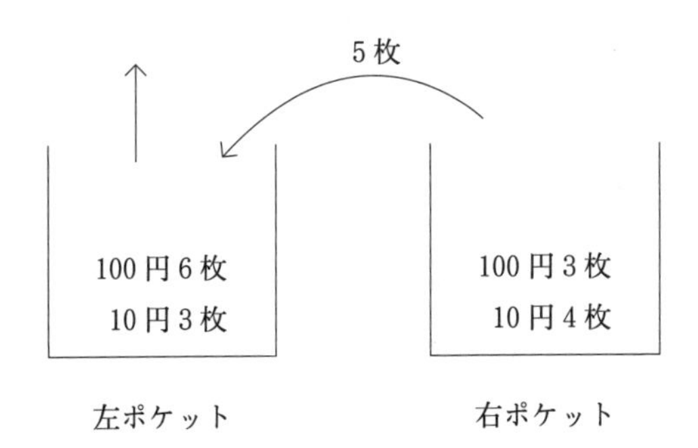

(1) 右ポケットからの硬貨の取り出し方により起こり得る場合は3通りある．

	<右ポケットから取り出す硬貨の数>			<移動後の左ポケットの硬貨の数>	
	100円硬貨	10円硬貨		100円硬貨	10円硬貨
(i)	3枚	2枚	⟶	9枚	5枚
(ii)	2枚	3枚	⟶	8枚	6枚
(iii)	1枚	4枚	⟶	7枚	7枚

よって，後で取り出した1枚が100円硬貨である確率は，

$$\frac{{}_3\mathrm{C}_3\times{}_4\mathrm{C}_2}{{}_7\mathrm{C}_5}\times\frac{9}{14}+\frac{{}_3\mathrm{C}_2\times{}_4\mathrm{C}_3}{{}_7\mathrm{C}_5}\times\frac{8}{14}+\frac{{}_3\mathrm{C}_1\times{}_4\mathrm{C}_4}{{}_7\mathrm{C}_5}\times\frac{7}{14}$$
$$=\frac{6}{21}\times\frac{9}{14}+\frac{12}{21}\times\frac{8}{14}+\frac{3}{21}\times\frac{7}{14}$$
$$=\frac{171}{21\cdot 14}$$
$$=\mathbf{\frac{57}{98}}.$$

(2) 後で取り出した1枚が10円硬貨である事象をE，先に取り出した5枚が100円硬貨3枚と10円硬貨2枚である事象をFとすると，求める確率は，

$$P_E(F)=\frac{P(E\cap F)}{P(E)}.$$

(1)より，

$$P(E)=1-\frac{57}{98}=\frac{41}{98}.$$

また，

$$P(E\cap F)=\frac{{}_3\mathrm{C}_3\times{}_4\mathrm{C}_2}{{}_7\mathrm{C}_5}\times\frac{5}{14}$$
$$=\frac{6}{21}\times\frac{5}{14}$$
$$=\frac{5}{49}$$

であるから，求める確率は，

$$\frac{\frac{5}{49}}{\frac{41}{98}}=\mathbf{\frac{10}{41}}.$$

第11章 数 列

106 Σ計算

解法のポイント

2の倍数でも3の倍数でもない自然数を6で割ったときの余りは，1または5である.

【解答】

自然数を6つずつ

$$1,\ 2,\ 3,\ 4,\ 5,\ 6\ |\ 7,\ 8,\ 9,\ 10,\ 11,\ 12\ |$$
$$\cdots|\ 6k-5,\ 6k-4,\ 6k-3,\ 6k-2,\ 6k-1,\ 6k\ |\cdots$$

とグループに分けたとき，k 番目のグループの中で2の倍数でも3の倍数でもないものは，

$$6k-5,\ 6k-1$$

の2つである.

よって，

$$a_{2k-1}=6k-5,\quad a_{2k}=6k-1$$

と表せる.

(1)
$$1003=6\cdot168-5$$

であるから，1003は $\{a_n\}$ の

$$2\cdot168-1=\mathbf{335}\ \textbf{(項)}$$

である.

(2)
$$\boldsymbol{a}_{2000}=6\cdot1000-1$$
$$=\mathbf{5999}.$$

(3)
$$\begin{aligned}\sum_{k=1}^{2m}a_k&=\sum_{k=1}^{m}(a_{2k-1}+a_{2k})\\&=\sum_{k=1}^{m}\left\{(6k-5)+(6k-1)\right\}\\&=6\sum_{k=1}^{m}(2k-1)\\&=6\cdot\frac{m}{2}\left\{1+(2m-1)\right\}\\&=\boldsymbol{6m^2}.\end{aligned}$$

解説

$$\sum_{k=1}^{m}(2k-1)=1+3+5+\cdots+(2m-1)$$

は初項1，末項 $2m-1$，項数 m の等差数列の和として，

等差数列の和の公式

$$(\text{等差数列の初項から第 } m \text{ 項までの和})=\frac{m}{2}(a_1+a_m)$$

を用いた.

107 格子点の個数

解法のポイント

(2) $|z|=k$ $(k=0,\ 1,\ \cdots,\ n)$ を固定して，

$$|x|+|y|+k\leqq n \iff |x|+|y|\leqq n-k$$

として(1)の結果を利用する.

【解答】

(1)
$$|x|\leqq|x|+|y|\leqq n$$

より，

$$-n\leqq x\leqq n$$

であるから，これを満たす整数 x は，

$$x=-n,\ -n+1,\ \cdots,\ -1,\ 0,\ 1,\ 2,\ \cdots,\ n-1,\ n$$

の $2n+1$ 個である.

$x=k$ $(k=0,\ 1,\ 2,\ \cdots,\ n)$ を固定すると，

$$|x|+|y|\leqq n$$
$$\iff |y|\leqq n-k$$
$$\iff -n+k\leqq y\leqq n-k.$$

これを満たす整数 y は，

$$y=-n+k,\ -n+k+1,\ \cdots,\ n-k-1,\ n-k$$

の $2(n-k)+1$ 個である.

$x=-k$ $(k=1,\ 2,\ \cdots,\ n)$ を固定するときも

$$|x|+|y|\leqq n$$

を満たす整数 y は $2(n-k)+1$ 個ある.

よって，求める整数の組 $(x,\ y)$ の個数は，

$$2\sum_{k=1}^{n}\left\{2(n-k)+1\right\}+(2n+1)$$
$$=2\left\{(2n-1)+(2n-3)+\cdots+3+1\right\}+(2n+1)$$
$$=2\cdot\frac{n}{2}\left\{(2n-1)+1\right\}+(2n+1)$$
$$=\boldsymbol{2n^2+2n+1}.$$

(2)
$$|z|\leqq|x|+|y|+|z|\leqq n$$
より，
$$-n\leqq z\leqq n$$
であるから，これを満たす整数 z は，
$$z=-n,\ -n+1,\ \cdots,\ 0,\ 1,\ 2,\ \cdots,\ n-1,\ n$$
である．

$z=k$ $(k=0,\ 1,\ 2,\ \cdots,\ n)$ を固定すると，
$$|x|+|y|+|z|\leqq n \iff |x|+|y|\leqq n-k \qquad \cdots①$$
であるから，①を満たす整数の組 $(x,\ y)$ の個数は，(1)の結果から，
$$2(n-k)^2+2(n-k)+1$$
$$=2n^2+2n+1-2(2n+1)k+2k^2.$$

$z=-k$ $(k=1,\ 2,\ \cdots,\ n)$ を固定するときも
$$|x|+|y|+|z|\leqq n$$
を満たす整数の組 $(x,\ y)$ の個数は，
$$2n^2+2n+1-2(2n+1)k+2k^2.$$

よって，求める整数の組 $(x,\ y,\ z)$ の個数は，

$$2\sum_{k=1}^{n}\left\{(2n^2+2n+1)-2(2n+1)k+2k^2\right\}+(2n^2+2n+1)$$
$$=2(2n^2+2n+1)n-4(2n+1)\cdot\frac{1}{2}n(n+1)$$
$$+4\cdot\frac{1}{6}n(n+1)(2n+1)+(2n^2+2n+1)$$
$$=\boldsymbol{\frac{1}{3}(2n+1)(2n^2+2n+3)}.$$

解説

(1)
$$|x|+|y|\leqq n \qquad \cdots(*)$$
で表される xy 平面上の領域は，次の網目部分で示された正方形の周および内部 D である．

よって，(*)を満たす整数の組 $(x,\ y)$ の個数は，この領域 D に含まれる格子点（x 座標，y 座標がともに整数である点）の個数に等しい．

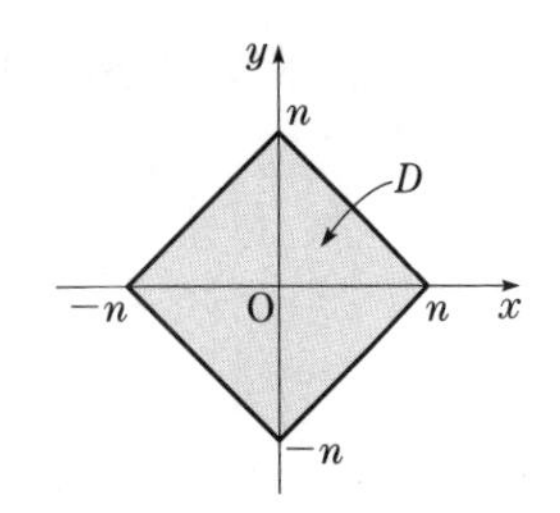

$k=0,\ 1,\ 2,\ \cdots,\ n$ とするとき，直線 $x=k$ 上にあって，領域 D に含まれる格子点は，

$$(k,\ -n+k),\ (k,\ -n+k+1),\ \cdots,\ (k,\ n-k)$$

の $2(n-k)+1$ 個である．

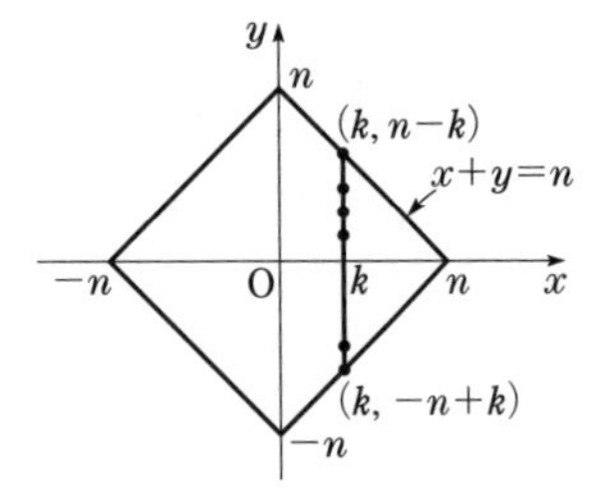

よって，求める整数の組 $(x,\ y)$ の個数は，下図の領域 D_1，D_2 内の格子点と y 軸上の格子点に分けて考えることにより，

$$2\sum_{k=1}^{n}\left\{2(n-k)+1\right\}+(2n+1)$$

として求めることができる．

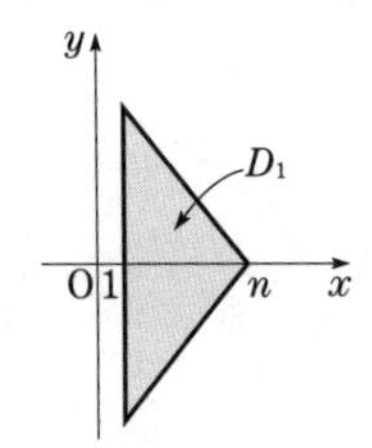

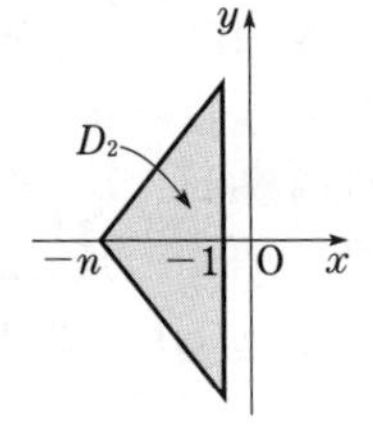

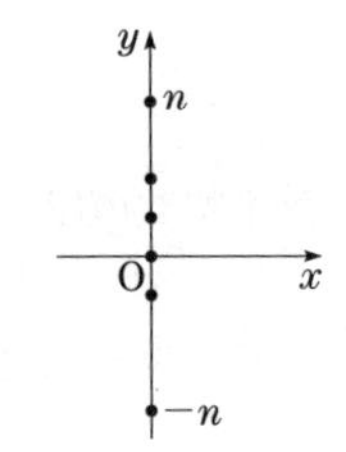

[別解]

$$|x|+|y|\leqq n \qquad \cdots(*)$$

を満たす整数の組 $(x,\ y)$ の個数を a_n とおく．

a_n は xy 平面上で(*)で表される領域に含まれる格子点の個数であるから，$a_{n+1}-a_n$ は右図の正方形 PQRS の周上に含まれる格子点の個数に等しい．

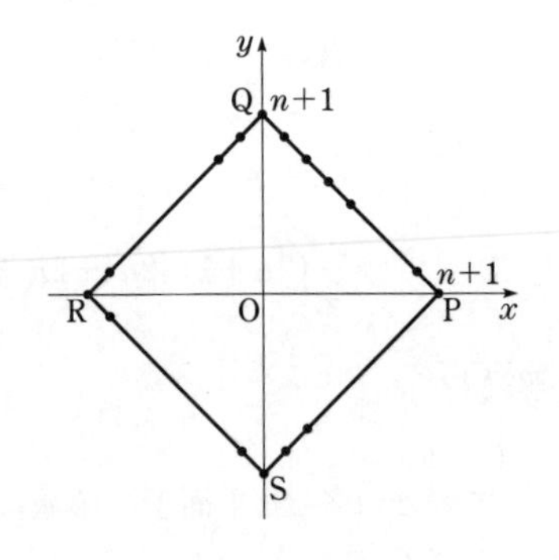

よって,

$$a_{n+1}-a_n=4(n+1).$$

これと, $a_1=5$ とから,

$$\begin{aligned}a_n&=a_1+\sum_{k=1}^{n-1}(a_{k+1}-a_k)\\&=5+\sum_{k=1}^{n-1}4(k+1)\\&=5+4(2+3+4+\cdots+n)\\&=\boldsymbol{2n^2+2n+1}.\end{aligned}$$
(これは $n=1$ でも成り立つ)

108 格子点の個数

解法のポイント

直線 $x=k$ ($k=1, 2, \cdots, n$) 上にある格子点の個数を k を用いて表す.

【解答】

$$\log_2\frac{y}{x}\leqq x=\log_2 2^x$$

$$\iff \frac{y}{x}\leqq 2^x$$

$$\iff y\leqq x\cdot 2^x.$$

$k=1, 2, \cdots, n$ のとき, 直線 $x=k$ 上にある格子点は,

$$(k,\ 1),\ (k,\ 2),\ \cdots,\ (k,\ k\cdot 2^k)$$

で $k\cdot 2^k$ 個ある.

したがって, 求める格子点の個数を S とすると,

$$S=\sum_{k=1}^{n}k\cdot 2^k.$$

これより,

$$S=1\cdot 2+2\cdot 2^2+3\cdot 2^3+\cdots+(n-1)2^{n-1}+n\cdot 2^n, \quad \cdots①$$

$$2S=\quad 1\cdot 2^2+2\cdot 2^3+\cdots+(n-2)2^{n-1}+(n-1)2^n+n\cdot 2^{n+1} \quad \cdots②$$

であるから, ②−①より,

$$S=n\cdot 2^{n+1}-(2+2^2+2^3+\cdots+2^n)=n\cdot 2^{n+1}-\frac{2(2^n-1)}{2-1}$$

$$=\boldsymbol{(n-1)2^{n+1}+2}.$$

109 群数列

解法のポイント

$n=p^k q^l r^m \cdots$ を自然数 n の素因数分解とするとき，n の約数の総和は，

$$(1+p+p^2+\cdots+p^k)(1+q+q^2+\cdots+q^l)(1+r+r^2+\cdots+r^m)\cdots.$$

【解答】

(1) 第 100 項が第 n 群の最初から k 番目であるとすると，

$$1+2+\cdots+(n-1)+k=100,\ 1\leqq k\leqq n$$

$$\iff \frac{1}{2}(n-1)n+k=100,\ 1\leqq k\leqq n$$

$$\iff (n-1)n+2k=200,\ 1\leqq k\leqq n.$$

これを満たす $(n,\ k)$ は，

$$(n,\ k)=(14,\ 9).$$

よって，第 100 項は**第 14 群の最初から 9 番目の項**である.

(2) 分数を約分した値が 10 になるものを順に並べると，

$$\frac{10}{1},\ \frac{20}{2},\ \frac{30}{3},\ \cdots,\ \frac{100}{10},\ \cdots$$

となるから最初に現れるのは第 10 群の初項であり，それはこの数列の

$$\text{第}\ (1+2+\cdots+9+1)\ \text{項}=\textbf{第 46 項}.$$

また，10 回目に現れるのは $\frac{100}{10}$ であり，それは第 100 群の最初から 10 番目の項であるから，この数列の

$$\text{第}\ (1+2+\cdots+99+10)\ \text{項}=\text{第}\left(\frac{99\cdot100}{2}+10\right)\text{項}$$

$$=\textbf{第 4960 項}.$$

(3) 第 540 群に含まれる項のうちで，約分したものが整数となるのは分母が 540 の正の約数となるものである.

$$540=2^2\cdot3^3\cdot5$$

より，540 の正の約数の個数は，

$$(2+1)(3+1)(1+1)=\textbf{24 個}.$$

また，これら 24 個の項の和は 540 の正の約数の総和に一致するから，求める和は，

$$(1+2+2^2)(1+3+3^2+3^3)(1+5)$$

$$=7\times40\times6$$

$$=\mathbf{1680}.$$

解説

(1)　第 n 群には n 個の項が含まれる．

$$1+2+3+\cdots+13+9=\frac{13\cdot 14}{2}+9$$
$$=91+9$$
$$=100$$

より，第 100 項は第 14 群の最初から 9 番目の項である．

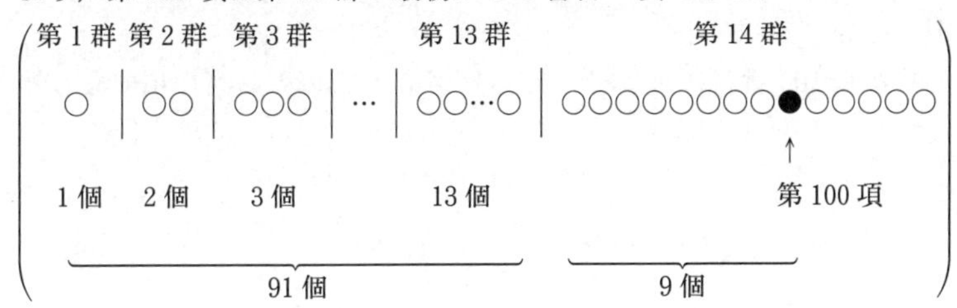

(3)　第 540 群に含まれる項のうちで，分数を約分して整数になる項は，

$$\frac{540}{1},\ \frac{540}{2},\ \frac{540}{3},\ \frac{540}{5},\ \cdots,\ \frac{540}{270},\ \frac{540}{540}$$
$$540\quad 270\quad 180\quad 108\quad\quad 2\quad 1$$

であり，分母は 540 の約数である．

$$540=2^2\cdot 3^3\cdot 5$$

より，540 の約数は，

$$2^k 3^l 5^m \qquad \cdots①$$
$$(k=0,\ 1,\ 2,\quad l=0,\ 1,\ 2,\ 3,\quad m=0,\ 1)$$

の形で表されるから，その個数は，

$$3\cdot 4\cdot 2=24 \text{ 個.}$$

また，①の形の整数全体は，

$$(1+2+2^2)(1+3+3^2+3^3)(1+5) \qquad \cdots②$$

を展開したときに現れる項全体と一致するから，540 の約数の総和は②の値に等しい．

110　群数列

解法のポイント

$p+q=N$ となる項を第 $(N-1)$ 群として，グループ分けする．

【解答】

(1)　$p+q=N$ となる $(p,\ q)$ 全体を第 $(N-1)$ 群とすると，$(m,\ n)$ は第 $(m+n-1)$ 群の n 番目の項である．

第 k 群には k 個の項が含まれているから，組 $(m,\ n)$ は，初めから

$$1+2+3+\cdots+(m+n-2)+n$$
$$=\boldsymbol{\frac{1}{2}(m+n-2)(m+n-1)+n}\ \textbf{（番目）}$$

の項である．

(2)　初めから 100 番目にある組 $(p,\ q)$ が第 N 群の k 番目の項であるとすると，

$$1+2+\cdots+(N-1)+k=100,\ 1\leqq k\leqq N$$
$$\iff \frac{1}{2}(N-1)N+k=100,\ 1\leqq k\leqq N. \qquad \cdots①$$

ここで，

$$\frac{1}{2}\cdot 13\cdot 14+9=100,\ 1\leqq 9\leqq 14$$

より，①を満たす $(N,\ k)$ は，

$$(N,\ k)=(14,\ 9).$$

よって，初めから 100 番目の組 $(p,\ q)$ は第 14 群の 9 番目の項であるから，

$$p+q=15,\ q=9.$$

したがって，求める組 $(p,\ q)$ は，

$$\boldsymbol{(p,\ q)=(6,\ 9)}.$$

解説

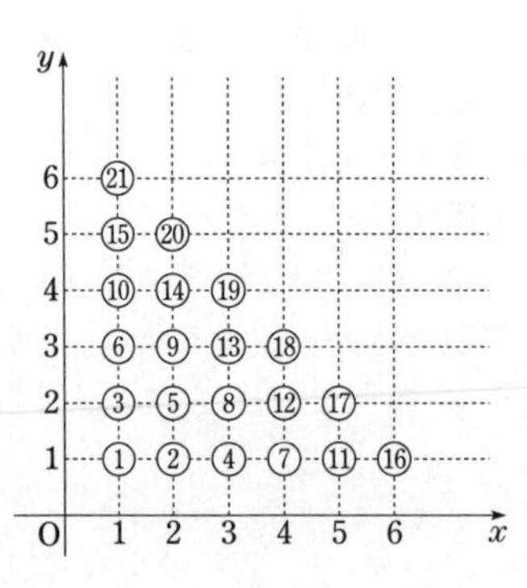

自然数の組の列

$$(1,\ 1),\ (2,\ 1),\ (1,\ 2),\ (3,\ 1),\ (2,\ 2),\ (1,\ 3),\ \cdots$$

は xy 平面上で第 1 象限に含まれる格子点に，上図のように番号をつけて得られ

る点列に他ならない．

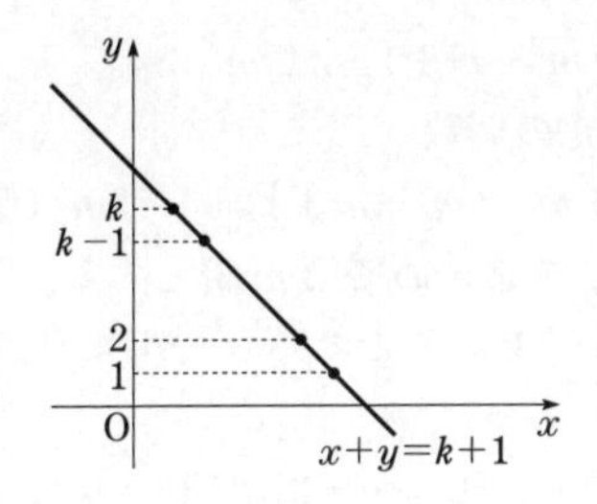

このうち，直線 $x+y=k+1$ 上にある格子点を y 座標の小さい方から（下から）順に並べたものが第 k 群に含まれる k 個の項

$$(k,\ 1),\ (k-1,\ 2),\ (k-2,\ 3),\ \cdots,\ (2,\ k-1),\ (1,\ k)$$

である．

(2)　第1群，第2群，…に含まれる項の数はそれぞれ1個，2個，…であり，

$$1+2+3+\cdots+13=\frac{1}{2}\cdot 13\cdot 14=91<100$$

$$1+2+3+\cdots+14=\frac{1}{2}\cdot 14\cdot 15=105>100$$

となることから第100項は，第14群すなわち，直線 $x+y=15$ 上にある．

また，上の計算から第13群の末項はこの点列の91番目の項だから100番目の項は，直線 $x+y=15$ 上で下から9番目の点（6，9）であることがわかる．

111　群数列

【解答】

(1)

$$\begin{aligned} & a_n=m \\ \iff & \sqrt{n} \text{ に最も近い整数が } m \text{ である} \\ \iff & m-\frac{1}{2}<\sqrt{n}<m+\frac{1}{2} \\ \iff & m^2-m+\frac{1}{4}<n<m^2+m+\frac{1}{4}. \end{aligned}$$

$\sqrt{n}$

$m-1$　　$m-\frac{1}{2}$　　m　　$m+\frac{1}{2}$　　$m+1$　　x

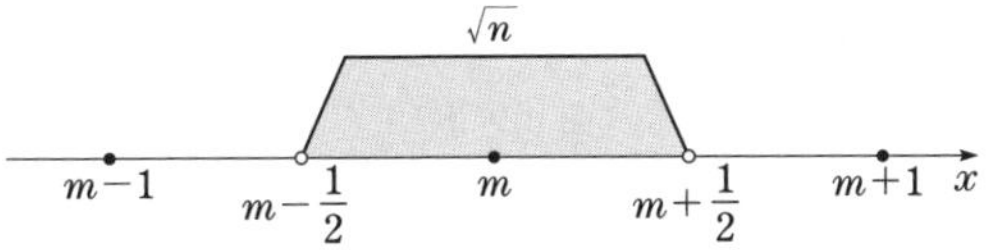

m, n は整数であるから,

$$m^2-m+1 \leqq n \leqq m^2+m.$$

これを満たす自然数 n の個数は,

$$m^2+m-(m^2-m+1)+1=\mathbf{2m}\ (\text{個}).$$

(2) $a_k=m$ を満たす項 a_k をまとめて第 m 群とする.

a_{2001} が第 n 群の r 番目であるとすると, (1)より第 m 群には, $2m$ 個の項があるから,

$$2+4+6+\cdots+2(n-1)+r=2001.$$

$$n(n-1)+r=2001.$$

これを満たす n, r $(1 \leqq r \leqq 2n)$ は,

$$(n,\ r)=(45,\ 21).$$

よって, a_{2001} は第 45 群の 21 番目の項である.

したがって,

$$\sum_{k=1}^{2001} a_k = \sum_{m=1}^{44} m \cdot 2m + 45 \cdot 21$$

$$= 2 \cdot \frac{1}{6} \cdot 44 \cdot 45 \cdot 89 + 45 \cdot 21$$

$$= \mathbf{59685}.$$

解説

(1)

n	$\sqrt{n}$	a_n	
1	1	1	2 個
2	1.41421356 …	1	
3	1.7320508 …	2	4 個
4	2	2	
5	2.2360679 …	2	
6	2.4494 …	2	
7	2.64575 …	3	6 個
8	2.8284 …	3	
9	3	3	
10	3.162277 …	3	
11	3.3166 …	3	
12	3.4641 …	3	
13	3.6055 …	4	
	⋮	⋮	

よって，$\{a_n\}$ は，

$$\underbrace{1,\ 1,}_{2個}\ \underbrace{2,\ 2,\ 2,\ 2,}_{4個}\ \underbrace{3,\ 3,\ 3,\ 3,\ 3,\ 3,}_{6個}\ 4,\ 4,\ \cdots$$

と自然数 m が $2m$ 個ずつ並んだ数列であることが推測される.

[(2)の別解]

数列 $\{a_n\}$ の m に等しい項をまとめて第 m 群とすると，第 m 群には m が $2m$ 個含まれるから a_{2001} が第 n 群に含まれるとすると，

$$2+4+6+\cdots+2(n-1)<2001\leqq 2+4+6+\cdots+2n.$$

$$(n-1)n<2001\leqq n(n+1). \qquad \cdots①$$

$44\cdot 45=1980$，$45\cdot 46=2070$ であるから，①を満たす自然数 n は 45 である.

よって，a_{2001} は第 45 群の

$$2001-1980=21\ (番目)$$

の項である.

第 m 群に含まれる $2m$ 個の項の和は $m\cdot 2m=2m^2$ であるから，

$$\sum_{k=1}^{2001} a_k=\underbrace{2\cdot 1^2+2\cdot 2^2+2\cdot 3^2+\cdots+2\cdot 44^2}_{第44群の末項までの項の和}+45\cdot 21$$

$$=2\sum_{m=1}^{44} m^2+45\cdot 21=\mathbf{59685}.$$

112　S_n と a_n

解法のポイント

$$a_1=S_1,\ \ a_n=S_n-S_{n-1} \quad (n\geqq 2).$$

【解答】

$$(n-1)^2a_n=S_n \qquad \cdots①$$

より，

$$n^2a_{n+1}=S_{n+1}. \qquad \cdots②$$

②−①より，

$$n^2a_{n+1}-(n-1)^2a_n=S_{n+1}-S_n=a_{n+1}.$$

$$(n^2-1)a_{n+1}=(n-1)^2a_n.$$

$n\geqq 2$ のとき，

$$a_{n+1}=\frac{(n-1)^2}{n^2-1}a_n=\frac{n-1}{n+1}a_n.$$

よって，$n \geqq 3$ のとき，

$$a_n=\frac{n-2}{n}a_{n-1}=\frac{n-2}{n}\cdot\frac{n-3}{n-1}a_{n-2}$$
$$=\frac{n-2}{n}\cdot\frac{n-3}{n-1}\cdot\frac{n-4}{n-2}a_{n-3}$$
$$\vdots$$
$$=\frac{n-2}{n}\cdot\frac{n-3}{n-1}\cdot\frac{n-4}{n-2}\cdot\cdots\cdot\frac{3}{5}\cdot\frac{2}{4}\cdot\frac{1}{3}a_2$$
$$=\frac{2}{n(n-1)}. \qquad (a_2=1 \text{ より})$$

$a_2=1=\dfrac{2}{2\cdot1}$ より，これは $n=2$ のときも成り立つ．

よって，

$$\boldsymbol{a_n=\begin{cases} 0 & (n=1), \\ \dfrac{2}{n(n-1)} & (n=2,\ 3,\ 4,\ \cdots). \end{cases}}$$

解説

$$(n^2-1)a_{n+1}=(n-1)^2a_n$$

以下は次のようにしてもよい．

$n \geqq 2$ のとき，　　$(n+1)a_{n+1}=(n-1)a_n.$

両辺を n 倍して，　　$n(n+1)a_{n+1}=(n-1)na_n.$

これより，$n \geqq 3$ のとき，

$$(n-1)na_n=(n-2)(n-1)a_{n-1}$$
$$=(n-3)(n-2)a_{n-2}$$
$$\vdots$$
$$=1\cdot2\cdot a_2=2. \qquad (a_2=1 \text{ より})$$

よって，$n \geqq 3$ のとき，　　$a_n=\dfrac{2}{n(n-1)}.$

113　2項間漸化式

【解答】

$$S_n=3a_n+2n-1. \qquad \cdots①$$

①で $n=1$ とおくと，　　$S_1=3a_1+1.$

$S_1=a_1$ より， $a_1=3a_1+1$.

よって， $a_1=-\dfrac{1}{2}$.

①より， $S_{n+1}=3a_{n+1}+2(n+1)-1$. …②

②−①より， $S_{n+1}-S_n=3a_{n+1}-3a_n+2$.

$$a_{n+1}=3a_{n+1}-3a_n+2.$$

$$a_{n+1}=\frac{3}{2}a_n-1.$$

これは，

$$a_{n+1}-2=\frac{3}{2}(a_n-2)$$

と変形できる．

$\{a_n-2\}$ は初項 $a_1-2=-\dfrac{5}{2}$，公比 $\dfrac{3}{2}$ の等比数列であるから，

$$a_n-2=-\frac{5}{2}\left(\frac{3}{2}\right)^{n-1}=-\frac{5}{3}\left(\frac{3}{2}\right)^n.$$

よって，

$$\boldsymbol{a_n=2-\frac{5}{3}\left(\frac{3}{2}\right)^n}.$$

解説

$$a_{n+1}=\frac{3}{2}a_n-1 \quad \cdots(*)$$

から $a_{n+1}-2=\dfrac{3}{2}(a_n-2)$

を得るには，次のようにすればよい．

いま， $\alpha=\dfrac{3}{2}\alpha-1$ …(**)

を満たす α を考えて，(*)−(**) を作ると，

$$a_{n+1}-\alpha=\frac{3}{2}(a_n-\alpha)$$

となる．ここで，(**) を満たす α は，$\alpha=2$ であるから，これを上式に代入することにより，

$$a_{n+1}-2=\frac{3}{2}(a_n-2)$$

となる．

[別解]

$$a_{n+1}=\frac{3}{2}a_n-1 \qquad \cdots(*)$$

より，
$$a_{n+2}=\frac{3}{2}a_{n+1}-1.$$

これら2式を辺々引いて，
$$a_{n+2}-a_{n+1}=\frac{3}{2}(a_{n+1}-a_n).$$

よって，$\{a_{n+1}-a_n\}$ は公比 $\frac{3}{2}$ の等比数列である．

(*)において，$n=1$ とすると，

$$a_2=\frac{3}{2}a_1-1=\frac{3}{2}\cdot\left(-\frac{1}{2}\right)-1$$
$$=-\frac{7}{4}.$$

したがって，
$$a_{n+1}-a_n=(a_2-a_1)\left(\frac{3}{2}\right)^{n-1}=\left(-\frac{7}{4}+\frac{1}{2}\right)\left(\frac{3}{2}\right)^{n-1}$$
$$=-\frac{5}{4}\left(\frac{3}{2}\right)^{n-1}.$$

(*)を代入して，
$$\left(\frac{3}{2}a_n-1\right)-a_n=-\frac{5}{4}\left(\frac{3}{2}\right)^{n-1}.$$
$$\frac{1}{2}a_n=1-\frac{5}{4}\left(\frac{3}{2}\right)^{n-1}.$$
$$\boldsymbol{a_n}=2-\frac{5}{2}\left(\frac{3}{2}\right)^{n-1}=\boldsymbol{2-\frac{5}{3}\left(\frac{3}{2}\right)^n}.$$

114 2項間漸化式

解法のポイント

$b_n=a_{2n-1}$ とおいて，b_{n+1}，b_n の関係式から b_n を求める．

【解答】

(1) 条件より，

$$a_{2n+1}=a_{2n}+2^{n-1}=2a_{2n-1}+2^{n-1}.$$

$b_n=a_{2n-1}$ とおくと，

$$\begin{cases} b_1=1, & \cdots① \\ b_{n+1}=2b_n+2^{n-1}. & \cdots② \end{cases}$$

②より，
$$\frac{b_{n+1}}{2^{n+1}}=\frac{b_n}{2^n}+\frac{1}{4}.$$

したがって，$\left\{\frac{b_n}{2^n}\right\}$ は公差 $\frac{1}{4}$ の等差数列である．

①より，$\frac{b_1}{2}=\frac{1}{2}$ であるから，
$$\frac{b_n}{2^n}=\frac{1}{2}+(n-1)\cdot\frac{1}{4}=\frac{n+1}{4}.$$

これより，
$$b_n=\frac{n+1}{4}\cdot 2^n=(n+1)2^{n-2}.$$

よって，
$$\begin{cases} \boldsymbol{a_{2n}}=2b_n\boldsymbol{=(n+1)2^{n-1}}, \\ \boldsymbol{a_{2n+1}}=b_{n+1}\boldsymbol{=(n+2)2^{n-1}}. \end{cases}$$

(2)
$$\begin{aligned} \sum_{k=1}^{2n} a_k &= \sum_{k=1}^{n}(a_{2k-1}+a_{2k}) \\ &= \sum_{k=1}^{n}(a_{2k-1}+2a_{2k-1})=3\sum_{k=1}^{n} a_{2k-1}. \end{aligned}$$

ここで，
$$\sum_{k=1}^{n} a_{2k-1}=\sum_{k=1}^{n}(k+1)2^{k-2}=S$$

とおくと，
$$\begin{cases} S=2\cdot\frac{1}{2}+3+4\cdot 2+\cdots+(n+1)2^{n-2}, & \cdots③ \\ 2S=\qquad 2+3\cdot 2+\cdots+n\cdot 2^{n-2}+(n+1)2^{n-1}. & \cdots④ \end{cases}$$

④－③より，
$$\begin{aligned} S&=(n+1)2^{n-1}-1-(1+2+\cdots+2^{n-2}) \\ &=(n+1)2^{n-1}-1-\frac{2^{n-1}-1}{2-1}=n\cdot 2^{n-1}. \end{aligned}$$

よって，
$$\sum_{k=1}^{2n} a_k=3S=\boldsymbol{3n\cdot 2^{n-1}}.$$

解説

(1)　[別解]
$$\begin{aligned} a_{2n+2}&=2a_{2n+1}=2(a_{2n}+2^{n-1}) \\ &=2a_{2n}+2^n \end{aligned}$$

より，　$$\frac{a_{2n+2}}{2^{n+1}}=\frac{a_{2n}}{2^n}+\frac{1}{2}.$$

よって，$\left\{\dfrac{a_{2n}}{2^n}\right\}$ は公差 $\dfrac{1}{2}$ の等差数列であるから，

$$\frac{a_{2n}}{2^n}=\frac{a_2}{2}+(n-1)\cdot\frac{1}{2}.$$

ここで，$a_2=2a_1=2$ より，

$$\frac{a_{2n}}{2^n}=1+(n-1)\cdot\frac{1}{2}=\frac{n+1}{2}$$

となるから，　$$\boldsymbol{a_{2n}=(n+1)2^{n-1}}.$$

これより，

$$\boldsymbol{a_{2n+1}}=a_{2n}+2^{n-1}=\boldsymbol{(n+2)2^{n-1}}.$$

(2)　$\{a_n\}$ を公差 d の等差数列，$\{b_n\}$ を公比 r $(\neq 1)$ の等比数列とするとき，数列 $\{a_nb_n\}$ の初項から第 n 項までの和 $S_n=\sum_{k=1}^{n}a_kb_k$ を求めるには，次のようにすればよい．

$$S_n=a_1b_1+a_2b_2+a_3b_3+\cdots+a_nb_n \qquad \cdots①$$

より，

$$rS_n=\qquad a_1b_1r+a_2b_2r+\cdots+a_{n-1}b_{n-1}r+a_nb_nr.$$

ここで，$b_1r=b_2$，$b_2r=b_3$，…，$b_{n-1}r=b_n$ であるから，上式は，

$$rS_n=\qquad a_1b_2+a_2b_3+\cdots+a_{n-1}b_n+a_nb_nr \qquad \cdots②$$

となる．

これより，①－②を考えると，

$$\begin{aligned}(1-r)S_n&=a_1b_1+(a_2-a_1)b_2+(a_3-a_2)b_3+\cdots+(a_n-a_{n-1})b_n-a_nb_nr\\&=a_1b_1+d(b_2+b_3+\cdots+b_n)-a_nb_nr \qquad \cdots③\end{aligned}$$

となり，

$$b_2+b_3+\cdots+b_n$$

は公比 r の等比数列の和として，公式を用いて求めることができるから，③の両辺を $1-r$ $(\neq 0)$ で割ることにより，S_n を得る．

以上を標語的にまとめると，次のようになる．

> 一般項が（等差）×（等比）の形で表された数列の初項から第 n 項までの和 S_n を求めるには
>
> $$S_n-rS_n \quad (r\text{ は等比数列の公比})$$
>
> を考える．

115　3項間漸化式

【解答】

(1)　円柱の高さが 1 cm になるような積み重ね方は，白の円盤を 1 個使うときだけであるから，　　$f_1=1$.

また，円柱の高さが 2 cm になるような積み重ね方は，次の 3 通りである．

(ア)　白の円盤を 2 個使う．

(イ)　赤の円盤を 1 個使う．

(ウ)　青の円盤を 1 個使う．

よって，　　$f_2=3$.

(2)　一番上の円盤の厚さが 1 cm のときと，2 cm のときについて，それぞれの場合において，一番上の円盤を取りはずした残りの円柱を考える．

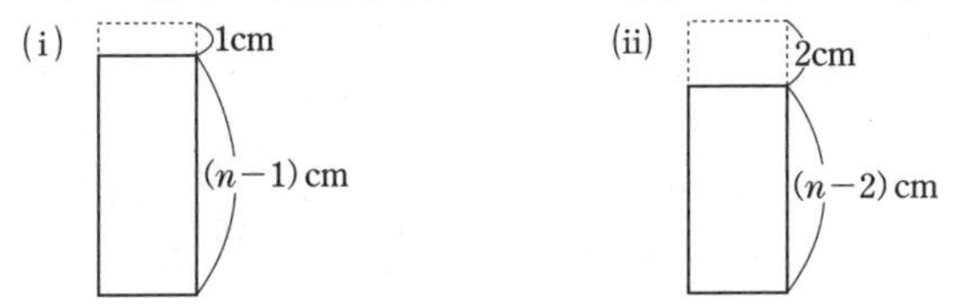

(i)　一番上が厚さ 1 cm の白の円盤のとき，それを取りはずしてできる高さ $(n-1)$ cm の円柱に対する積み重ね方は f_{n-1} 通りある．

(ii)　一番上が厚さ 2 cm の赤または青の円盤のとき，それを取りはずしてできる高さ $(n-2)$ cm の円柱に対する積み重ね方は，それぞれ f_{n-2} 通りずつある．

(i)，(ii)は互いに排反であるから，

$$f_n=f_{n-1}+2f_{n-2}\quad (n\geqq 3).$$

(3)　(2)より，

$$f_{n+2}=f_{n+1}+2f_n. \qquad \cdots①$$

①を変形して，　　$f_{n+2}-2f_{n+1}=-(f_{n+1}-2f_n)$.

$g_n=f_{n+1}-2f_n$ より，　$g_{n+1}=-g_n$.

よって，$\{g_n\}$ は公比 -1 の等比数列で，(1)より，

$$g_1=f_2-2f_1=1$$

であるから，

$$g_n=(-1)^{n-1}. \qquad \cdots②$$

(4)　①を変形して，

$$f_{n+2}+f_{n+1}=2(f_{n+1}+f_n).$$

よって，$\{f_{n+1}+f_n\}$ は公比 2 の等比数列で，(1)より，

$$f_2+f_1=4$$

であるから，

$$f_{n+1}+f_n=4\cdot 2^{n-1}=2^{n+1}. \quad \cdots ③$$

②より，

$$f_{n+1}-2f_n=(-1)^{n-1}=(-1)^{n+1}. \quad \cdots ④$$

(③−④)÷3 より，

$$\boldsymbol{f_n=\frac{1}{3}\left\{2^{n+1}-(-1)^{n+1}\right\}}.$$

解説

(4)は②だけを利用して解くこともできる．

[(4)の別解 1]

②より，
$$f_{n+1}-2f_n=(-1)^{n-1}=(-1)^{n+1}.$$
$$f_{n+1}=2f_n+(-1)^{n+1}.$$

両辺を $(-1)^{n+1}$ で割って，
$$\frac{f_{n+1}}{(-1)^{n+1}}=-2\cdot\frac{f_n}{(-1)^n}+1.$$

$\dfrac{f_n}{(-1)^n}=a_n$ とおくと，

$$a_{n+1}=-2a_n+1. \qquad a_{n+1}-\frac{1}{3}=-2\left(a_n-\frac{1}{3}\right).$$

$\left\{a_n-\dfrac{1}{3}\right\}$ は公比 -2 の等比数列であるから，

$$a_n-\frac{1}{3}=\left(a_1-\frac{1}{3}\right)(-2)^{n-1}.$$

(1)より，$a_1=\dfrac{f_1}{-1}=-1$ であるから，

$$a_n=\frac{1}{3}-\frac{4}{3}(-2)^{n-1}=\frac{1}{3}\left\{1-(-2)^{n+1}\right\}.$$

したがって，

$$\boldsymbol{f_n}=(-1)^n a_n=\frac{(-1)^n}{3}\left\{1-(-2)^{n+1}\right\}$$
$$\boldsymbol{=\frac{1}{3}\left\{2^{n+1}-(-1)^{n+1}\right\}}.$$

[(4)の別解 2]

②より，

$$f_{n+1}=2f_n+(-1)^{n-1}.$$

これを変形して，

$$f_{n+1}+\frac{1}{3}(-1)^n=2\left\{f_n+\frac{1}{3}(-1)^{n-1}\right\}.$$

よって，$\left\{f_n+\frac{1}{3}(-1)^{n-1}\right\}$ は公比 2 の等比数列で，(1)より，

$$f_n+\frac{1}{3}(-1)^{n-1}=\left(f_1+\frac{1}{3}\right)2^{n-1}=\frac{4}{3}\cdot 2^{n-1}=\frac{1}{3}\cdot 2^{n+1}.$$

よって，

$$\boldsymbol{f_n}=\frac{1}{3}\left\{2^{n+1}-(-1)^{n-1}\right\}$$
$$=\boldsymbol{\frac{1}{3}\left\{2^{n+1}-(-1)^{n+1}\right\}}.$$

116　連立漸化式

解法のポイント

「1 がまったく現れない ⟺ 1 が 0 個（0 は偶数）現れる」と考える．

【解答】

(1)　$(n+1)$ 桁の数のうち，1 が奇数個現れるもの（a_{n+1} 個ある）は，次の 2 つの場合に分けられる．

(i)　1 の位の数字が 2 または 3 のとき，1 の位の数字を取り除いたものを n 桁の数と考えると，この n 桁の数には 1 が奇数個現れている．

（ ○○○ … ○ 2,　　○○○ … ○ 3 ）
（n 桁の数で，1 が奇数個現れる．　n 桁の数で，1 が奇数個現れる．）

(ii)　1 の位の数字が 1 のとき，1 の位の数字を取り除いたものを n 桁の数と考えると，この n 桁の数には 1 が偶数個現れる（1 がまったく現れないものを含む）．

（ ○○○ … ○ 1 ）
（n 桁の数で，1 が偶数個現れる．）

(i)，(ii)は互いに排反であるから，

$$\boldsymbol{a_{n+1}=2a_n+b_n}.$$

次に，$(n+1)$ 桁の数のうち，1 が偶数個現れるかまったく現れないもの（b_{n+1} 個ある）は，次の 2 つの場合に分けられる．

(iii) $\underbrace{\bigcirc\bigcirc\bigcirc\cdots\bigcirc}$ 1
n 桁の数で，
1 が奇数個現れる．

(iv) $\underbrace{\bigcirc\bigcirc\bigcirc\cdots\bigcirc}$ 2，　$\underbrace{\bigcirc\bigcirc\bigcirc\cdots\bigcirc}$ 3
n 桁の数で，
1 が偶数個現れる．
n 桁の数で，
1 が偶数個現れる．

(iii)，(iv)は互いに排反であるから，

$$\boldsymbol{b_{n+1}=a_n+2b_n}.$$

(2)　(1)より，

$$\begin{cases} a_{n+1}=2a_n+b_n, & \cdots① \\ b_{n+1}=a_n+2b_n. & \cdots② \end{cases}$$

①＋②および①－②より，

$$\begin{cases} a_{n+1}+b_{n+1}=3(a_n+b_n), \\ a_{n+1}-b_{n+1}=a_n-b_n. \end{cases}$$

よって，$\{a_n+b_n\}$，$\{a_n-b_n\}$ はそれぞれ公比 3，公比 1 の等比数列である．
ここで，$a_1=1$，$b_1=2$ より，

$$\begin{cases} a_n+b_n=(a_1+b_1)3^{n-1}=3^n, \\ a_n-b_n=a_1-b_1=-1. \end{cases}$$

よって，

$$\begin{cases} \boldsymbol{a_n=\frac{1}{2}(3^n-1)}, \\ \boldsymbol{b_n=\frac{1}{2}(3^n+1)}. \end{cases}$$

解説

a_n+b_n は数字 1，2，3 を n 個並べてできる n 桁の数全体の個数であるから，

$$a_n+b_n=3^n. \qquad \cdots③$$

(2)では，①－②から得られる

$$a_n-b_n=-1$$

と③から，a_n，b_n を求めてもよい．

117 連立漸化式

解法のポイント

(1)　a_{n+1}，b_{n+1} を a_n，b_n で表す．

(2)　$(2+\sqrt{3})(2-\sqrt{3})=1$ に注目する．

【解答】

(1)
$$(2+\sqrt{3})^{n+1}=(2+\sqrt{3})(2+\sqrt{3})^n$$
において，
$$(2+\sqrt{3})^n=a_n+b_n\sqrt{3},$$
$$(2+\sqrt{3})^{n+1}=a_{n+1}+b_{n+1}\sqrt{3}$$
であるから，
$$\begin{aligned}a_{n+1}+b_{n+1}\sqrt{3}&=(2+\sqrt{3})(a_n+b_n\sqrt{3})\\&=(2a_n+3b_n)+(a_n+2b_n)\sqrt{3}.\end{aligned}$$
　a_n，b_n，a_{n+1}，b_{n+1} は有理数，$\sqrt{3}$ は無理数であるから，
$$\begin{cases}a_{n+1}=2a_n+3b_n,\\ b_{n+1}=a_n+2b_n.\end{cases}$$
　したがって，
$$\begin{aligned}a_{n+1}-b_{n+1}\sqrt{3}&=(2a_n+3b_n)-(a_n+2b_n)\sqrt{3}\\&=(2-\sqrt{3})(a_n-b_n\sqrt{3})\end{aligned}$$
となるから，$\{a_n-b_n\sqrt{3}\}$ は初項 $a_1-b_1\sqrt{3}=2-\sqrt{3}$，公比 $2-\sqrt{3}$ の等比数列である．

　よって，
$$\begin{aligned}a_n-b_n\sqrt{3}&=(2-\sqrt{3})(2-\sqrt{3})^{n-1}\\&=(2-\sqrt{3})^n.\end{aligned}$$

(2)
$$\begin{cases}(2+\sqrt{3})^n=a_n+b_n\sqrt{3},\\ (2-\sqrt{3})^n=a_n-b_n\sqrt{3}\end{cases}$$
より，　$(a_n+b_n\sqrt{3})(a_n-b_n\sqrt{3})=(2+\sqrt{3})^n(2-\sqrt{3})^n.$
$$a_n{}^2-3b_n{}^2=\left\{(2+\sqrt{3})(2-\sqrt{3})\right\}^n=1.$$
　よって，
$$a_n{}^2-1=3b_n{}^2$$
となる．

　ここで b_n は整数であるから，$a_n{}^2-1$ は3の倍数である．

(3)
$$a_n{}^2=3b_n{}^2+1$$
より，

$$(2+\sqrt{3})^n=a_n+b_n\sqrt{3}=\sqrt{a_n{}^2}+\sqrt{3b_n{}^2}$$
$$=\sqrt{3b_n{}^2+1}+\sqrt{3b_n{}^2}.$$

よって，$3b_n{}^2=A$ とおくと A は正の整数であり，

$$(2+\sqrt{3})^n=\sqrt{A}+\sqrt{A+1}$$

と表せる．

解説

(1)
$$\begin{cases} a_{n+1}=2a_n+3b_n, & \cdots① \\ b_{n+1}=a_n+2b_n & \cdots② \end{cases}$$

以降については，数学的帰納法を利用してもよい．

[(1)の部分的別解]

$$(2-\sqrt{3})^n=a_n-b_n\sqrt{3} \qquad \cdots(*)$$

であることを数学的帰納法で示す．

［Ⅰ］ $n=1$ のとき，$a_1=2$，$b_1=1$ より，

$$(2-\sqrt{3})^1=2-\sqrt{3}=a_1-b_1\sqrt{3}.$$

よって，このとき(*)は成り立つ．

［Ⅱ］ $n=k$ のとき(*)が成り立つと仮定すると，

$$(2-\sqrt{3})^k=a_k-b_k\sqrt{3}.$$

両辺に $2-\sqrt{3}$ を掛けて，

$$(2-\sqrt{3})^{k+1}=(2-\sqrt{3})(a_k-b_k\sqrt{3})$$
$$=(2a_k+3b_k)-(a_k+2b_k)\sqrt{3}$$
$$=a_{k+1}-b_{k+1}\sqrt{3}. \qquad (①，②より)$$

よって，$n=k+1$ のときも(*)は成り立つ．

［Ⅰ］，［Ⅱ］より，(*)はすべての自然数 n について成り立つ．

[別解]

二項定理より，

$$(2+\sqrt{3})^n=\sum_{k=0}^{n}{}_n\mathrm{C}_k\,2^{n-k}(\sqrt{3})^k$$
$$=({}_n\mathrm{C}_0\,2^n+{}_n\mathrm{C}_2\,2^{n-2}\cdot 3+{}_n\mathrm{C}_4\,2^{n-4}\cdot 3^2+\cdots)$$
$$+({}_n\mathrm{C}_1\,2^{n-1}+{}_n\mathrm{C}_3\,2^{n-3}\cdot 3+{}_n\mathrm{C}_5\,2^{n-5}\cdot 3^2+\cdots)\sqrt{3}.$$

よって，

$$\begin{cases} a_n={}_n\mathrm{C}_0\,2^n+{}_n\mathrm{C}_2\,2^{n-2}\cdot 3+{}_n\mathrm{C}_4\,2^{n-4}\cdot 3^2+\cdots, \\ b_n={}_n\mathrm{C}_1\,2^{n-1}+{}_n\mathrm{C}_3\,2^{n-3}\cdot 3+{}_n\mathrm{C}_5\,2^{n-5}\cdot 3^2+\cdots \end{cases}$$

とおくと，a_n，b_n は正の整数で，

$$(2+\sqrt{3})^n=a_n+b_n\sqrt{3}$$

と表される.

このとき,

$$(2-\sqrt{3})^n=\sum_{k=0}^{n} {}_nC_k\,2^{n-k}(-\sqrt{3})^k$$
$$=({}_nC_0\,2^n+{}_nC_2\,2^{n-2}\cdot 3+{}_nC_4\,2^{n-4}\cdot 3^2+\cdots)$$
$$-({}_nC_1\,2^{n-1}+{}_nC_3\,2^{n-3}\cdot 3+{}_nC_5\,2^{n-5}\cdot 3^2+\cdots)\sqrt{3}$$
$$=a_n-b_n\sqrt{3}.$$

118 数学的帰納法

解法のポイント

(2)　一般項を推定し数学的帰納法で証明する.

【解答】

(1)
$$a_{n+1}{}^2a_n=a_{n+1}+\frac{2(n+2)}{n(n+1)}.$$

$n=1$ のとき,

$$a_2{}^2a_1=a_2+\frac{2\cdot 3}{1\cdot 2}.$$

$a_1=2$ より,

$$2a_2{}^2-a_2-3=0.$$
$$(2a_2-3)(a_2+1)=0.$$

$a_2>0$ より,

$$\boldsymbol{a_2=\frac{3}{2}}.$$

$n=2$ のとき,

$$a_3{}^2a_2=a_3+\frac{2\cdot 4}{2\cdot 3}.$$
$$9a_3{}^2-6a_3-8=0.$$
$$(3a_3-4)(3a_3+2)=0.$$

$a_3>0$ より,

$$\boldsymbol{a_3=\frac{4}{3}}.$$

(2)　(1)より,

$$a_n=\frac{n+1}{n} \qquad \cdots①$$

と推定される．これを数学的帰納法で示す．

［Ⅰ］ $n=1$ のとき，

$$a_1=2=\frac{1+1}{1}$$

より，①は成り立つ．

［Ⅱ］ $n=k$ のとき，①が成り立つと仮定すると，

$$a_k=\frac{k+1}{k}.$$

このとき，
$$a_{k+1}{}^2a_k=a_{k+1}+\frac{2(k+2)}{k(k+1)}$$

より，
$$a_{k+1}{}^2\cdot\frac{k+1}{k}=a_{k+1}+\frac{2(k+2)}{k(k+1)}.$$

$$(k+1)^2a_{k+1}{}^2-k(k+1)a_{k+1}-2(k+2)=0.$$

$$\{(k+1)a_{k+1}-(k+2)\}\{(k+1)a_{k+1}+2\}=0.$$

$a_{k+1}>0$ より，
$$a_{k+1}=\frac{k+2}{k+1}.$$

よって，①は $n=k+1$ のときも成り立つ．

［Ⅰ］，［Ⅱ］より，①はすべての自然数 n について成り立つ．

したがって，

$$\boldsymbol{a_n=\frac{n+1}{n}}$$

である．

119 数学的帰納法

【解答】

$$P(n):2^{2n+1}+3(-1)^n \text{ は5の倍数である}$$

とする．

［Ⅰ］ $n=1$ のとき，

$$2^{2n+1}+3(-1)^n=2^3+3\cdot(-1)=5$$

であるから，$P(1)$ は成り立つ．

［Ⅱ］ $P(k)$ $(k\geqq1)$ が成り立つと仮定すると，

$$2^{2k+1}+3(-1)^k=5m \qquad \cdots①$$

を満たす整数 m がある．

このとき，

$$2^{2(k+1)+1}+3(-1)^{k+1}=2^{2k+1}\cdot 2^2-3(-1)^k$$
$$=4\{5m-3(-1)^k\}-3(-1)^k\ （①より）$$
$$=5\{4m-3\cdot(-1)^k\}.$$

$4m-3(-1)^k$ は整数であるから，$2^{2(k+1)+1}+3(-1)^{k+1}$ も5の倍数であり，$P(k+1)$ も成り立つことが示された．

［Ⅰ］，［Ⅱ］より，$P(n)$ はすべての自然数について成り立つ．

120　数学的帰納法（k, $k+1 \Rightarrow k+2$）

【解答】

(1)
$$x+y=2a,\qquad xy=2b\qquad（a，b\ は整数）$$

とおくとき，すべての自然数 n について，

$$P(n)：x^n+y^n\ は偶数である$$

が成り立つことを数学的帰納法で示す．

［Ⅰ］　$n=1$，2のとき，

$$x+y=2a,$$
$$x^2+y^2=(x+y)^2-2xy=2(2a^2-2b)$$

であるから，$x+y$，x^2+y^2 はともに偶数となり，$P(1)$，$P(2)$ は成り立つ．

［Ⅱ］　$P(k)$，$P(k+1)$（$k \geqq 1$）がともに成り立つと仮定すると，

$$x^k+y^k=2M,\quad x^{k+1}+y^{k+1}=2N$$

を満たす整数 M，N が存在する．

このとき，

$$x^{k+2}+y^{k+2}=(x+y)(x^{k+1}+y^{k+1})-xy(x^k+y^k)$$
$$=2a\cdot 2N-2b\cdot 2M=2(2aN-2bM)$$

であるから，$x^{k+2}+y^{k+2}$ は偶数となり，$P(k+2)$ も成り立つ．

［Ⅰ］，［Ⅱ］より，すべての自然数 n について $P(n)$ は成り立つ．

(2)　$x=1+\sqrt{3}$，$y=1-\sqrt{3}$ のとき，x，y はともに整数でない実数であり，

$$x+y=2,\quad xy=-2$$

はともに偶数となる．

よって，求める $(x,\ y)$ の例の1つは，

$$\boldsymbol{(x,\ y)=(1+\sqrt{3},\ 1-\sqrt{3})}.$$

解説

(1) $$x+y=2a,\quad xy=2b \qquad (a,\ b\text{ は整数})$$

とおくと，x，y は t の 2 次方程式

$$t^2-2at+2b=0 \qquad \cdots①$$

の実数解である．

よって，　$x^2-2ax+2b=0.$

x^k を掛けて，　$x^{k+2}-2ax^{k+1}+2bx^k=0.$

$$x^{k+2}=2ax^{k+1}-2bx^k. \qquad \cdots②$$

同様にして，　$y^{k+2}=2ay^{k+1}-2by^k.$ 　…③

②＋③より，

$$x^{k+2}+y^{k+2}=2a(x^{k+1}+y^{k+1})-2b(x^k+y^k).$$

これより，x^k+y^k，$x^{k+1}+y^{k+1}$ が偶数のとき，$x^{k+2}+y^{k+2}$ も偶数となることが示される．

(2) ①が実数解をもつとき，

$$(\text{①の判別式})=4a^2-8b\geqq 0$$

より，　$a^2\geqq 2b.$ 　…④

このとき，①の解は，

$$t=a\pm\sqrt{a^2-2b}$$

となる．

ここで，$a=1$，$b=-1$ とすると，a，b は④を満たし，$t=1\pm\sqrt{3}$ となる．

【解答】で示した，$(x,\ y)=(1+\sqrt{3},\ 1-\sqrt{3})$ はこのようにして得られたものである．

$a=2$，$b=1$ とすれば，他の例

$$(x,\ y)=(2+\sqrt{2},\ 2-\sqrt{2})$$

が得られる．

121 図形と漸化式

解法のポイント

(1) a_n と a_{n+1} の間に成り立つ関係式を求める．

(2) b_n と a_{n-1} の間に成り立つ関係式を求める．

【解答】

(1)　$n=1$ のとき，平面は1本の直線で2つの部分に分けられるから，

$$a_1=2.$$

どの2本も平行でない n 本の直線によって平面が a_n 個の部分に分けられているとき，$n+1$ 本目の直線を引くことにより，n 個の交点が新たに増え，この直線が $n+1$ 個の部分に分けられ，それにより新たに $n+1$ 個の領域が増える.

したがって，

$$a_{n+1}=a_n+n+1.$$

よって，$n\geqq 2$ のとき，

$$\begin{aligned} a_n &= a_1+\sum_{k=1}^{n-1}(a_{k+1}-a_k) \\ &= 2+\sum_{k=1}^{n-1}(k+1) \\ &= 2+\frac{(n-1)(2+n)}{2} \\ &= \frac{1}{2}(n^2+n+2). \end{aligned}$$

これは，$n=1$ でも成り立つ.

よって，

$$\boldsymbol{a_n=\frac{1}{2}(n^2+n+2).\ (n\geqq 1)}$$

(2)　平面がどの2本も平行でないような $n-1$ 本の直線によって a_{n-1} 個の部分に分けられているとき，このうちのどれか1本と平行となるような直線を新たに1本引く.

こうして引いた n 本目の直線は，これと平行でない $n-2$ 本の直線との $n-2$ 個の交点によって，$n-1$ 個の部分に分けられ，それにより新たに $n-1$ 個の領域が増える.

したがって，

$$b_n=a_{n-1}+n-1$$

が成り立つから，$n\geqq 2$ のとき，

$$\begin{aligned} \boldsymbol{b_n} &= \frac{1}{2}\left\{(n-1)^2+(n-1)+2\right\}+n-1 \\ &= \boldsymbol{\frac{1}{2}(n^2+n).} \end{aligned}$$

122 破産の確率

解法のポイント

Aの金貨の枚数の変化を視覚化する.

【解答】

(1) Aの持っている金貨の枚数の変化をグラフ化すると次のようになる.

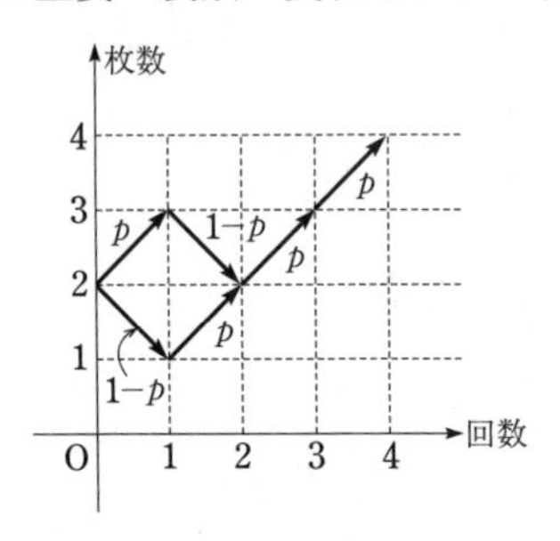

P_4は2回の対戦でAの金貨が2枚になった後，Aが2回続けて勝つ確率であるから,

$$\boldsymbol{P_4}=p(1-p)\times2\times p^2$$
$$=\boldsymbol{2p^3(1-p)}.$$

(2) 対戦が繰り返されている間，Aの持っている金貨の枚数は，次のように変化する.

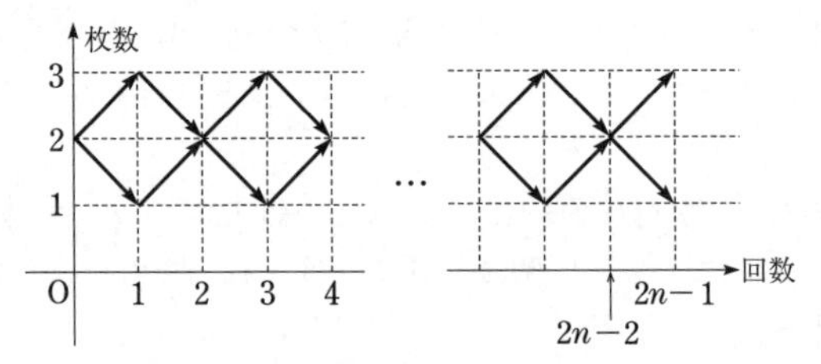

したがって，$2n-1$回目の対戦でAが持っている金貨の枚数は1または3であり,

$$\boldsymbol{P_{2n-1}=0}.$$

(3) ちょうど$2n$回目の対戦でAがすべての金貨を手に入れるときのAの持っている金貨の枚数の変化は次のようになる.

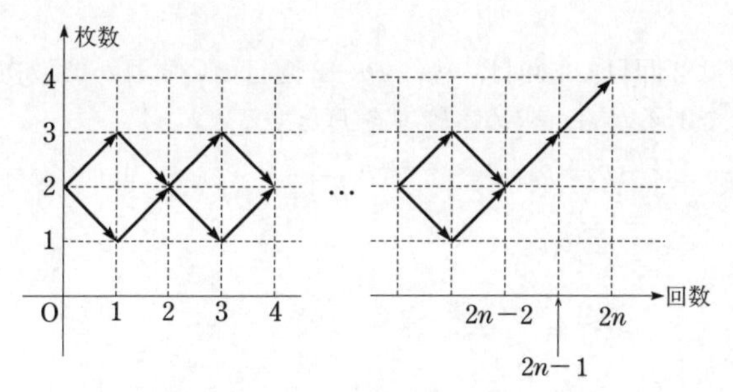

P_{2n} は $2n-2$ 回目にAの持っている金貨の枚数が2で，その後Aが続けて2回勝つ確率であるから，

$$\boldsymbol{P_{2n}}=\{p(1-p)\times 2\}^{n-1}\times p^2$$
$$=\boldsymbol{p^2\{2p(1-p)\}^{n-1}}.$$

(4)
$$S_n=P_2+P_4+\cdots+P_{2n}$$

より S_n は初項 p^2，公比 $2p(1-p)$ の等比数列の初項から第 n 項までの和である．

よって，

$$\boldsymbol{S_n}=\frac{p^2\left[1-\{2p(1-p)\}^n\right]}{1-2p(1-p)}$$
$$=\boldsymbol{\frac{p^2\{1-(2p-2p^2)^n\}}{1-2p+2p^2}}.$$

123　確率と数列

解法のポイント

$k=1$，2，…，$2n-2$ とするとき，k 回目に初めて赤玉が取り出される確率を p_k とすると，求める確率は，

$$p_2+p_4+p_6+\cdots+p_{2n-2}.$$

【解答】

$2n$ 個の玉をすべて取り出すとき，取り出し方は全部で ${}_{2n}\mathrm{C}_3$ 通りある．

このとき k 回目に最初の赤玉が取り出されるのは，その後の $2n-k$ 回のうちどこで2個の赤玉を取り出すかによって，${}_{2n-k}\mathrm{C}_2$ 通りの場合がある．

よって，k 回目に初めて赤玉が取り出される確率 p_k は

$$p_k=\frac{{}_{2n-k}\mathrm{C}_2}{{}_{2n}\mathrm{C}_3}$$

である．

B君が勝つのは2回目，4回目，…，$2n-2$ 回目のいずれかで最初の赤玉が取り出されるときであるから，求める確率を P とすると，

$$
\begin{aligned}
P&=p_2+p_4+p_6+\cdots+p_{2n-2}\\
&=\sum_{k=1}^{n-1}p_{2k}\\
&=\sum_{k=1}^{n-1}\frac{{}_{2n-2k}\mathrm{C}_2}{{}_{2n}\mathrm{C}_3}\\
&=\frac{1}{{}_{2n}\mathrm{C}_3}({}_{2n-2}\mathrm{C}_2+{}_{2n-4}\mathrm{C}_2+\cdots+{}_4\mathrm{C}_2+{}_2\mathrm{C}_2)\\
&=\frac{1}{{}_{2n}\mathrm{C}_3}\sum_{k=1}^{n-1}{}_{2k}\mathrm{C}_2\\
&=\frac{1}{{}_{2n}\mathrm{C}_3}\sum_{k=1}^{n-1}\frac{2k(2k-1)}{2}\\
&=\frac{1}{{}_{2n}\mathrm{C}_3}\sum_{k=1}^{n-1}(2k^2-k)\\
&=\frac{1}{{}_{2n}\mathrm{C}_3}\left\{\frac{1}{3}(n-1)n(2n-1)-\frac{1}{2}(n-1)n\right\}\\
&=\frac{6}{2n(2n-1)(2n-2)}\cdot\frac{1}{6}(n-1)n(4n-5)\\
&=\boldsymbol{\frac{4n-5}{4(2n-1)}}.
\end{aligned}
$$

解説

白玉を○，赤玉を●で表し，△は白玉または赤玉を表すものとする．

$n=5$ のとき，Bが勝つのは次の場合である．

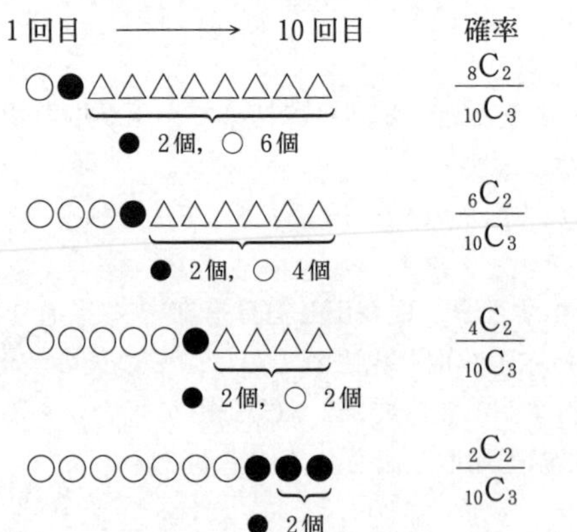

よって，$n=5$ のときBの勝つ確率は，

$$\frac{1}{{}_{10}C_3}({}_2C_2+{}_4C_2+{}_6C_2+{}_8C_2)=\frac{1+6+15+28}{120}$$

$$=\frac{5}{12}$$

$$=\frac{4\cdot5-5}{4(2\cdot5-1)}.$$

124　確率と数列

解法のポイント

(2)　余事象を考える．

【解答】

1回の試行で，＋，－と記録される確率はそれぞれ $\frac{1}{3}$，$\frac{2}{3}$ である．

(1)　符号の変化が起こらないのは，n 回とも＋，または n 回とも－の場合であるから，求める確率は，

$$\left(\frac{1}{3}\right)^n+\left(\frac{2}{3}\right)^n=\boldsymbol{\frac{1+2^n}{3^n}}.$$

(2)　$n=1$，2のとき，符号の変化が2回以上起こることはないから，これらの場合，求める確率は0．

そこで，$n\geqq3$ として，余事象「符号の変化が1回以下である」を考える．

符号の変化が起こらない場合の確率は，(1)より，

$$\frac{1+2^n}{3^n}$$

であり，符号の変化が1回だけ起こるのは，

＋　＋　…　＋　－　－　…　－　または　－　－　…　－　＋　＋　…　＋

となる場合で，$1\leqq k\leqq n-1$ とするとき，$(k+1)$ 回目に符号が変化する確率は，

$$\left(\frac{1}{3}\right)^k\left(\frac{2}{3}\right)^{n-k}+\left(\frac{2}{3}\right)^k\left(\frac{1}{3}\right)^{n-k}=\frac{2^{n-k}+2^k}{3^n}.$$

これより，符号の変化が1回だけ起こる確率は，

$$\sum_{k=1}^{n-1}\frac{2^{n-k}+2^k}{3^n}=\frac{1}{3^n}\left(\sum_{k=1}^{n-1}2^{n-k}+\sum_{k=1}^{n-1}2^k\right)=\frac{2}{3^n}\sum_{k=1}^{n-1}2^k$$

$$=\frac{2}{3^n}\cdot\frac{2(2^{n-1}-1)}{2-1}=\frac{2^{n+1}-4}{3^n}.$$

よって，求める確率は，

$$1-\left(\frac{1+2^n}{3^n}+\frac{2^{n+1}-4}{3^n}\right)$$
$$=1-\frac{2^n-1}{3^{n-1}}$$
$$=\boldsymbol{\frac{3^{n-1}-2^n+1}{3^{n-1}}}.$$

解説

【解答】の符号の変化が 1 回だけ起こる確率

$$\sum_{k=1}^{n-1}\frac{2^{n-k}+2^k}{3^n}=\frac{1}{3^n}\left(\sum_{k=1}^{n-1}2^{n-k}+\sum_{k=1}^{n-1}2^k\right)$$

は，$\sum_{k=1}^{n-1}2^{n-k}$，$\sum_{k=1}^{n-1}2^k$ をそれぞれ，初項 2^{n-1}，公比 $\frac{1}{2}$ の等比数列の和および初項 2，公比 2 の等比数列の和と考えて，

$$\sum_{k=1}^{n-1}2^{n-k}+\sum_{k=1}^{n-1}2^k=\frac{2^{n-1}\left\{1-\left(\frac{1}{2}\right)^{n-1}\right\}}{1-\frac{1}{2}}+\frac{2(2^{n-1}-1)}{2-1}$$
$$=2^n\left\{1-\left(\frac{1}{2}\right)^{n-1}\right\}+2(2^{n-1}-1)$$
$$=2(2^n-2)$$

より，

$$\sum_{k=1}^{n-1}\frac{2^{n-k}+2^k}{3^n}=\frac{2(2^n-2)}{3^n}$$

と求めてもよい．

【解答】では，

$$\sum_{k=1}^{n-1}2^{n-k}+\sum_{k=1}^{n-1}2^k=(2^{n-1}+2^{n-2}+\cdots+2^2+2)+\sum_{k=1}^{n-1}2^k$$
$$=(2+2^2+\cdots+2^{n-2}+2^{n-1})+\sum_{k=1}^{n-1}2^k=\sum_{k=1}^{n-1}2^k+\sum_{k=1}^{n-1}2^k$$
$$=2\sum_{k=1}^{n-1}2^k$$

と考えて計算を省力化した．

125 ジャンケンの勝者の数の期待値

解法のポイント

$$ {}_n\mathrm{C}_0 + {}_n\mathrm{C}_1 + {}_n\mathrm{C}_2 + \cdots + {}_n\mathrm{C}_n = 2^n. $$

【解答】

(1)
$$ k\,{}_n\mathrm{C}_k = n\cdot\frac{k}{n}\cdot\frac{n!}{(n-k)!k!} = n\cdot\frac{(n-1)!}{(n-k)!(k-1)!} = \boldsymbol{n\,{}_{n-1}C_{k-1}}. $$

(2) n 人の手の出し方は全部で 3^n 通りあり，いずれの場合も同様に確からしい．

n 人のうち k 人が勝者となるとき，どの k 人が勝者となるかで ${}_n\mathrm{C}_k$ 通りの場合がある．また，勝者が何の手で勝ったかで 3 通りの場合がある．

したがって，$X=k$ となる確率 P_k は，

$$ P_k = \frac{{}_n\mathrm{C}_k\cdot 3}{3^n} = \boldsymbol{{}_n\mathrm{C}_k\left(\frac{1}{3}\right)^{n-1}}. $$

(3) $X=0$ となる確率 P_0 は，

$$ \begin{aligned} P_0 &= 1-\sum_{k=1}^{n-1} P_k \\ &= 1-\sum_{k=1}^{n-1} {}_n\mathrm{C}_k\left(\frac{1}{3}\right)^{n-1} \\ &= 1-\left(\frac{1}{3}\right)^{n-1}\sum_{k=1}^{n-1} {}_n\mathrm{C}_k. \end{aligned} $$

ここで，
$$ \begin{aligned} \sum_{k=1}^{n-1} {}_n\mathrm{C}_k &= {}_n\mathrm{C}_1 + {}_n\mathrm{C}_2 + \cdots + {}_n\mathrm{C}_{n-1} \\ &= ({}_n\mathrm{C}_0 + {}_n\mathrm{C}_1 + {}_n\mathrm{C}_2 + \cdots + {}_n\mathrm{C}_n) - {}_n\mathrm{C}_0 - {}_n\mathrm{C}_n \\ &= (1+1)^n - 2 \\ &= 2^n - 2. \end{aligned} $$

であるから，
$$ \begin{aligned} P_0 &= 1-\left(\frac{1}{3}\right)^{n-1}(2^n-2) \\ &= \boldsymbol{\frac{3^{n-1}+2-2^n}{3^{n-1}}}. \end{aligned} $$

(4) X の期待値 $E(X)$ は，

$$ \begin{aligned} E(X) &= \sum_{k=0}^{n-1} kP_k = \sum_{k=1}^{n-1} k\,{}_n\mathrm{C}_k\left(\frac{1}{3}\right)^{n-1} \\ &= \left(\frac{1}{3}\right)^{n-1}\sum_{k=1}^{n-1} k\,{}_n\mathrm{C}_k \\ &= \left(\frac{1}{3}\right)^{n-1}\sum_{k=1}^{n-1} n\,{}_{n-1}\mathrm{C}_{k-1} \quad ((1)\text{より}) \\ &= \left(\frac{1}{3}\right)^{n-1} n\sum_{k=1}^{n-1} {}_{n-1}\mathrm{C}_{k-1}. \end{aligned} $$

ここで,

$$\begin{aligned}\sum_{k=1}^{n-1}{}_{n-1}\mathrm{C}_{k-1}&={}_{n-1}\mathrm{C}_0+{}_{n-1}\mathrm{C}_1+\cdots+{}_{n-1}\mathrm{C}_{n-2}\\&=({}_{n-1}\mathrm{C}_0+{}_{n-1}\mathrm{C}_1+\cdots+{}_{n-1}\mathrm{C}_{n-2}+{}_{n-1}\mathrm{C}_{n-1})-{}_{n-1}\mathrm{C}_{n-1}\\&=(1+1)^{n-1}-1\\&=2^{n-1}-1.\end{aligned}$$

であるから,

$$\begin{aligned}E(X)&=\left(\frac{1}{3}\right)^{n-1}n(2^{n-1}-1)\\&=\boldsymbol{\frac{n(2^{n-1}-1)}{3^{n-1}}}.\end{aligned}$$

解説

自然数 n について, $(x+y)^n$ の展開式は次のようになる.

$$\begin{aligned}(x+y)^n&=\sum_{k=0}^{n}{}_n\mathrm{C}_k x^{n-k}y^k\\&={}_n\mathrm{C}_0x^n+{}_n\mathrm{C}_1x^{n-1}y+{}_n\mathrm{C}_2x^{n-2}y^2+\cdots\\&\qquad+{}_n\mathrm{C}_kx^{n-k}y^k+\cdots+{}_n\mathrm{C}_{n-1}xy^{n-1}+{}_n\mathrm{C}_ny^n.\end{aligned}$$

この展開公式を**二項定理**という.

二項定理において, $x=y=1$ とおくと,

$$2^n=\sum_{k=0}^{n}{}_n\mathrm{C}_k={}_n\mathrm{C}_0+{}_n\mathrm{C}_1+{}_n\mathrm{C}_2+\cdots+{}_n\mathrm{C}_{n-1}+{}_n\mathrm{C}_n$$

が得られる.

126 カードの数の期待値

【解答】

n 枚のカードから 2 枚のカードを抜き取る場合の数は ${}_n\mathrm{C}_2$ 通りで, これらは同様に確からしい.

(1) $X=k$ ($k=1, 2, \cdots, n$) となる確率を p_k とおく.

$X=k$ ($k=1, 2, \cdots, n-1$) となるのは, 数字 k と記入されたカードと $k+1$ から n までの ($n-k$) 個の数字のうちのどれか 1 つが記入されたカードの 2 枚を抜き取るときであるから,

$$p_k=\frac{n-k}{{}_n\mathrm{C}_2}=\frac{2(n-k)}{n(n-1)}.$$

また, $p_n=0$ であり, このときも上の形に適合する.

よって, 求める確率は,

$$\boldsymbol{p_k=\frac{2(n-k)}{n(n-1)}.\quad (k=1,\ 2,\ \cdots,\ n)}$$

(2) X の期待値を $E(X)$ とすると，

$$
\begin{aligned}
E(X) &= \sum_{k=1}^{n} k p_k \\
&= \sum_{k=1}^{n} k \cdot \frac{2(n-k)}{n(n-1)} \\
&= \frac{2}{n(n-1)}\left(n\sum_{k=1}^{n} k - \sum_{k=1}^{n} k^2\right) \\
&= \frac{2}{n(n-1)}\left\{n\cdot\frac{1}{2}n(n+1) - \frac{1}{6}n(n+1)(2n+1)\right\} \\
&= \frac{1}{n-1}\cdot\frac{n+1}{3}\left\{3n-(2n+1)\right\} \\
&= \boldsymbol{\frac{n+1}{3}}.
\end{aligned}
$$

(3) $Y=k$ （$k=1,\ 2,\ \cdots,\ n$） となる確率を q_k とおく．

$Y=k$ （$k=2,\ 3,\ \cdots,\ n$） となるのは，数字 k と記入されたカードと 1 から $k-1$ までの数字のうちのどれか 1 つが記入されたカードの 2 枚を抜き取るときであるから，

$$q_k = \frac{k-1}{{}_n\mathrm{C}_2} = \frac{2(k-1)}{n(n-1)}.$$

また，$q_1=0$ であり，このときも上の形に適合する．

よって，

$$q_k = \frac{2(k-1)}{n(n-1)} \quad (k=1,\ 2,\ \cdots,\ n)$$

であるから，Y の期待値 $E(Y)$ は，

$$
\begin{aligned}
E(Y) &= \sum_{k=1}^{n} k q_k \\
&= \sum_{k=1}^{n} k \cdot \frac{2(k-1)}{n(n-1)} \\
&= \frac{2}{n(n-1)}\left(\sum_{k=1}^{n} k^2 - \sum_{k=1}^{n} k\right) \\
&= \frac{2}{n(n-1)}\left\{\frac{1}{6}n(n+1)(2n+1) - \frac{1}{2}n(n+1)\right\} \\
&= \frac{1}{n(n-1)}\cdot\frac{n(n+1)}{3}\left\{(2n+1)-3\right\} \\
&= \boldsymbol{\frac{2(n+1)}{3}}.
\end{aligned}
$$

解説

$X=k$ となるのは，2枚を次のように抜き取るときである．

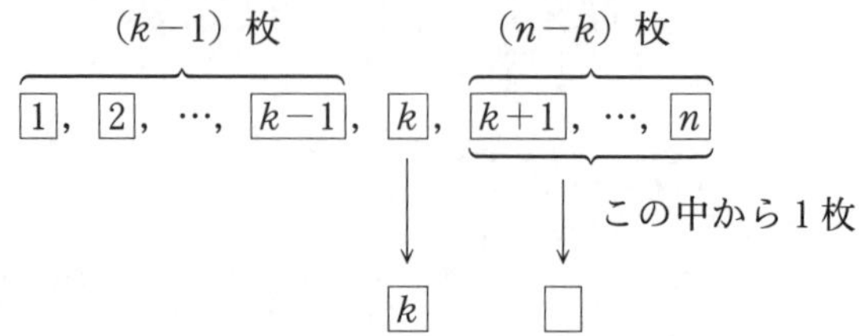

よって，$X=k$ となる場合の数は，

$$n-k \text{（通り）}.$$

また，$Y=k$ となるのは，2枚のカードを次のように抜き取るときである．

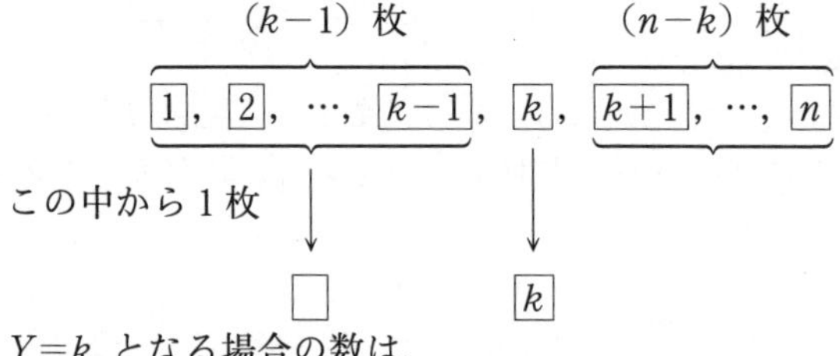

よって，$Y=k$ となる場合の数は，

$$k-1 \text{（通り）}.$$

127 確率と漸化式

解法のポイント

動点Qは点B，Dに移動することはない．

【解答】

動点QはAまたはC上にあり，2または6の目が出ればもう一方の点に移動し，その他の目が出れば移動しない．

(1) p_1 は1回の試行でAからCへ移動する確率であるから，

$$\boldsymbol{p_1=\frac{1}{3}}.$$

さいころを2回振った後にQがCにあるのは，Qの位置が次のように変わるときである．

最初　　1回目　　2回目

$$\mathrm{A} \xrightarrow{\frac{2}{3}} \mathrm{A} \xrightarrow{\frac{1}{3}} \mathrm{C}$$

$$\mathrm{A} \xrightarrow{\frac{1}{3}} \mathrm{C} \xrightarrow{\frac{2}{3}} \mathrm{C}$$

よって，求める確率 p_2 は，

$$\boldsymbol{p_2}=\frac{2}{3}\cdot\frac{1}{3}+\frac{1}{3}\cdot\frac{2}{3}=\boldsymbol{\frac{4}{9}}.$$

(2) さいころを $(n+1)$ 回振ってQがCにあるのは，Qの位置が次のように変わるときである．

最初		n 回目		$(n+1)$回目
A	$\xrightarrow{1-p_n}$	A	$\xrightarrow{\frac{1}{3}}$	C
A	$\xrightarrow{p_n}$	C	$\xrightarrow{\frac{2}{3}}$	C

これより，
$$p_{n+1}=(1-p_n)\times\frac{1}{3}+p_n\times\frac{2}{3}.$$

よって，

$$\boldsymbol{p_{n+1}=\frac{1}{3}p_n+\frac{1}{3}}.$$

(3)
$$p_{n+1}=\frac{1}{3}p_n+\frac{1}{3}$$

より，
$$p_{n+1}-\frac{1}{2}=\frac{1}{3}\left(p_n-\frac{1}{2}\right).$$

よって，$\left\{p_n-\frac{1}{2}\right\}$ は初項 $p_1-\frac{1}{2}$，公比 $\frac{1}{3}$ の等比数列である．

$p_1=\frac{1}{3}$ より，
$$p_n-\frac{1}{2}=\left(p_1-\frac{1}{2}\right)\left(\frac{1}{3}\right)^{n-1}$$
$$=-\frac{1}{6}\left(\frac{1}{3}\right)^{n-1}=-\frac{1}{2}\left(\frac{1}{3}\right)^{n}.$$

よって，

$$\boldsymbol{p_n}=\frac{1}{2}\left\{1-\left(\frac{1}{3}\right)^n\right\}\boldsymbol{=\frac{1}{2}\left(1-\frac{1}{3^n}\right)}.$$

128 確率と漸化式

解法のポイント

(1) 余事象を考える．

(2) $a_1+a_2+\cdots+a_n$ が4の倍数である確率を p_n とおいて，p_{n+1} と p_n の関係式（漸化式）を作る．

【解答】

(1) カードの取り出し方は全部で 3^n 通りあり，これらはいずれも同様に確からしい．

このうち，

(i) 1種類の番号だけの取り出し方．

3通り．

(ii) 2種類の番号だけの取り出し方．

2種類の番号の選び方は ${}_3C_2$ 通り，すなわち

3通り

あり，n 回ともその2種類の番号である取り出し方は，

2^n-2 通り

あるので，このときの取り出し方は，

$3(2^n-2)$ 通り．

よって，1，2，3すべてが取り出される確率は，

$$\frac{3^n-3-3(2^n-2)}{3^n}$$

$$=\boldsymbol{\frac{3^{n-1}-2^n+1}{3^{n-1}}}.$$

(2) $a_1+a_2+\cdots+a_n$ を4で割った余りが0，1，2，3である確率をそれぞれ p_n，q_n，r_n，s_n とする．

$a_1+a_2+\cdots+a_n=T_n$ とするとき，T_{n+1} が4で割り切れるのは，

(ア) T_n が4で割って1余り，$a_{n+1}=3$,

(イ) T_n が4で割って2余り，$a_{n+1}=2$,

(ウ) T_n が4で割って3余り，$a_{n+1}=1$

のいずれかの場合であるから，

$$p_{n+1}=q_n\times\frac{1}{3}+r_n\times\frac{1}{3}+s_n\times\frac{1}{3}$$

$$=\frac{1}{3}(q_n+r_n+s_n).$$

ここで，

$$p_n+q_n+r_n+s_n=1$$

であるから，

$$p_{n+1}=\frac{1}{3}(1-p_n).$$

よって，

$$p_{n+1}-\frac{1}{4}=-\frac{1}{3}\left(p_n-\frac{1}{4}\right).$$

$$p_n-\frac{1}{4}=\left(p_1-\frac{1}{4}\right)\left(-\frac{1}{3}\right)^{n-1}.$$

$p_1=0$ であるから,

$$p_n-\frac{1}{4}=-\frac{1}{4}\left(-\frac{1}{3}\right)^{n-1}.$$

よって,

$$\boldsymbol{p_n=\frac{1}{4}\left\{1-\left(-\frac{1}{3}\right)^{n-1}\right\}}.$$

129 確率と漸化式

解法のポイント

n 秒後と $(n+1)$ 秒後に注目して，数列 $\{P_i(n)\}$ $(i=1,\ 2)$ について漸化式を立てる.

【解答】

X が $(n+1)$ 秒後に頂点 A_1 に存在するのは，n 秒後に X が頂点 A_2，A_3，A_4 のどれか 1 つにあって，次の移動で頂点 A_1 に移動して来るときであるから,

$$P_1(n+1)=\frac{1}{3}P_2(n)+\frac{1}{3}P_3(n)+\frac{1}{3}P_4(n). \quad \cdots①$$

n 秒後に動点 X は A_1，A_2，A_3，A_4 のどこかの頂点に存在するから,

$$P_1(n)+P_2(n)+P_3(n)+P_4(n)=1. \quad \cdots②$$

①，②より,

$$P_1(n+1)=\frac{1}{3}\left\{1-P_1(n)\right\}. \quad \cdots③$$

これより,

$$P_1(n+1)-\frac{1}{4}=-\frac{1}{3}\left\{P_1(n)-\frac{1}{4}\right\}.$$

したがって，$\left\{P_1(n)-\frac{1}{4}\right\}$ は公比 $-\frac{1}{3}$ の等比数列であるから,

$$P_1(n)-\frac{1}{4}=\left\{P_1(0)-\frac{1}{4}\right\}\left(-\frac{1}{3}\right)^n.$$

ここで，$P_1(0)=\frac{1}{4}$ であるから,

$$P_1(n)-\frac{1}{4}=0.$$

よって，　$\boldsymbol{P_1(n)=\frac{1}{4}}.$　$\boldsymbol{(n=0,\ 1,\ 2,\ \cdots)}$

同様にして,

$$P_2(n)-\frac{1}{4}=\left\{P_2(0)-\frac{1}{4}\right\}\left(-\frac{1}{3}\right)^n$$

となるから, $P_2(0)=\frac{1}{2}$ より,

$$P_2(n)-\frac{1}{4}=\frac{1}{4}\left(-\frac{1}{3}\right)^n.$$

よって,

$$\boldsymbol{P_2(n)=\frac{1}{4}\left\{1+\left(-\frac{1}{3}\right)^n\right\}}. \qquad \boldsymbol{(n=0,\ 1,\ 2,\ \cdots)}$$

解説

$P_3(n)$, $P_4(n)$ についても同様の方法で求めることができるが, 漸化式

$$P_3(n+1)=\frac{1}{3}\{1-P_3(n)\},\ P_4(n+1)=\frac{1}{3}\{1-P_4(n)\}$$

と初期条件

$$P_3(0)=\frac{1}{8},\ P_4(0)=\frac{1}{8}$$

の対称性から,

$$P_3(n)=P_4(n)$$

は明らかである.

よって, ②と $P_1(n)$, $P_2(n)$ を用いることにより,

$$P_3(n)=P_4(n)=\frac{1}{2}\{1-P_1(n)-P_2(n)\}$$

$$=\frac{1}{4}-\frac{1}{8}\left(-\frac{1}{3}\right)^n. \qquad (n=0,\ 1,\ 2,\ \cdots)$$

130 確率漸化式

解法のポイント

(3) 合計得点が初めて n 点となる確率を a_n とすると,

$$u_n=\frac{1}{2}a_n.$$

【解答】

サイコロを1回投げたとき, 得点が1点となる確率は $\frac{1}{6}$, 2点となる確率は $\frac{1}{3}$, 0点となる確率は $\frac{1}{2}$.

したがって，続けてサイコロを投げる確率およびゲームを終了する確率はともに $\dfrac{1}{2}$ である．

(1)　1回で終了する確率は $\dfrac{1}{2}$，2回で終了する確率は $\left(\dfrac{1}{2}\right)^2$，3回で終了する確率は $\left(\dfrac{1}{2}\right)^3$ であるから，3回以下でゲームが終了する確率は，

$$\frac{1}{2}+\left(\frac{1}{2}\right)^2+\left(\frac{1}{2}\right)^3=\boldsymbol{\frac{7}{8}}.$$

(2)　合計得点が3点でゲームが終了する事象 A は，

1回目	2回目	3回目	4回目
2	1	0	
1	2	0	
1	1	1	0

の3通りである．

よって，

$$P(A)=\frac{1}{3}\cdot\frac{1}{6}\cdot\frac{1}{2}+\frac{1}{6}\cdot\frac{1}{3}\cdot\frac{1}{2}+\frac{1}{6}\cdot\frac{1}{6}\cdot\frac{1}{6}\cdot\frac{1}{2}$$
$$=\frac{25}{432}.$$

3回目でゲームが終了する事象を B とすると求める確率は，

$$P_A(B)=\frac{P(A\cap B)}{P(A)}=\frac{\frac{1}{3}\cdot\frac{1}{6}\cdot\frac{1}{2}\times 2}{\frac{25}{432}}=\boldsymbol{\frac{24}{25}}.$$

(3)　合計得点が初めて n 点となる事象を A_n とし，その確率を a_n とおくと，もう1回サイコロを投げてゲームが終了する確率が u_n であるから，

$$u_n=\frac{1}{2}a_n.$$

$n\geqq 3$ のとき，

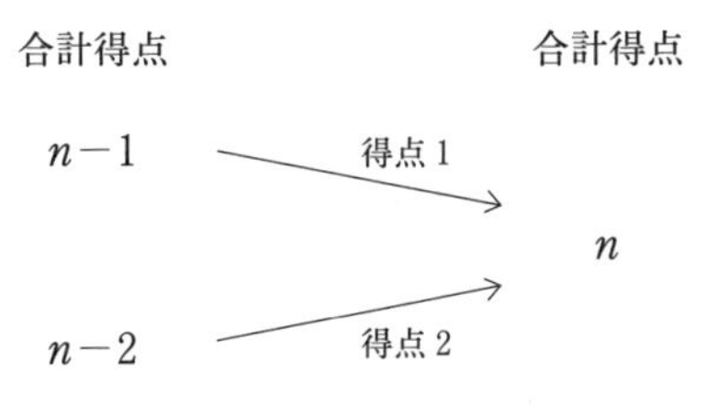

より，

$$a_n=\frac{1}{6}a_{n-1}+\frac{1}{3}a_{n-2} \qquad \cdots①$$

である.

a_1 はサイコロを1回投げて1点を得点する確率であるから,

$$a_1=\frac{1}{6}.$$

また, a_2 はサイコロを1回投げて2点を得点するか, サイコロを2回投げて1点ずつ得点するかのいずれかであるから,

$$a_2=\frac{1}{3}+\frac{1}{6}\cdot\frac{1}{6}=\frac{13}{36}.$$

①より,

$$\begin{cases} a_n+\dfrac{1}{2}a_{n-1}=\dfrac{2}{3}\left(a_{n-1}+\dfrac{1}{2}a_{n-2}\right), & \cdots② \\ a_n-\dfrac{2}{3}a_{n-1}=-\dfrac{1}{2}\left(a_{n-1}-\dfrac{2}{3}a_{n-2}\right). & \cdots③ \end{cases}$$

②より,

$$\begin{aligned} a_{n+1}+\frac{1}{2}a_n&=\left(a_2+\frac{1}{2}a_1\right)\left(\frac{2}{3}\right)^{n-1} \\ &=\frac{4}{9}\left(\frac{2}{3}\right)^{n-1} \\ &=\left(\frac{2}{3}\right)^{n+1}. \qquad \cdots④ \end{aligned}$$

③より,

$$\begin{aligned} a_{n+1}-\frac{2}{3}a_n&=\left(a_2-\frac{2}{3}a_1\right)\left(-\frac{1}{2}\right)^{n-1} \\ &=\frac{1}{4}\left(-\frac{1}{2}\right)^{n-1} \\ &=\left(-\frac{1}{2}\right)^{n+1}. \qquad \cdots⑤ \end{aligned}$$

④−⑤より,

$$\frac{7}{6}a_n=\left(\frac{2}{3}\right)^{n+1}-\left(-\frac{1}{2}\right)^{n+1}.$$

$$a_n=\frac{6}{7}\left\{\left(\frac{2}{3}\right)^{n+1}-\left(-\frac{1}{2}\right)^{n+1}\right\}.$$

よって,

$$\boldsymbol{u_n=\frac{3}{7}\left\{\left(\frac{2}{3}\right)^{n+1}-\left(-\frac{1}{2}\right)^{n+1}\right\}}.$$

第 12 章　平面ベクトル

131　2 直線の交点, 共線条件

解法のポイント

円 C の外部の点 P から C に引いた 2 接線の接点を Q，R とすると，

$$PQ=PR.$$

【解答】

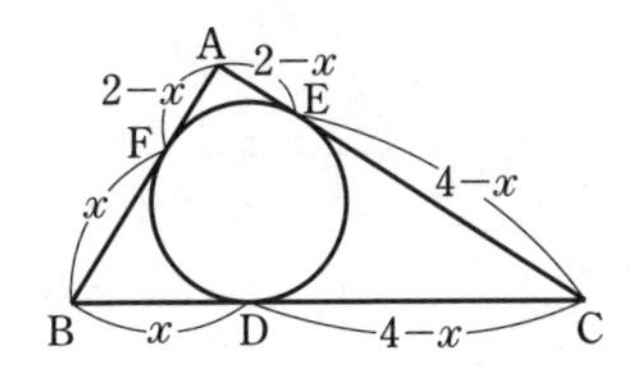

(1)　$BD=x$ とおくと，

$$BF=BD=x.$$

$$AE=AF=AB-BF=2-x.$$

よって，

$$CE=CA-AE=3-(2-x)=1+x.$$

また，

$$CD=BC-BD=4-x.$$

$CD=CE$ であるから，

$$4-x=1+x.$$

$$x=\frac{3}{2}.$$

これより，

$$BD:DC=\frac{3}{2}:\left(4-\frac{3}{2}\right)=3:5.$$

よって，

$$\overrightarrow{\mathbf{AD}}=\frac{5\overrightarrow{AB}+3\overrightarrow{AC}}{8}$$

$$=\frac{\mathbf{5}}{\mathbf{8}}\overrightarrow{\mathbf{AB}}+\frac{\mathbf{3}}{\mathbf{8}}\overrightarrow{\mathbf{AC}}.$$

(2)

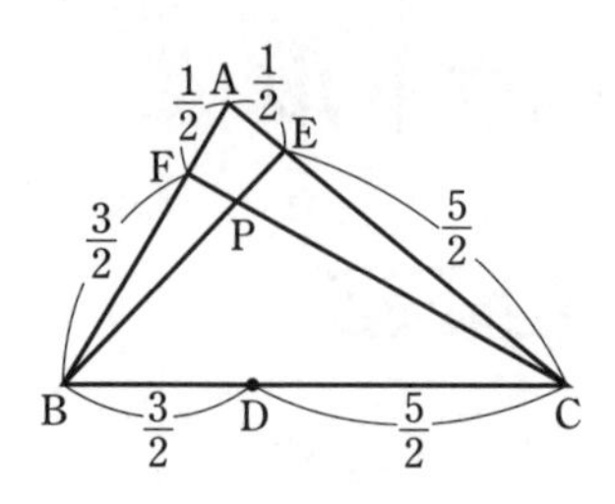

$$\mathrm{AF}:\mathrm{FB}=\frac{1}{2}:\frac{3}{2}=1:3,$$

$$\mathrm{AE}:\mathrm{EC}=\frac{1}{2}:\frac{5}{2}=1:5$$

であるから，

$$\overrightarrow{\mathrm{AF}}=\frac{1}{4}\overrightarrow{\mathrm{AB}},\quad \overrightarrow{\mathrm{AE}}=\frac{1}{6}\overrightarrow{\mathrm{AC}}.$$

BP：PE$=s:(1-s)$，CP：PF$=t:(1-t)$ とおくと，

$$\begin{cases}\overrightarrow{\mathrm{AP}}=(1-s)\overrightarrow{\mathrm{AB}}+s\overrightarrow{\mathrm{AE}},\\ \overrightarrow{\mathrm{AP}}=t\overrightarrow{\mathrm{AF}}+(1-t)\overrightarrow{\mathrm{AC}}\end{cases}$$

より，

$$\begin{cases}\overrightarrow{\mathrm{AP}}=(1-s)\overrightarrow{\mathrm{AB}}+\frac{1}{6}s\overrightarrow{\mathrm{AC}},\\ \overrightarrow{\mathrm{AP}}=\frac{1}{4}t\overrightarrow{\mathrm{AB}}+(1-t)\overrightarrow{\mathrm{AC}}.\end{cases}$$

$\overrightarrow{\mathrm{AB}}\neq\vec{0}$，$\overrightarrow{\mathrm{AC}}\neq\vec{0}$，$\overrightarrow{\mathrm{AB}}\not\parallel\overrightarrow{\mathrm{AC}}$ であるから，

$$\begin{cases}1-s=\frac{1}{4}t,\\ \frac{1}{6}s=1-t.\end{cases}$$

これを解いて，

$$s=\frac{18}{23},\quad t=\frac{20}{23}.$$

よって，

$$\overrightarrow{\mathrm{AP}}=\frac{5}{23}\overrightarrow{\mathrm{AB}}+\frac{3}{23}\overrightarrow{\mathrm{AC}}.$$

これより，

$$\overrightarrow{\mathrm{AP}}=\frac{8}{23}\left(\frac{5}{8}\overrightarrow{\mathrm{AB}}+\frac{3}{8}\overrightarrow{\mathrm{AC}}\right)$$

$$=\frac{8}{23}\overrightarrow{\mathrm{AD}}.$$

よって，3点 A，P，D は同一直線上にあり，

$$\mathrm{AP}:\mathrm{PD}=\mathbf{8:15}.$$

132 分点公式，2直線の交点のベクトル表示

解法のポイント

四角形 ADMB は平行四辺形で，$\overrightarrow{\mathrm{DA}}=\overrightarrow{\mathrm{MB}}$，$\overrightarrow{\mathrm{MD}}=-\overrightarrow{\mathrm{MC}}$.

【解答】

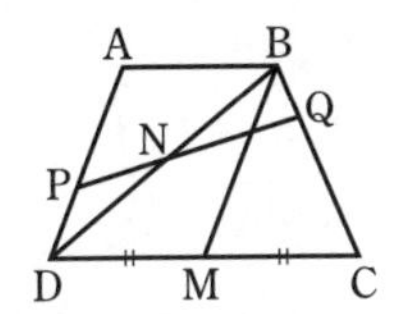

(1)　AB // DC かつ AB＝DM であるから，四角形 ADMB は平行四辺形であり，

$$\overrightarrow{\mathrm{DA}}=\overrightarrow{\mathrm{MB}}.$$

したがって，

$$\overrightarrow{\mathrm{MP}}=\overrightarrow{\mathrm{MD}}+\frac{1}{3}\overrightarrow{\mathrm{DA}}=-\overrightarrow{\mathrm{MC}}+\frac{1}{3}\overrightarrow{\mathrm{MB}}.$$

また，

$$\overrightarrow{\mathrm{MQ}}=\frac{3\overrightarrow{\mathrm{MB}}+\overrightarrow{\mathrm{MC}}}{4}.$$

よって，

$$\begin{aligned}\overrightarrow{\mathbf{PQ}}&=\overrightarrow{\mathrm{MQ}}-\overrightarrow{\mathrm{MP}}\\&=\frac{3\overrightarrow{\mathrm{MB}}+\overrightarrow{\mathrm{MC}}}{4}-\left(-\overrightarrow{\mathrm{MC}}+\frac{1}{3}\overrightarrow{\mathrm{MB}}\right)\\&=\mathbf{\frac{5}{12}\overrightarrow{MB}+\frac{5}{4}\overrightarrow{MC}}.\end{aligned}$$

(2)　PN：NQ＝s：$(1-s)$，DN：NB＝t：$(1-t)$ とおくと，

$$\begin{aligned}\overrightarrow{\mathrm{PN}}&=s\overrightarrow{\mathrm{PQ}}\\&=\frac{5}{12}s\overrightarrow{\mathrm{MB}}+\frac{5}{4}s\overrightarrow{\mathrm{MC}}.\end{aligned}\qquad\cdots①$$

また，

$$\begin{aligned}\overrightarrow{\mathrm{PN}}&=\overrightarrow{\mathrm{DN}}-\overrightarrow{\mathrm{DP}}\\&=t\overrightarrow{\mathrm{DB}}-\frac{1}{3}\overrightarrow{\mathrm{DA}}=t(\overrightarrow{\mathrm{MB}}-\overrightarrow{\mathrm{MD}})-\frac{1}{3}\overrightarrow{\mathrm{MB}}\\&=\left(t-\frac{1}{3}\right)\overrightarrow{\mathrm{MB}}+t\overrightarrow{\mathrm{MC}}.\end{aligned}\qquad\cdots②$$

$\overrightarrow{\mathrm{MB}} \neq \vec{0}$，$\overrightarrow{\mathrm{MC}} \neq \vec{0}$，$\overrightarrow{\mathrm{MB}} \not\parallel \overrightarrow{\mathrm{MC}}$ であるから，①，②より，

$$\begin{cases} \dfrac{5}{12}s = t - \dfrac{1}{3}, \\ \dfrac{5}{4}s = t. \end{cases}$$

これを解いて，

$$s = \frac{2}{5},\quad t = \frac{1}{2}.$$

よって，

$$\mathrm{DN} : \mathrm{NB} = \mathbf{1} : \mathbf{1}.$$

[(2)の別解]

PN：NQ$=s:(1-s)$，DN：NB$=t:(1-t)$ とおくと，

$$\begin{aligned} \overrightarrow{\mathrm{MN}} &= (1-s)\overrightarrow{\mathrm{MP}} + s\overrightarrow{\mathrm{MQ}} \\ &= (1-s)(\overrightarrow{\mathrm{MD}} + \overrightarrow{\mathrm{DP}}) + s \cdot \frac{3\overrightarrow{\mathrm{MB}} + \overrightarrow{\mathrm{MC}}}{4} \\ &= (1-s)\left(-\overrightarrow{\mathrm{MC}} + \frac{1}{3}\overrightarrow{\mathrm{MB}}\right) + s \cdot \frac{3\overrightarrow{\mathrm{MB}} + \overrightarrow{\mathrm{MC}}}{4} \\ &= \left(\frac{1}{3} + \frac{5}{12}s\right)\overrightarrow{\mathrm{MB}} + \left(-1 + \frac{5}{4}s\right)\overrightarrow{\mathrm{MC}}. \end{aligned}$$

また，

$$\begin{aligned} \overrightarrow{\mathrm{MN}} &= (1-t)\overrightarrow{\mathrm{MD}} + t\overrightarrow{\mathrm{MB}} \\ &= t\overrightarrow{\mathrm{MB}} + (-1+t)\overrightarrow{\mathrm{MC}}. \end{aligned}$$

$\overrightarrow{\mathrm{MB}} \neq \vec{0}$，$\overrightarrow{\mathrm{MC}} \neq \vec{0}$，$\overrightarrow{\mathrm{MB}} \not\parallel \overrightarrow{\mathrm{MC}}$ であるから，

$$\begin{cases} \dfrac{1}{3} + \dfrac{5}{12}s = t, \\ -1 + \dfrac{5}{4}s = -1 + t. \end{cases}$$

これを解いて，

$$s = \frac{2}{5},\quad t = \frac{1}{2}.$$

よって，

$$\mathrm{DN} : \mathrm{NB} = \mathbf{1} : \mathbf{1}.$$

133 分点公式

解法のポイント

$\overrightarrow{BP}=\overrightarrow{BA}+\overrightarrow{AP}=-\overrightarrow{AB}+\overrightarrow{AP}$ として，ベクトルの始点をすべて点 A にそろえる.

【解答】

(1)

$$3\overrightarrow{AP}-5\overrightarrow{BP}+9\overrightarrow{CP}=\vec{0}$$
$$\iff 3\overrightarrow{AP}-5(\overrightarrow{AP}-\overrightarrow{AB})+9(\overrightarrow{AP}-\overrightarrow{AC})=\vec{0}$$
$$\iff 7\overrightarrow{AP}=-5\overrightarrow{AB}+9\overrightarrow{AC}.$$

よって，

$$\boldsymbol{\overrightarrow{AP}=-\frac{5}{7}\overrightarrow{AB}+\frac{9}{7}\overrightarrow{AC}.}$$

(2) $\overrightarrow{AD}=\alpha\overrightarrow{AP}$ より，

$$\overrightarrow{AD}=-\frac{5}{7}\alpha\overrightarrow{AB}+\frac{9}{7}\alpha\overrightarrow{AC}. \quad \cdots①$$

D は直線 BC 上の点であるから，

$$\overrightarrow{AD}=(1-t)\overrightarrow{AB}+t\overrightarrow{AC} \quad (t\text{ は実数}) \quad \cdots②$$

と表される.

$\overrightarrow{AB}\neq\vec{0}$，$\overrightarrow{AC}\neq\vec{0}$，$\overrightarrow{AB}\not\parallel\overrightarrow{AC}$ であるから，①，②より，

$$\begin{cases} -\dfrac{5}{7}\alpha=1-t, \\ \dfrac{9}{7}\alpha=t. \end{cases}$$

これを解いて，

$$\boldsymbol{\alpha=\frac{7}{4}},\quad t=\frac{9}{4}.$$

(3) (2)より，

$$\overrightarrow{AD}=\frac{7}{4}\overrightarrow{AP}=\frac{7}{4}\left(-\frac{5}{7}\overrightarrow{AB}+\frac{9}{7}\overrightarrow{AC}\right)=-\frac{5}{4}\overrightarrow{AB}+\frac{9}{4}\overrightarrow{AC}.$$

これより，

$$\overrightarrow{BD}-\overrightarrow{BA}=\frac{5}{4}\overrightarrow{BA}+\frac{9}{4}(\overrightarrow{BC}-\overrightarrow{BA}).$$

$$\overrightarrow{BD}=\frac{9}{4}\overrightarrow{BC}.$$

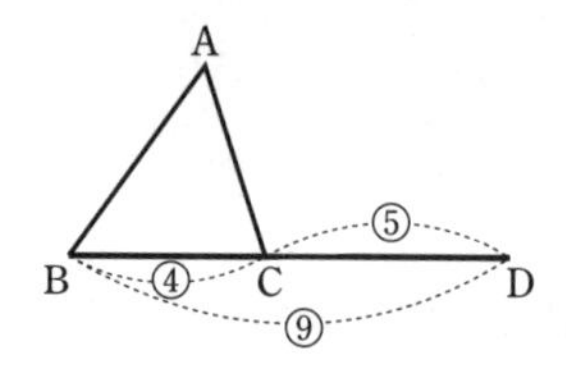

よって，点 D は**線分 BC を 9：5 に外分する点である.**

134 直線上の点

解法のポイント

ベクトルの始点をすべて B にそろえる.

【解答】

$$3\overrightarrow{PA}+4\overrightarrow{PB}+5\overrightarrow{PC}=k\overrightarrow{BC}$$

$$\iff 3(\overrightarrow{BA}-\overrightarrow{BP})-4\overrightarrow{BP}+5(\overrightarrow{BC}-\overrightarrow{BP})=k\overrightarrow{BC}$$

$$\iff 3\overrightarrow{BA}+(5-k)\overrightarrow{BC}=12\overrightarrow{BP}$$

$$\iff \overrightarrow{BP}=\frac{1}{4}\overrightarrow{BA}+\frac{5-k}{12}\overrightarrow{BC}.$$

よって，点 P は辺 AB を 3：1 に内分する点 D を通り，辺 BC に平行な直線 l 上にある.

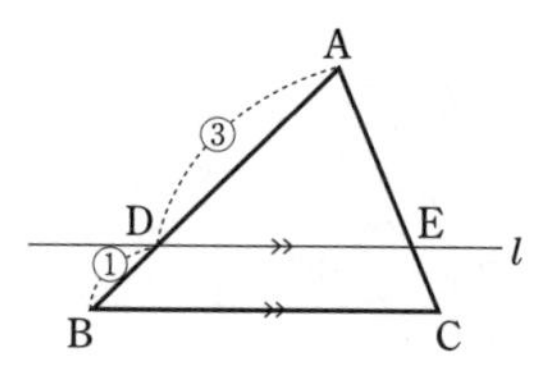

(1) 点 P が辺 AB 上にあるとき，

$$\frac{5-k}{12}=0.$$

$$\boldsymbol{k=5.}$$

(2) l と辺 AC との交点を E とすると，l 上の点 P に対し，

P が△ABC の内部にある

$\iff$ P が線分 DE 上にある（P≠D, E）

$$\iff 0<\frac{5-k}{12}<\frac{3}{4}$$

$$\iff \begin{cases} 0<5-k, \\ 5-k<9 \end{cases}$$

$$\iff \boldsymbol{-4<k<5.}$$

解説

(1)　[別解]

$$3\overrightarrow{\mathrm{PA}}+4\overrightarrow{\mathrm{PB}}+5\overrightarrow{\mathrm{PC}}=k\overrightarrow{\mathrm{BC}}$$

$$\iff -3\overrightarrow{\mathrm{AP}}+4(\overrightarrow{\mathrm{AB}}-\overrightarrow{\mathrm{AP}})+5(\overrightarrow{\mathrm{AC}}-\overrightarrow{\mathrm{AP}})=k(\overrightarrow{\mathrm{AC}}-\overrightarrow{\mathrm{AB}})$$

$$\iff (4+k)\overrightarrow{\mathrm{AB}}+(5-k)\overrightarrow{\mathrm{AC}}=12\overrightarrow{\mathrm{AP}}$$

$$\iff \overrightarrow{\mathrm{AP}}=\frac{4+k}{12}\overrightarrow{\mathrm{AB}}+\frac{5-k}{12}\overrightarrow{\mathrm{AC}}.$$

よって，P が辺 AB 上にあるとき，

$$\frac{5-k}{12}=0.$$

$$\boldsymbol{k=5.}$$

(2)

> $\triangle$ABC と点 P について
>
> $$\overrightarrow{\mathrm{AP}}=s\overrightarrow{\mathrm{AB}}+t\overrightarrow{\mathrm{AC}}$$
>
> のとき，
>
> 点 P が$\triangle$ABC の内部にある
>
> $$\iff s>0,\ t>0,\ s+t<1$$

を利用しても k の値の範囲を求めることができる．

[別解]

$$\overrightarrow{\mathrm{AP}}=\frac{4+k}{12}\overrightarrow{\mathrm{AB}}+\frac{5-k}{12}\overrightarrow{\mathrm{AC}}$$

であるから，点 P が$\triangle$ABC の内部にあるための条件は，

$$\frac{4+k}{12}>0,\ \frac{5-k}{12}>0,\ \frac{4+k}{12}+\frac{5-k}{12}<1.$$

これより，

$$\boldsymbol{-4<k<5.}$$

135 共線条件，三角形の面積比

解法のポイント

三角形 OAB の重心を G とすると，

$$\overrightarrow{OG}=\frac{\overrightarrow{OA}+\overrightarrow{OB}}{3}.$$

【解答】

(1) G は三角形 OAB の重心であるから，

$$\overrightarrow{OG}=\frac{1}{3}\overrightarrow{OA}+\frac{1}{3}\overrightarrow{OB}. \quad \cdots①$$

$\overrightarrow{OP}=p\overrightarrow{OA}$，$\overrightarrow{OQ}=q\overrightarrow{OB}$ $(0<p<1,\ 0<q<1)$ と表される．

G は線分 PQ を $t:(1-t)$ に内分しているから，

$$\begin{aligned}\overrightarrow{OG}&=(1-t)\overrightarrow{OP}+t\overrightarrow{OQ}\\&=(1-t)p\overrightarrow{OA}+tq\overrightarrow{OB}. \quad \cdots②\end{aligned}$$

$\overrightarrow{OA}\neq\vec{0}$，$\overrightarrow{OB}\neq\vec{0}$，$\overrightarrow{OA}\not\parallel\overrightarrow{OB}$ であるから，①，②より，

$$(1-t)p=\frac{1}{3},\quad tq=\frac{1}{3}.$$

したがって，

$$\begin{cases}\dfrac{OP}{OA}=p=\boldsymbol{\dfrac{1}{3(1-t)}},\\[2ex]\dfrac{OQ}{OB}=q=\boldsymbol{\dfrac{1}{3t}}.\end{cases}$$

(2)

$$\boldsymbol{S}=pq\triangle OAB=pq=\boldsymbol{\frac{1}{9t(1-t)}}.$$

$0<p\leqq1$，$0<q\leqq1$ より，

$$0<\frac{1}{3(1-t)}\leqq1,\qquad 0<\frac{1}{3t}\leqq1.$$

これより，

$$\frac{1}{3}\leqq t\leqq\frac{2}{3}$$

となるから，

$$f(t)=t(1-t)=-\left(t-\frac{1}{2}\right)^2+\frac{1}{4}$$

とおくとき，

$$\frac{2}{9}\leqq t(1-t)\leqq\frac{1}{4}.$$

よって，

$$2\leqq 9t(1-t)\leqq\frac{9}{4}.$$

$$\frac{4}{9}\leqq\frac{1}{9t(1-t)}\leqq\frac{1}{2}.$$

$$\boldsymbol{\frac{4}{9}\leqq S\leqq\frac{1}{2}}.$$

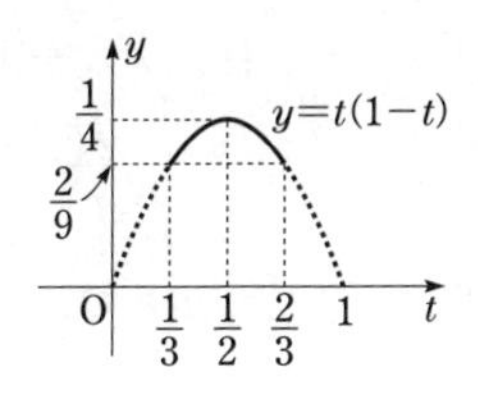

136　共線条件，三角形の面積比

解法のポイント

a，b を正の数とするとき，

$$\frac{a+b}{2}\geqq\sqrt{ab}\quad（等号は，a=b のとき成立）.$$

【解答】

(1)　辺 AB の中点を M とすると，

$$\overrightarrow{OG}=k(\overrightarrow{OA}+\overrightarrow{OB})$$
$$=2k\cdot\frac{\overrightarrow{OA}+\overrightarrow{OB}}{2}$$
$$=2k\overrightarrow{OM}.$$

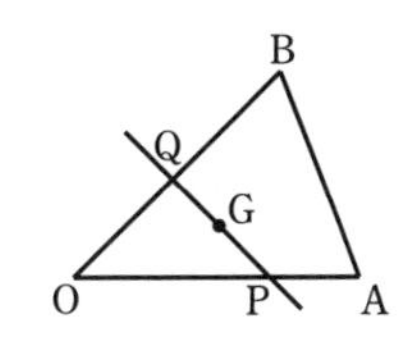

よって，点 G が三角形 OAB の内部にある条件は，

$$0<2k<1$$

すなわち，

$$\boldsymbol{0<k<\frac{1}{2}}.$$

(2)

$$\overrightarrow{OG}=k(\overrightarrow{OA}+\overrightarrow{OB})$$
$$=k\overrightarrow{OA}+k\overrightarrow{OB}.\qquad\cdots①$$

G が直線 PQ 上にあることより，

$$\overrightarrow{OG}=(1-t)\overrightarrow{OP}+t\overrightarrow{OQ}\quad（t は実数）$$

と表される．

$\overrightarrow{\mathrm{OP}}=p\overrightarrow{\mathrm{OA}}$，$\overrightarrow{\mathrm{OQ}}=q\overrightarrow{\mathrm{OB}}$ であるから，

$$\overrightarrow{\mathrm{OG}}=(1-t)p\overrightarrow{\mathrm{OA}}+tq\overrightarrow{\mathrm{OB}}. \qquad \cdots②$$

$\overrightarrow{\mathrm{OA}}\neq\vec{0}$，$\overrightarrow{\mathrm{OB}}\neq\vec{0}$，$\overrightarrow{\mathrm{OA}}\not\parallel\overrightarrow{\mathrm{OB}}$ であるから，①，②より，

$$k=(1-t)p,\ k=tq$$

$$\iff \frac{k}{p}=1-t,\ \frac{k}{q}=t.$$

これら 2 式を辺々加えて，

$$\frac{k}{p}+\frac{k}{q}=1. \qquad \cdots③ \qquad \frac{p+q}{pq}k=1.$$

したがって，　$\boldsymbol{k=\dfrac{pq}{p+q}}$.

(3)　$\angle\mathrm{AOB}=\theta$ とすると，

$$\frac{S'}{S}=\frac{\dfrac{1}{2}\mathrm{OP}\cdot\mathrm{OQ}\sin\theta}{\dfrac{1}{2}\mathrm{OA}\cdot\mathrm{OB}\sin\theta}=pq.$$

$k=\dfrac{1}{4}$ のとき，③より，

$$\frac{1}{p}+\frac{1}{q}=4.$$

（相加平均）≧（相乗平均）より，

$$\frac{1}{p}+\frac{1}{q}\geqq 2\sqrt{\frac{1}{p}\cdot\frac{1}{q}}$$

であるから，

$$4\geqq 2\sqrt{\frac{1}{pq}}.$$

$$pq\geqq\frac{1}{4}.$$

よって，

$$\frac{S'}{S}\geqq\frac{1}{4}.$$

ここで，等号は $\dfrac{1}{p}=\dfrac{1}{q}=2$ すなわち $p=q=\dfrac{1}{2}$ のとき成り立つ.

したがって，$\dfrac{S'}{S}$ の最小値は $\boldsymbol{\dfrac{1}{4}}$ である.

137 ベクトルの大きさと内積

【解答】

$$\begin{cases} |\vec{p}|=4, \\ |\vec{q}|=2, \\ \vec{p}\cdot\vec{q}=|\vec{p}||\vec{q}|\cos 60^\circ=4. \end{cases}$$

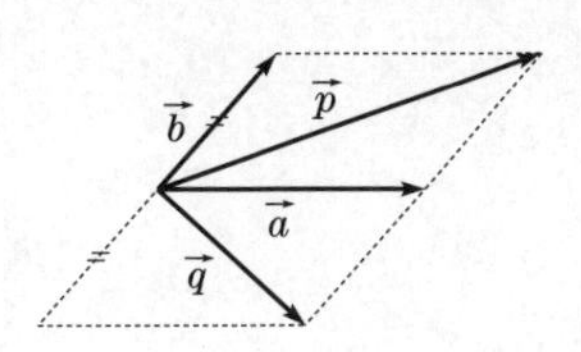

(1)
$$\begin{cases} \vec{p}=\vec{a}+\vec{b}, \\ \vec{q}=\vec{a}-\vec{b} \end{cases}$$

より，

$$\begin{cases} \vec{a}=\dfrac{1}{2}(\vec{p}+\vec{q}), \\ \vec{b}=\dfrac{1}{2}(\vec{p}-\vec{q}). \end{cases}$$

これより，

$$\begin{aligned} |\vec{a}|^2&=\frac{1}{4}|\vec{p}+\vec{q}|^2 \\ &=\frac{1}{4}(|\vec{p}|^2+2\vec{p}\cdot\vec{q}+|\vec{q}|^2) \\ &=\frac{1}{4}(16+8+4) \\ &=7. \end{aligned}$$

よって，

$$|\vec{a}|=\sqrt{\mathbf{7}}.$$

次に，

$$\begin{aligned} |\vec{b}|^2&=\frac{1}{4}|\vec{p}-\vec{q}|^2 \\ &=\frac{1}{4}(|\vec{p}|^2-2\vec{p}\cdot\vec{q}+|\vec{q}|^2) \\ &=\frac{1}{4}(16-8+4) \\ &=3. \end{aligned}$$

よって，

$$|\vec{b}|=\sqrt{\mathbf{3}}.$$

また,

$$\vec{a}\cdot\vec{b}=\frac{1}{4}(|\vec{p}|^2-|\vec{q}|^2)$$
$$=\frac{1}{4}(16-4)$$
$$=\mathbf{3}.$$

(2)
$$|t\vec{a}+\vec{b}|^2=t^2|\vec{a}|^2+2t\vec{a}\cdot\vec{b}+|\vec{b}|^2$$
$$=7t^2+6t+3$$
$$=7\left(t+\frac{3}{7}\right)^2+\frac{12}{7}.$$

よって, $|t\vec{a}+\vec{b}|$ を最小にする t の値は,

$$\boldsymbol{t=-\frac{3}{7}}.$$

解説

(2) [別解]

$\vec{a}=\overrightarrow{\mathrm{OA}}$, $\vec{b}=\overrightarrow{\mathrm{OB}}$, $t\vec{a}+\vec{b}=\overrightarrow{\mathrm{OX}}$ とおくと, 点 X は点 B を通り, ベクトル $\vec{a}$ に平行な直線 l 上を動く.

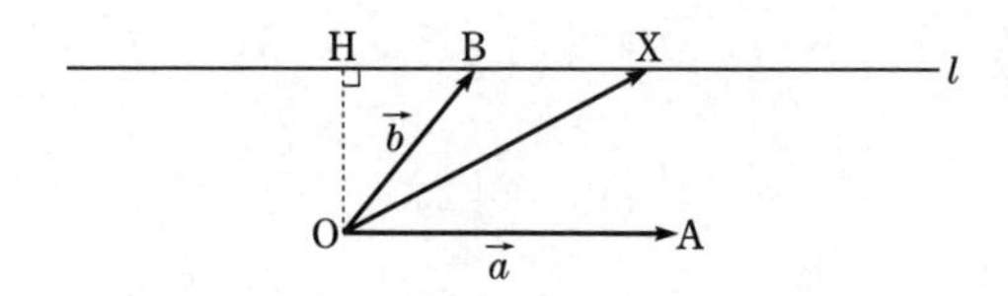

よって, $|t\vec{a}+\vec{b}|=|\overrightarrow{\mathrm{OX}}|$ が最小になるのは, X が O から直線 l に下ろした垂線の足 H と一致するときである.

このとき, $\overrightarrow{\mathrm{OX}}\perp\overrightarrow{\mathrm{OA}}$ より,

$$\overrightarrow{\mathrm{OA}}\cdot\overrightarrow{\mathrm{OX}}=0.$$
$$\vec{a}\cdot(t\vec{a}+\vec{b})=0.$$
$$t|\vec{a}|^2+\vec{a}\cdot\vec{b}=0.$$
$$7t+3=0.$$
$$\boldsymbol{t=-\frac{3}{7}}.$$

138 ベクトルの直交条件，三角形の垂心

解法のポイント

$\vec{u} \neq \vec{0}$，$\vec{v} \neq \vec{0}$ について，

$$\vec{u} \perp \vec{v}\ (\vec{u}\text{と}\ \vec{v}\text{は垂直}) \iff \vec{u} \cdot \vec{v} = 0.$$

【解答】

(1)　$|\vec{a}| = \sqrt{3}$，$|\vec{b}| = 2$ より，

$$|2\vec{a} - \vec{b}|^2 = 4|\vec{a}|^2 - 4\vec{a} \cdot \vec{b} + |\vec{b}|^2 = 16 - 4\vec{a} \cdot \vec{b}.$$

$|2\vec{a} - \vec{b}| = 2\sqrt{2}$ であるから，

$$16 - 4\vec{a} \cdot \vec{b} = 8.$$

よって，

$$\boldsymbol{\vec{a} \cdot \vec{b} = 2.}$$

(2)　$\overrightarrow{\mathrm{OH}}$ と $\vec{b} - \vec{a}$ が直交するとき，

$$\overrightarrow{\mathrm{OH}} \cdot (\vec{b} - \vec{a}) = 0.$$

ここで，

$$\begin{aligned} \overrightarrow{\mathrm{OH}} \cdot (\vec{b} - \vec{a}) &= (s\vec{a} + t\vec{b}) \cdot (\vec{b} - \vec{a}) \\ &= -s|\vec{a}|^2 + t|\vec{b}|^2 + (s - t)\vec{a} \cdot \vec{b} \\ &= -3s + 4t + 2(s - t) \\ &= -s + 2t. \end{aligned}$$

よって，　$-s + 2t = 0.$

$$\boldsymbol{s = 2t.}$$

(3)　H が三角形 OAB の垂心である条件は，

$$\overrightarrow{\mathrm{OH}} \perp \overrightarrow{\mathrm{AB}} \quad \text{かつ} \quad \overrightarrow{\mathrm{AH}} \perp \overrightarrow{\mathrm{OB}}.$$

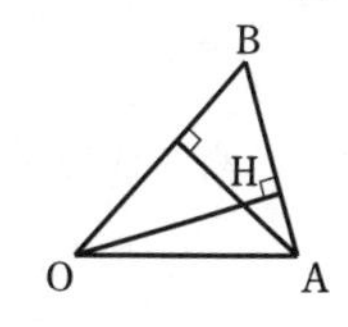

$\overrightarrow{\mathrm{AH}} \perp \overrightarrow{\mathrm{OB}}$ より，$\overrightarrow{\mathrm{AH}} \cdot \overrightarrow{\mathrm{OB}} = 0$ で，

$$\begin{aligned} \overrightarrow{\mathrm{AH}} \cdot \overrightarrow{\mathrm{OB}} &= (\overrightarrow{\mathrm{OH}} - \overrightarrow{\mathrm{OA}}) \cdot \overrightarrow{\mathrm{OB}} \\ &= \left\{(s-1)\vec{a} + t\vec{b}\right\} \cdot \vec{b} \\ &= (s-1)\vec{a} \cdot \vec{b} + t|\vec{b}|^2 \\ &= 2(s-1) + 4t \end{aligned}$$

であるから，　$2(s-1) + 4t = 0.$

$$s + 2t = 1. \qquad \cdots②$$

①，②より，

$$\boldsymbol{s = \frac{1}{2},\ \ t = \frac{1}{4}.}$$

139 三角形の外心, 三角形の面積

解法のポイント

三角形 ABC の外心 O は三角形 ABC の外部にある．O と三角形 ABC の位置関係を正しくとらえる．

【解答】

(1) A, B, C は O を中心とする半径 1 の円周上の点であるから,

$$|\overrightarrow{OA}|=|\overrightarrow{OB}|=|\overrightarrow{OC}|=1. \qquad \cdots①$$

$3\overrightarrow{OA}+4\overrightarrow{OB}-5\overrightarrow{OC}=\vec{0}$ より,

$$3\overrightarrow{OA}+4\overrightarrow{OB}=5\overrightarrow{OC}. \qquad \cdots②$$

したがって,

$$|3\overrightarrow{OA}+4\overrightarrow{OB}|^2=|5\overrightarrow{OC}|^2$$

$$9|\overrightarrow{OA}|^2+24\overrightarrow{OA}\cdot\overrightarrow{OB}+16|\overrightarrow{OB}|^2=25|\overrightarrow{OC}|^2.$$

①より,

$$9+24\overrightarrow{OA}\cdot\overrightarrow{OB}+16=25.$$

よって,

$$\boldsymbol{\overrightarrow{OA}\cdot\overrightarrow{OB}=0}.$$

(2)

②より,

$$\overrightarrow{OC}=\frac{3\overrightarrow{OA}+4\overrightarrow{OB}}{5}$$

$$=\frac{7}{5}\cdot\frac{3\overrightarrow{OA}+4\overrightarrow{OB}}{7}.$$

辺 AB を 4：3 に内分する点を D とおくと,

$$\overrightarrow{OD}=\frac{3\overrightarrow{OA}+4\overrightarrow{OB}}{7}$$

であるから,

$$\overrightarrow{OC}=\frac{7}{5}\overrightarrow{OD}.$$

したがって, O, D, C はこの順に一直線上に並び,

$$OD : DC=5 : 2$$

であることがわかる．

これより O, A, B, C の位置関係は次の図のようになる．

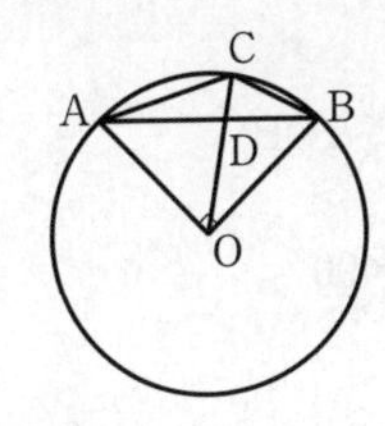

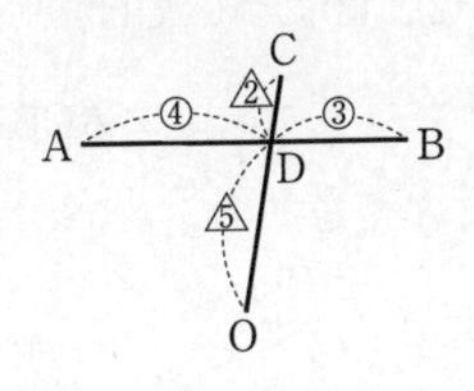

(1)より $\overrightarrow{OA}\perp\overrightarrow{OB}$ であるから，

$$\angle \mathbf{ACB}=\frac{1}{2}\times 270^\circ$$
$$=\mathbf{135^\circ}.$$

(3)　$\triangle$ABC と $\triangle$OAB は辺 AB を共有し，CD：DO＝2：5 であるから，

$$\triangle \mathbf{ABC}=\frac{2}{5}\triangle \mathrm{OAB}$$
$$=\frac{2}{5}\cdot\frac{1}{2}\mathrm{OA}\cdot\mathrm{OB}$$
$$=\mathbf{\frac{1}{5}}.$$

解説

O を中心とする半径 1 の円周上の 3 点 A，B，C について，

$$3\overrightarrow{OA}+4\overrightarrow{OB}+5\overrightarrow{OC}=\vec{0} \qquad \cdots ①'$$

が成り立っているときは，**【解答】**の(1)と同様に

$$\overrightarrow{OA}\cdot\overrightarrow{OB}=0.$$

したがって，$\overrightarrow{OA}\perp\overrightarrow{OB}$ が示される．

①′ より，

$$\overrightarrow{OC}=-\frac{7}{5}\cdot\frac{3\overrightarrow{OA}+4\overrightarrow{OB}}{7}$$
$$=-\frac{7}{5}\overrightarrow{OD}$$

（D は辺 AB を 4：3 に内分する点）

となるから，今度は O，A，B，C，D の位置関係は次のようになる．

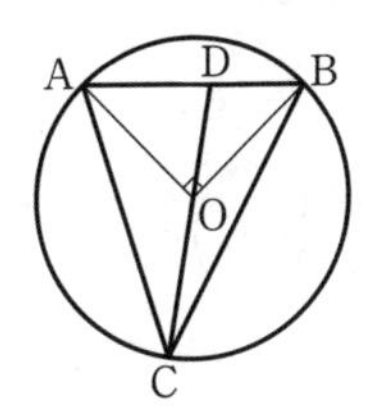

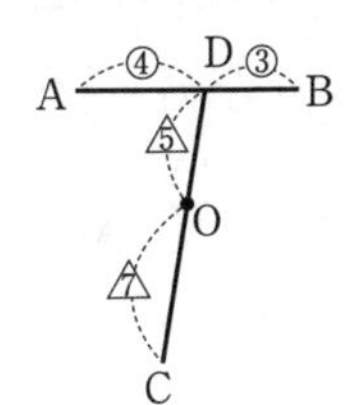

したがって，(2)．(3)については，

$$\angle ACB = \frac{1}{2}\angle AOB$$

$$= \frac{1}{2} \times 90^\circ$$

$$= 45^\circ$$

$$\triangle ABC = \frac{12}{5}\triangle OAB$$

$$= \frac{12}{5}\cdot\frac{1}{2}$$

$$= \frac{6}{5}$$

となる．

140 三角形の外心

解法のポイント

辺 AB，AC の中点を M，N とすると，

$$\overrightarrow{AB}\cdot\overrightarrow{OM} = \overrightarrow{AC}\cdot\overrightarrow{ON} = 0.$$

【解答】

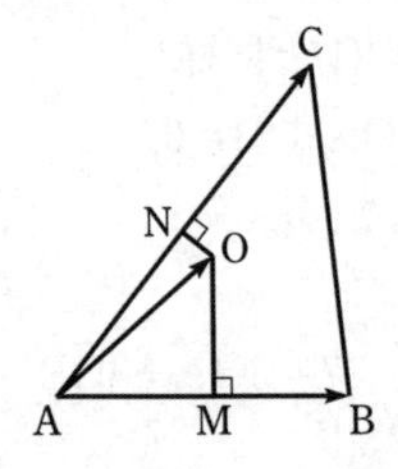

$|\vec{b}| = 2$，$|\vec{c}| = 3$，$\vec{b}$，$\vec{c}$ のなす角が 60° であるから，

$$\vec{b}\cdot\vec{c} = |\vec{b}||\vec{c}|\cos 60^\circ = 3.$$

$\overrightarrow{AO} = s\vec{b} + t\vec{c}$　（s，t は実数）とおく．

辺 AB，AC の中点をそれぞれ M，N とすると，

$$\begin{cases} \overrightarrow{OM} = \overrightarrow{AM} - \overrightarrow{AO} = \left(\frac{1}{2} - s\right)\vec{b} - t\vec{c}, \\ \overrightarrow{ON} = \overrightarrow{AN} - \overrightarrow{AO} = -s\vec{b} + \left(\frac{1}{2} - t\right)\vec{c}. \end{cases}$$

OM⊥AB，ON⊥AC であるから，

$$\begin{cases} \overrightarrow{AB}\cdot\overrightarrow{OM}=\vec{b}\cdot\left\{\left(\dfrac{1}{2}-s\right)\vec{b}-t\vec{c}\right\}=0, \\ \overrightarrow{AC}\cdot\overrightarrow{ON}=\vec{c}\cdot\left\{-s\vec{b}+\left(\dfrac{1}{2}-t\right)\vec{c}\right\}=0. \end{cases}$$

よって，

$$\begin{cases} \left(\dfrac{1}{2}-s\right)|\vec{b}|^2-t\vec{b}\cdot\vec{c}=0, \\ -s\vec{b}\cdot\vec{c}+\left(\dfrac{1}{2}-t\right)|\vec{c}|^2=0 \end{cases}$$

$$\iff \begin{cases} 4\left(\dfrac{1}{2}-s\right)-3t=0, \\ -3s+9\left(\dfrac{1}{2}-t\right)=0 \end{cases} \iff \begin{cases} 4s+3t=2, \\ 3s+9t=\dfrac{9}{2}. \end{cases}$$

これを解いて，

$$s=\frac{1}{6},\quad t=\frac{4}{9}.$$

よって，

$$\boldsymbol{\overrightarrow{AO}=\frac{1}{6}\vec{b}+\frac{4}{9}\vec{c}.}$$

解説

三角形 ABC の外心 O は，3 辺 AB，AC，BC の垂直二等分線の交点である．

【解答】は，この定義に基づいたものである．

外心 O は 3 頂点から等距離にあることを利用した解法もある．

[別解 1]

$\overrightarrow{AO}=s\vec{b}+t\vec{c}$　(s，t は実数) とおくと，

$$\overrightarrow{BO}=\overrightarrow{AO}-\overrightarrow{AB}=(s-1)\vec{b}+t\vec{c},$$
$$\overrightarrow{CO}=\overrightarrow{AO}-\overrightarrow{AC}=s\vec{b}+(t-1)\vec{c}$$

である．

$$|\overrightarrow{AO}|=|\overrightarrow{BO}|=|\overrightarrow{CO}|$$

より，

$$\begin{cases} |s\vec{b}+t\vec{c}|^2=|(s-1)\vec{b}+t\vec{c}|^2, \\ |s\vec{b}+t\vec{c}|^2=|s\vec{b}+(t-1)\vec{c}|^2. \end{cases}$$

これを整理すると，

$$\begin{cases} (2s-1)|\vec{b}|^2+2t\vec{b}\cdot\vec{c}=0, \\ 2s\vec{b}\cdot\vec{c}+(2t-1)|\vec{c}|^2=0. \end{cases}$$

$|\vec{b}|=2$, $|\vec{c}|=3$, $\vec{b}\cdot\vec{c}=3$ より,

$$\begin{cases} 4(2s-1)+6t=0, \\ 6s+9(2t-1)=0. \end{cases}$$

これを解いて,

$$s=\frac{1}{6},\quad t=\frac{4}{9}.$$

よって,

$$\overrightarrow{\mathbf{AO}}=\frac{\mathbf{1}}{\mathbf{6}}\vec{\boldsymbol{b}}+\frac{\mathbf{4}}{\mathbf{9}}\vec{\boldsymbol{c}}.$$

また，次のように座標軸をとってベクトルの成分計算をする方法もある.

[別解 2]

条件より A(0, 0)，B(2, 0)，$C\left(\frac{3}{2},\ \frac{3\sqrt{3}}{2}\right)$ となるように座標軸をとることができる.

このとき辺 AB，AC の垂直二等分線の方程式はそれぞれ,

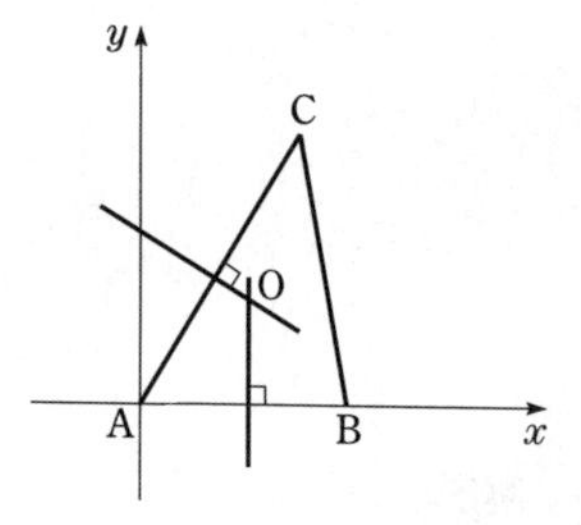

$$\begin{cases} x=1, \\ y=-\dfrac{1}{\sqrt{3}}\left(x-\dfrac{3}{4}\right)+\dfrac{3\sqrt{3}}{4}. \end{cases}$$

外心 O はこの 2 直線の交点であるから,

$$O\left(1,\ \frac{2\sqrt{3}}{3}\right).$$

$\overrightarrow{AO}=s\vec{b}+t\vec{c}$ (s, t は実数) とおくと,

$$\left(1,\ \frac{2\sqrt{3}}{3}\right)=s(2,\ 0)+t\left(\frac{3}{2},\ \frac{3\sqrt{3}}{2}\right)$$

$$=\left(2s+\frac{3}{2}t,\ \frac{3\sqrt{3}}{2}t\right).$$

これを満たす s, t は,　$s=\frac{1}{6}$, $t=\frac{4}{9}$.

よって,

$$\overrightarrow{\mathbf{AO}}=\frac{\mathbf{1}}{\mathbf{6}}\vec{\boldsymbol{b}}+\frac{\mathbf{4}}{\mathbf{9}}\vec{\boldsymbol{c}}.$$

141 ベクトル方程式

解法のポイント

ベクトルの始点をAにそろえる．

【解答】

$$\overrightarrow{AP}\cdot\overrightarrow{BP}+\overrightarrow{BP}\cdot\overrightarrow{CP}+\overrightarrow{CP}\cdot\overrightarrow{AP}=0$$

$$\iff \overrightarrow{AP}\cdot(\overrightarrow{AP}-\overrightarrow{AB})+(\overrightarrow{AP}-\overrightarrow{AB})\cdot(\overrightarrow{AP}-\overrightarrow{AC})+(\overrightarrow{AP}-\overrightarrow{AC})\cdot\overrightarrow{AP}=0$$

$$\iff 3|\overrightarrow{AP}|^2-2(\overrightarrow{AB}+\overrightarrow{AC})\cdot\overrightarrow{AP}+\overrightarrow{AB}\cdot\overrightarrow{AC}=0.$$

条件より，

$$\overrightarrow{AB}\cdot\overrightarrow{AC}=\overrightarrow{BA}\cdot\overrightarrow{CA}=0$$

であるから，

$$|\overrightarrow{AP}|^2-\frac{2}{3}(\overrightarrow{AB}+\overrightarrow{AC})\cdot\overrightarrow{AP}=0$$

$$\iff \left|\overrightarrow{AP}-\frac{\overrightarrow{AB}+\overrightarrow{AC}}{3}\right|^2=\left|\frac{\overrightarrow{AB}+\overrightarrow{AC}}{3}\right|^2.$$

ここで，三角形 ABC の重心をGとすると，

$$\overrightarrow{AG}=\frac{\overrightarrow{AB}+\overrightarrow{AC}}{3}$$

であるから，

$$|\overrightarrow{AP}-\overrightarrow{AG}|^2=|\overrightarrow{AG}|^2$$

$$\iff |\overrightarrow{GP}|^2=|\overrightarrow{AG}|^2$$

$$\iff |\overrightarrow{GP}|=|\overrightarrow{AG}|.$$

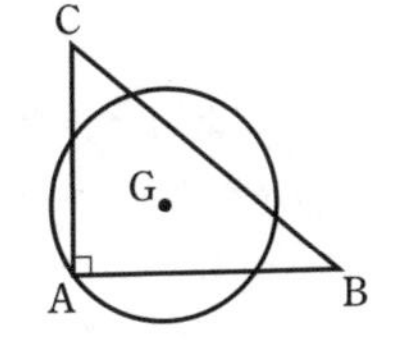

よって，点Pの軌跡は，**三角形 ABC の重心Gを中心とする半径 GA の円である．**

[別解]

$\overrightarrow{BA}\cdot\overrightarrow{CA}=0$ より，$\angle BAC=90°$．

よって，

$$A(0,\ 0),\ B(b,\ 0),\ C(0,\ c)$$

となるように座標軸をとることができる．

$P(x,\ y)$ とすると，

$$\overrightarrow{AP}=(x,\ y),\ \overrightarrow{BP}=(x-b,\ y),\ \overrightarrow{CP}=(x,\ y-c)$$

であるから，

$$\overrightarrow{AP}\cdot\overrightarrow{BP}+\overrightarrow{BP}\cdot\overrightarrow{CP}+\overrightarrow{CP}\cdot\overrightarrow{AP}=0$$

$$\iff x(x-b)+y^2+(x-b)x+y(y-c)+x^2+(y-c)y=0$$

$$\iff 3x^2+3y^2-2bx-2cy=0$$

$$\iff x^2+y^2-\frac{2}{3}bx-\frac{2}{3}cy=0$$

$$\iff \left(x-\frac{b}{3}\right)^2+\left(y-\frac{c}{3}\right)^2=\frac{1}{9}(b^2+c^2).$$

よって，点Pの軌跡は，点 $\left(\frac{b}{3},\ \frac{c}{3}\right)$ を中心とする半径 $\frac{1}{3}\sqrt{b^2+c^2}$ の円である.

ここで，三角形 ABC の重心をGとすると，

$$\mathrm{G}\left(\frac{b}{3},\ \frac{c}{3}\right),\ \mathrm{GA}=\frac{1}{3}\sqrt{b^2+c^2}$$

であるから，点Pの軌跡は**Gを中心とする半径GAの円である.**

142 ベクトル方程式

【解答】

(1)
$$\overrightarrow{\mathrm{AP}}+\overrightarrow{\mathrm{BP}}+\overrightarrow{\mathrm{CP}}=\overrightarrow{\mathrm{AC}}$$

より，

$$\overrightarrow{\mathrm{AP}}+(\overrightarrow{\mathrm{AP}}-\overrightarrow{\mathrm{AB}})+(\overrightarrow{\mathrm{AP}}-\overrightarrow{\mathrm{AC}})=\overrightarrow{\mathrm{AC}}.$$

$$\overrightarrow{\mathrm{AP}}=\frac{\overrightarrow{\mathrm{AB}}+2\overrightarrow{\mathrm{AC}}}{3}.$$

よって，点Pは**線分BCを2：1に内分する点である.**

(2)
$$\overrightarrow{\mathrm{AB}}\cdot\overrightarrow{\mathrm{AP}}=\overrightarrow{\mathrm{AB}}\cdot\overrightarrow{\mathrm{AB}}$$

より，

$$\overrightarrow{\mathrm{AB}}\cdot(\overrightarrow{\mathrm{AP}}-\overrightarrow{\mathrm{AB}})=0.$$

$$\overrightarrow{\mathrm{AB}}\cdot\overrightarrow{\mathrm{BP}}=0.$$

よって，P=B または，$\overrightarrow{\mathrm{AB}}\perp\overrightarrow{\mathrm{BP}}$.

したがって，条件を満たす点Pの集合は，

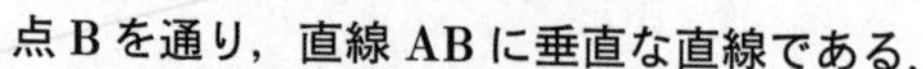

点Bを通り，直線ABに垂直な直線である.

(3)
$$\overrightarrow{\mathrm{AB}}\cdot\overrightarrow{\mathrm{AC}}+\overrightarrow{\mathrm{AP}}\cdot\overrightarrow{\mathrm{AP}}\leqq\overrightarrow{\mathrm{AB}}\cdot\overrightarrow{\mathrm{AP}}+\overrightarrow{\mathrm{AC}}\cdot\overrightarrow{\mathrm{AP}}$$

より，

$$(\overrightarrow{\mathrm{AP}}-\overrightarrow{\mathrm{AB}})\cdot(\overrightarrow{\mathrm{AP}}-\overrightarrow{\mathrm{AC}})\leqq 0.$$

$$\overrightarrow{\mathrm{BP}}\cdot\overrightarrow{\mathrm{CP}}\leqq 0. \quad \cdots①$$

(i) $\overrightarrow{\mathrm{BP}}\cdot\overrightarrow{\mathrm{CP}}=0$ のとき，

P=B または P=C または $\overrightarrow{\mathrm{PB}}\perp\overrightarrow{\mathrm{PC}}$.

よって，このとき点Pは，線分BCを直径とする円周上にある．

(ii)　$\overrightarrow{\mathrm{BP}}\cdot\overrightarrow{\mathrm{CP}}<0$ のとき，$\angle\mathrm{BPC}=\theta$ $(0^\circ\leqq\theta\leqq180^\circ)$ とすると，

$$\overrightarrow{\mathrm{BP}}\cdot\overrightarrow{\mathrm{CP}}=|\overrightarrow{\mathrm{BP}}||\overrightarrow{\mathrm{CP}}|\cos\theta<0$$
$$\iff \cos\theta<0$$
$$\iff 90^\circ<\theta\leqq180^\circ.$$

よって，このとき点Pは，線分BCを直径とする円の内部にある．

(i)，(ii) より，条件を満たす点Pの集合は，

線分BCを直径とする円の周とその内部である．

［別解］

(1)
$$\overrightarrow{\mathrm{AP}}+\overrightarrow{\mathrm{BP}}+\overrightarrow{\mathrm{CP}}=\overrightarrow{\mathrm{AC}}$$
$$\iff (\overrightarrow{\mathrm{BP}}-\overrightarrow{\mathrm{BA}})+\overrightarrow{\mathrm{BP}}+(\overrightarrow{\mathrm{BP}}-\overrightarrow{\mathrm{BC}})=\overrightarrow{\mathrm{BC}}-\overrightarrow{\mathrm{BA}}$$
$$\iff 3\overrightarrow{\mathrm{BP}}=2\overrightarrow{\mathrm{BC}}$$
$$\iff \overrightarrow{\mathrm{BP}}=\frac{2}{3}\overrightarrow{\mathrm{BC}}.$$

よって，点Pは**線分BCを 2：1 に内分する点である．**

(2)　$\mathrm{AB}=l$ として，$\mathrm{A}(0,\ 0)$，$\mathrm{B}(l,\ 0)$ となる座標軸をとる．

$\mathrm{P}(x,\ y)$ とすると，

$$\overrightarrow{\mathrm{AB}}=(l,\ 0),\quad \overrightarrow{\mathrm{AP}}=(x,\ y)$$

より，

$$\overrightarrow{\mathrm{AB}}\cdot\overrightarrow{\mathrm{AP}}=\overrightarrow{\mathrm{AB}}\cdot\overrightarrow{\mathrm{AB}}$$
$$\iff lx=l^2$$
$$\iff x=l.$$

よって，条件を満たす点Pの集合は，直線 $x=l$，すなわち，

点Bを通り直線ABに垂直な直線である．

(3)　$\mathrm{BC}=2r$ とし，$\mathrm{B}(-r,\ 0)$，$C(r,\ 0)$ となる座標軸をとる．

$\mathrm{A}(a,\ b)$，$\mathrm{P}(x,\ y)$ とすると，

$$\overrightarrow{\mathrm{AB}}=(-r-a,\ -b),$$
$$\overrightarrow{\mathrm{AC}}=(r-a,\ -b),$$
$$\overrightarrow{\mathrm{AP}}=(x-a,\ y-b)$$

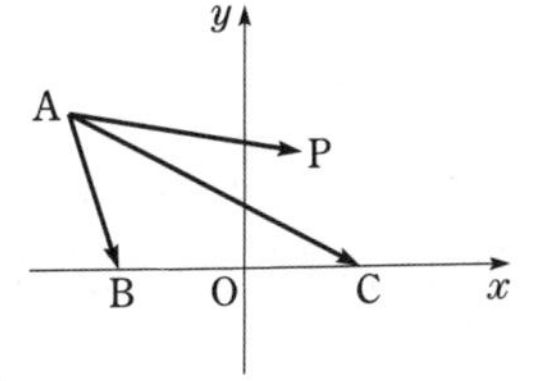

より，

$$\overrightarrow{\mathrm{AB}}\cdot\overrightarrow{\mathrm{AC}}+\overrightarrow{\mathrm{AP}}\cdot\overrightarrow{\mathrm{AP}}\leqq\overrightarrow{\mathrm{AB}}\cdot\overrightarrow{\mathrm{AP}}+\overrightarrow{\mathrm{AC}}\cdot\overrightarrow{\mathrm{AP}}$$
$$\iff (a^2-r^2)+b^2+(x-a)^2+(y-b)^2$$
$$\leqq-(r+a)(x-a)-b(y-b)+(r-a)(x-a)-b(y-b)$$
$$\iff x^2+y^2\leqq r^2.$$

よって，条件を満たす点 P の集合は，原点 O を中心とする半径 r の円周とその内部，すなわち，

線分 BC を直径とする円周とその内部である.

143 ベクトルと領域

【解答】

$\dfrac{t}{3}=t'$ とし，$\overrightarrow{\mathrm{OB'}}=3\overrightarrow{\mathrm{OB}}$ となる点をとると，

$$\begin{aligned}\overrightarrow{\mathrm{OP}}&=s\overrightarrow{\mathrm{OA}}+t\overrightarrow{\mathrm{OB}}\\&=s\overrightarrow{\mathrm{OA}}+\frac{t}{3}(3\overrightarrow{\mathrm{OB}})\\&=s\overrightarrow{\mathrm{OA}}+t'\overrightarrow{\mathrm{OB'}}.\end{aligned}$$

ここで，

$$3s+t\leqq 3 \iff s+t'\leqq 1$$

であるから，$3s+t\leqq 3$ を満たす点 P の存在範囲は，下図の網目部分.

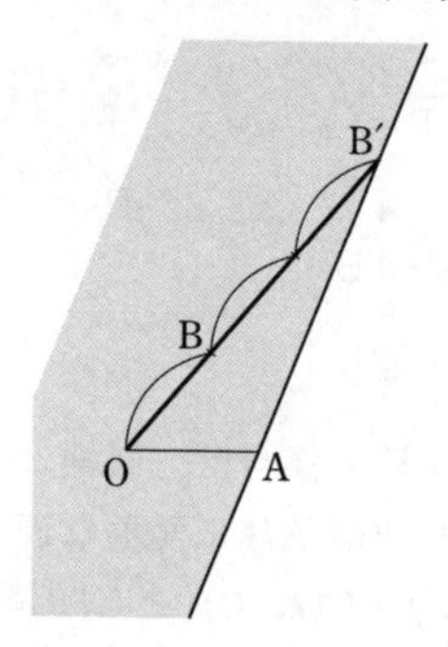

また，

$$\overrightarrow{\mathrm{OP}}=s\overrightarrow{\mathrm{OA}}+t\overrightarrow{\mathrm{OB}}$$

において，$s+t\geqq 1$ を満たす点 P の存在範囲および $s\geqq 0$ を満たす点 P の存在範囲は，それぞれ次図の網目部分になる.

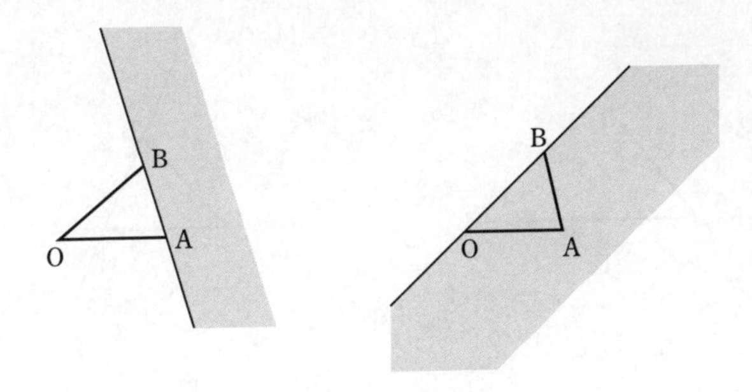

よって，

$$\overrightarrow{\mathrm{OP}}=s\overrightarrow{\mathrm{OA}}+t\overrightarrow{\mathrm{OB}}$$

で，s，t が，

$$3s+t \leqq 3,\ s+t \geqq 1,\ s \geqq 0$$

を満たしながら動くとき，点 P の存在範囲 D は，下図の網目部分である．

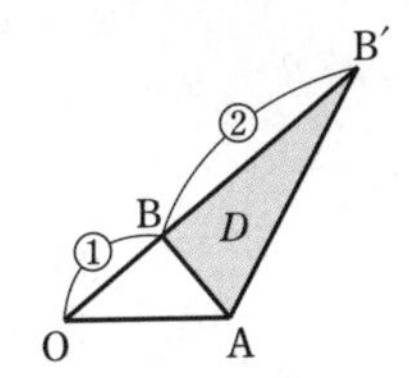

よって，D の面積 S は，

$$\begin{aligned} S&=2\triangle \mathrm{OAB} \\ &=2\cdot\frac{1}{2}\sqrt{|\overrightarrow{\mathrm{OA}}|^2|\overrightarrow{\mathrm{OB}}|^2-(\overrightarrow{\mathrm{OA}}\cdot\overrightarrow{\mathrm{OB}})^2} \\ &=\sqrt{9\cdot16-64} \\ &=\mathbf{4\sqrt{5}}. \end{aligned}$$

解説

O，A，B を同一直線上にない 3 点とする．

$$\overrightarrow{\mathrm{OP}}=s\overrightarrow{\mathrm{OA}}+t\overrightarrow{\mathrm{OB}}$$

において，実数 s，t が次のそれぞれの条件を満たしながら変化するとき，点 P が描く図形は，以下のようになる．

(1)　$s \geqq 0$

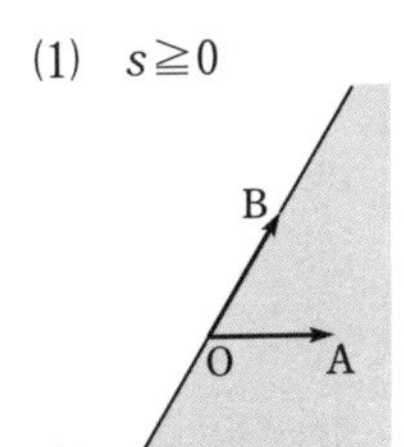

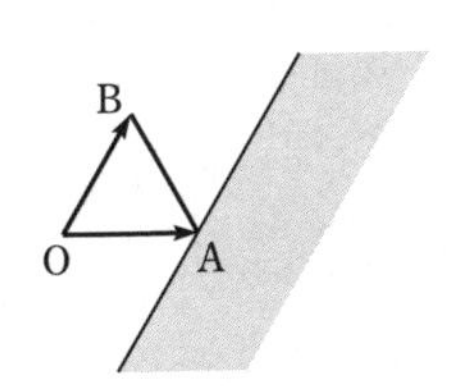

(3)　$t \leqq 0$

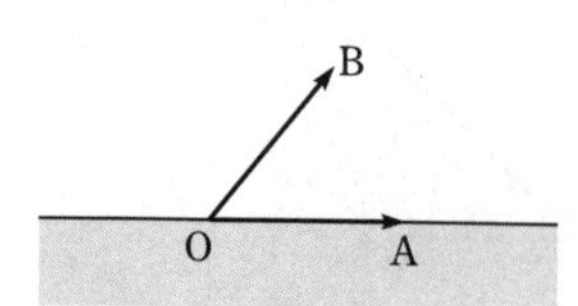

(4)　$s+t=1$

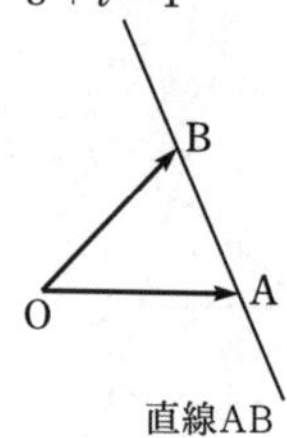

(5)　$s+t \leqq 1$

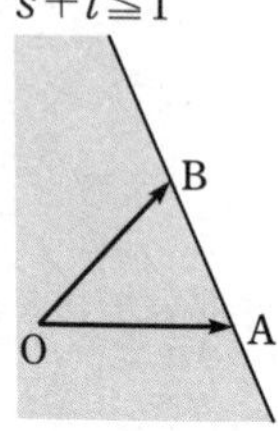

(6)　$s+t \geqq 1$

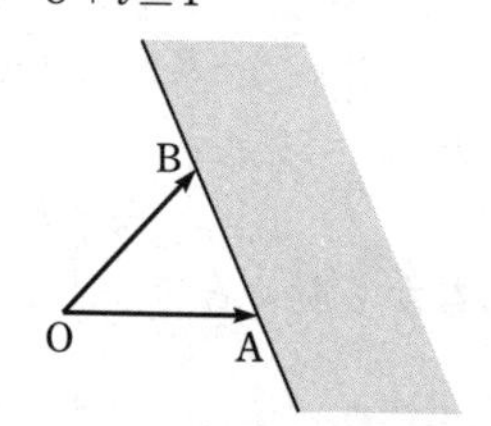

(7)　$0 \leqq s \leqq 1$，$0 \leqq t \leqq 1$

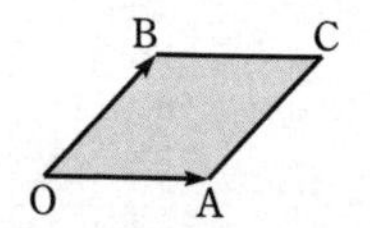

平行四辺形 OACB
の周および内部

(8)　$s \geqq 0$，$t \geqq 0$，$s+t \leqq 1$

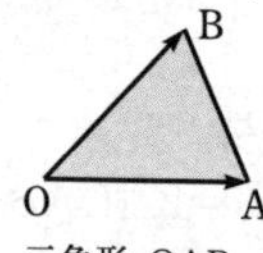

三角形 OAB
の周および内部

第13章　空間ベクトル

144 点が平面上にある条件

解法のポイント

点Pが3点R，S，Tで決まる平面上にある

$\iff \overrightarrow{\mathrm{RP}}=k\overrightarrow{\mathrm{RS}}+l\overrightarrow{\mathrm{RT}}$ を満たす実数k，lがある．

【解答】

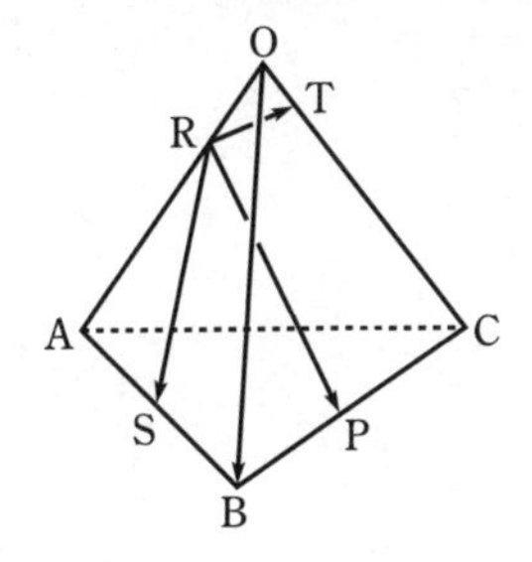

(1)　条件より，

$$\begin{cases} \overrightarrow{\mathrm{OR}}=\dfrac{1}{4}\vec{a}, \\ \overrightarrow{\mathrm{OS}}=\dfrac{1}{2}\vec{a}+\dfrac{1}{2}\vec{b}, \\ \overrightarrow{\mathrm{OT}}=\dfrac{1}{10}\vec{c} \end{cases}$$

である．

よって，

$$\begin{aligned} \overrightarrow{\mathbf{RS}}&=\overrightarrow{\mathrm{OS}}-\overrightarrow{\mathrm{OR}} \\ &=\mathbf{\frac{1}{4}\vec{a}+\frac{1}{2}\vec{b}}, \\ \overrightarrow{\mathbf{RT}}&=\overrightarrow{\mathrm{OT}}-\overrightarrow{\mathrm{OR}} \\ &=\mathbf{-\frac{1}{4}\vec{a}+\frac{1}{10}\vec{c}}. \end{aligned}$$

(2)　$\overrightarrow{\mathrm{BP}}=t\overrightarrow{\mathrm{BC}}$ より，

$$\begin{aligned} \overrightarrow{\mathbf{RP}}&=\overrightarrow{\mathrm{RB}}+\overrightarrow{\mathrm{BP}} \\ &=\overrightarrow{\mathrm{OB}}-\overrightarrow{\mathrm{OR}}+t\overrightarrow{\mathrm{BC}} \\ &=-\overrightarrow{\mathrm{OR}}+(1-t)\overrightarrow{\mathrm{OB}}+t\overrightarrow{\mathrm{OC}} \\ &=\mathbf{-\frac{1}{4}\vec{a}+(1-t)\vec{b}+t\vec{c}}. \end{aligned}$$

(3)　点 P が 3 点 R, S, T で決まる平面上にあるのは,

$$\overrightarrow{\mathrm{RP}}=k\overrightarrow{\mathrm{RS}}+l\overrightarrow{\mathrm{RT}}$$

を満たす実数 k, l が存在するときである.

(1)より,

$$\begin{aligned}\overrightarrow{\mathrm{RP}}&=k\left(\frac{1}{4}\vec{a}+\frac{1}{2}\vec{b}\right)+l\left(-\frac{1}{4}\vec{a}+\frac{1}{10}\vec{c}\right)\\&=\left(\frac{1}{4}k-\frac{1}{4}l\right)\vec{a}+\frac{1}{2}k\vec{b}+\frac{1}{10}l\vec{c}\end{aligned}$$

で, これが(2)の $\overrightarrow{\mathrm{RP}}$ に等しいから,

$$\begin{cases}\dfrac{1}{4}k-\dfrac{1}{4}l=-\dfrac{1}{4}, & \cdots ① \\ \dfrac{1}{2}k=1-t, & \cdots ② \\ \dfrac{1}{10}l=t. & \cdots ③\end{cases}$$

②, ③より,

$$k=2(1-t),\quad l=10t.$$

①に代入して,

$$\frac{1}{4}\cdot 2(1-t)-\frac{1}{4}\cdot 10t=-\frac{1}{4}.$$

$$2(1-t)-10t=-1.$$

$$\boldsymbol{t=\frac{1}{4}}.$$

145　直線と平面の交点

解法のポイント

同一平面上にない 4 点 O, A, B, C と点 P に対し,

$$\overrightarrow{\mathrm{OP}}=\alpha\overrightarrow{\mathrm{OA}}+\beta\overrightarrow{\mathrm{OB}}+\gamma\overrightarrow{\mathrm{OC}}\quad(\alpha,\ \beta,\ \gamma\text{ は実数})$$

とするとき,

点 P が平面 ABC 上にある $\iff$ $\alpha+\beta+\gamma=1.$

【解答】

(1)

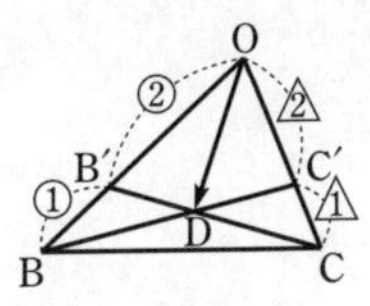

BD : DC′ $=s:(1-s)$, B′D : DC $=t:(1-t)$ とおくと,

$$\overrightarrow{OD}=(1-s)\overrightarrow{OB}+s\overrightarrow{OC'}$$

$$=(1-s)\vec{b}+\frac{2}{3}s\vec{c}. \quad \cdots①$$

$$\overrightarrow{OD}=(1-t)\overrightarrow{OB'}+t\overrightarrow{OC}$$

$$=\frac{2}{3}(1-t)\vec{b}+t\vec{c}. \quad \cdots②$$

平面 OBC において, $\vec{b}\neq\vec{0}$, $\vec{c}\neq\vec{0}$, $\vec{b}\nparallel\vec{c}$ であるから,

$$\begin{cases} 1-s=\dfrac{2}{3}(1-t), \\ \dfrac{2}{3}s=t. \end{cases}$$

これを解いて,　　　　$s=\dfrac{3}{5}$, $t=\dfrac{2}{5}$.

したがって, ①(または②)より,

$$\boldsymbol{\overrightarrow{OD}=\frac{2}{5}\vec{b}+\frac{2}{5}\vec{c}.}$$

(2)

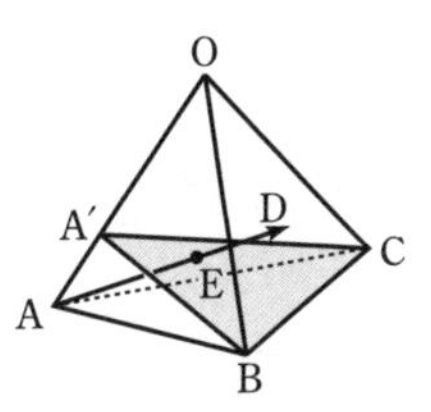

E は直線 AD 上にあるから,

$$\overrightarrow{OE}=(1-k)\overrightarrow{OA}+k\overrightarrow{OD} \quad (k \text{ は実数}) \quad \cdots③$$

と表される.

(1)および $\overrightarrow{OA}=\dfrac{3}{2}\overrightarrow{OA'}$ より,

$$\overrightarrow{OE}=\frac{3}{2}(1-k)\overrightarrow{OA'}+\frac{2}{5}k\overrightarrow{OB}+\frac{2}{5}k\overrightarrow{OC}.$$

E は平面 A′BC 上の点であるから,

$$\frac{3}{2}(1-k)+\frac{2}{5}k+\frac{2}{5}k=1.$$

$$k=\frac{5}{7}.$$

③に代入して，

$$\overrightarrow{\mathbf{OE}}=\frac{\mathbf{2}}{\mathbf{7}}\vec{\boldsymbol{a}}+\frac{\mathbf{2}}{\mathbf{7}}\vec{\boldsymbol{b}}+\frac{\mathbf{2}}{\mathbf{7}}\vec{\boldsymbol{c}}.$$

［(2)の別解］

点Eは直線AD上の点であるから，

$$\overrightarrow{\mathrm{OE}}=(1-k)\overrightarrow{\mathrm{OA}}+k\overrightarrow{\mathrm{OD}}$$
$$=(1-k)\vec{a}+\frac{2}{5}k\vec{b}+\frac{2}{5}k\vec{c}\quad (k\text{ は実数})\qquad\cdots④$$

と表される．

また，Eは平面 A′BC 上の点であるから，

$$\overrightarrow{\mathrm{OE}}=(1-s-t)\overrightarrow{\mathrm{OA}'}+s\overrightarrow{\mathrm{OB}}+t\overrightarrow{\mathrm{OC}}$$
$$=\frac{2}{3}(1-s-t)\vec{a}+s\vec{b}+t\vec{c}\quad (s,\ t\text{ は実数})\qquad\cdots⑤$$

と表される．

$\vec{a}$，$\vec{b}$，$\vec{c}$ は1次独立であるから，④，⑤の $\vec{a}$，$\vec{b}$，$\vec{c}$ の係数を比較して，

$$1-k=\frac{2}{3}(1-s-t),\quad \frac{2}{5}k=s=t.$$

これを解いて，　$k=\frac{5}{7}$，$s=t=\frac{2}{7}$.

よって，

$$\overrightarrow{\mathbf{OE}}=\frac{\mathbf{2}}{\mathbf{7}}\vec{\boldsymbol{a}}+\frac{\mathbf{2}}{\mathbf{7}}\vec{\boldsymbol{b}}+\frac{\mathbf{2}}{\mathbf{7}}\vec{\boldsymbol{c}}.$$

146 空間ベクトルのなす角

【解答】

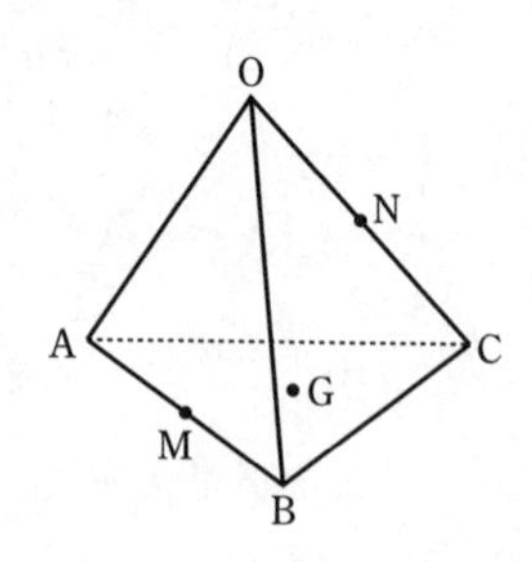

(1)　$\overrightarrow{\mathbf{OG}}=\frac{\mathbf{1}}{\mathbf{3}}(\vec{\boldsymbol{a}}+\vec{\boldsymbol{b}}+\vec{\boldsymbol{c}}).$

(2)　$\overrightarrow{\mathrm{OM}}=\frac{1}{2}(\vec{a}+\vec{b})$，$\overrightarrow{\mathrm{ON}}=\frac{1}{2}\vec{c}$

であるから，

$$\overrightarrow{\mathbf{MN}}=\overrightarrow{\mathrm{ON}}-\overrightarrow{\mathrm{OM}}=-\frac{\mathbf{1}}{\mathbf{2}}\vec{\boldsymbol{a}}-\frac{\mathbf{1}}{\mathbf{2}}\vec{\boldsymbol{b}}+\frac{\mathbf{1}}{\mathbf{2}}\vec{\boldsymbol{c}}.$$

(3)　QはOG上にあるから，

$$\overrightarrow{OQ}=s\overrightarrow{OG}\quad (s\text{ は実数})$$

と表される．

(1)より，

$$\overrightarrow{OQ}=\frac{1}{3}s\vec{a}+\frac{1}{3}s\vec{b}+\frac{1}{3}s\vec{c}. \qquad \cdots①$$

また，QはMN上にあるから，

$$\overrightarrow{OQ}=(1-t)\overrightarrow{OM}+t\overrightarrow{ON}\quad (t\text{ は実数})$$

と表される．

よって，

$$\overrightarrow{OQ}=\frac{1}{2}(1-t)\vec{a}+\frac{1}{2}(1-t)\vec{b}+\frac{1}{2}t\vec{c}. \qquad \cdots②$$

$\vec{a}$，$\vec{b}$，$\vec{c}$ は1次独立であるから，①，②より，

$$\frac{1}{3}s=\frac{1}{2}(1-t),\quad \frac{1}{3}s=\frac{1}{2}t.$$

これを解いて，

$$s=\frac{3}{4},\quad t=\frac{1}{2}.$$

よって，

$$\boldsymbol{\overrightarrow{OQ}=\frac{1}{4}\vec{a}+\frac{1}{4}\vec{b}+\frac{1}{4}\vec{c}.}$$

(4)　$\overrightarrow{OM}=\vec{m}$ とすると，

$$\vec{a}+\vec{b}=2\vec{m}$$

より，

$$\overrightarrow{OG}=\frac{1}{3}(2\vec{m}+\vec{c}),$$

$$\overrightarrow{MN}=\frac{1}{2}(-2\vec{m}+\vec{c}).$$

OG：MN＝2：3 より，

$$9|\overrightarrow{OG}|^2=4|\overrightarrow{MN}|^2$$

$$\iff |2\vec{m}+\vec{c}|^2=|-2\vec{m}+\vec{c}|^2$$

$$\iff 4|\vec{m}|^2+4\vec{m}\cdot\vec{c}+|\vec{c}|^2=4|\vec{m}|^2-4\vec{m}\cdot\vec{c}+|\vec{c}|^2$$

$$\iff \vec{m}\cdot\vec{c}=0.$$

よって，$\vec{m}\perp\vec{c}$ より，

$$\angle COM=\mathbf{90}^\circ.$$

147 正四角錐とベクトル

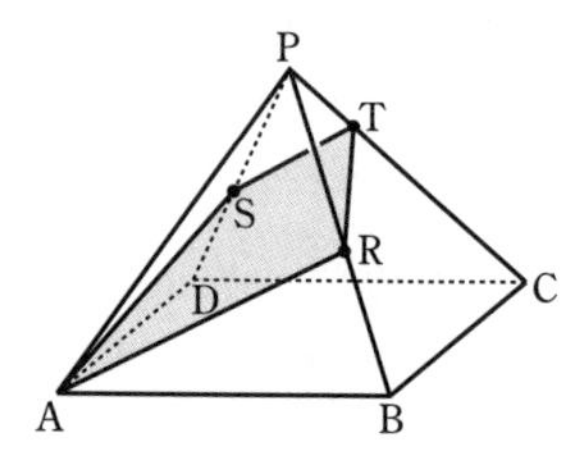

【解答】

(1)
$$\overrightarrow{\mathbf{PC}}=\overrightarrow{\mathrm{AC}}-\overrightarrow{\mathrm{AP}}$$
$$=\overrightarrow{\mathrm{AB}}+\overrightarrow{\mathrm{AD}}-\overrightarrow{\mathrm{AP}}$$
$$=\boldsymbol{\vec{k}+\vec{l}-\vec{m}}.$$

(2) $|\vec{k}|=|\vec{l}|=|\vec{m}|=1$ であり，$\vec{k}$ と $\vec{m}$，$\vec{l}$ と $\vec{m}$ のなす角はともに $60°$ であるから，

$$\vec{k}\cdot\vec{m}=\vec{l}\cdot\vec{m}=1\cdot1\cos60°=\frac{1}{2}.$$

よって，

$$\overrightarrow{\mathrm{PA}}\cdot\overrightarrow{\mathrm{PC}}=-\vec{m}\cdot(\vec{k}+\vec{l}-\vec{m})$$
$$=-\vec{k}\cdot\vec{m}-\vec{l}\cdot\vec{m}+|\vec{m}|^2$$
$$=-\frac{1}{2}-\frac{1}{2}+1$$
$$=\mathbf{0}.$$

(3)
$$\overrightarrow{\mathbf{RS}}=\overrightarrow{\mathrm{AS}}-\overrightarrow{\mathrm{AR}}$$
$$=\frac{1}{2}(\overrightarrow{\mathrm{AP}}+\overrightarrow{\mathrm{AD}})-\frac{1}{2}(\overrightarrow{\mathrm{AP}}+\overrightarrow{\mathrm{AB}})$$
$$=\frac{1}{2}(\overrightarrow{\mathrm{AD}}-\overrightarrow{\mathrm{AB}})$$
$$=\boldsymbol{\frac{1}{2}(\vec{l}-\vec{k})}.$$

(4) T は平面 ARS 上の点であるから，

$$\overrightarrow{\mathrm{AT}}=s\overrightarrow{\mathrm{AR}}+t\overrightarrow{\mathrm{AS}}\quad(s,\ t \text{ は実数})$$

と表せる．

したがって，

$$\overrightarrow{\mathrm{AT}}=s\left(\frac{1}{2}\vec{k}+\frac{1}{2}\vec{m}\right)+t\left(\frac{1}{2}\vec{l}+\frac{1}{2}\vec{m}\right)$$
$$=\frac{1}{2}s\vec{k}+\frac{1}{2}t\vec{l}+\left(\frac{1}{2}s+\frac{1}{2}t\right)\vec{m}. \qquad \cdots①$$

一方，T は辺 PC 上の点であるから，PT：TC$=u:(1-u)$ とすると，

$$\overrightarrow{\mathrm{AT}}=u\overrightarrow{\mathrm{AC}}+(1-u)\overrightarrow{\mathrm{AP}}$$
$$=u(\vec{k}+\vec{l})+(1-u)\vec{m}$$
$$=u\cdot\vec{k}+u\cdot\vec{l}+(1-u)\vec{m}. \qquad \cdots②$$

$\vec{k}$, $\vec{l}$, $\vec{m}$ は1次独立であるから，①，②より，

$$\begin{cases} \dfrac{1}{2}s=u, \\ \dfrac{1}{2}t=u, \\ \dfrac{1}{2}s+\dfrac{1}{2}t=1-u. \end{cases}$$

これを解いて，

$$s=t=\frac{2}{3},\ u=\frac{1}{3}.$$

よって，

$$\overrightarrow{\mathbf{AT}}=\frac{\mathbf{1}}{\mathbf{3}}\vec{\boldsymbol{k}}+\frac{\mathbf{1}}{\mathbf{3}}\vec{\boldsymbol{l}}+\frac{\mathbf{2}}{\mathbf{3}}\vec{\boldsymbol{m}}.$$

[別解]

(2)

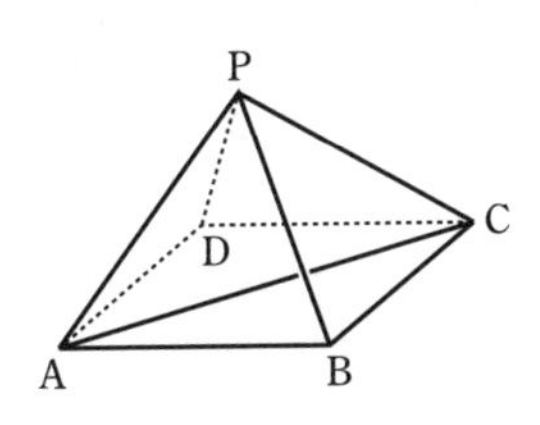

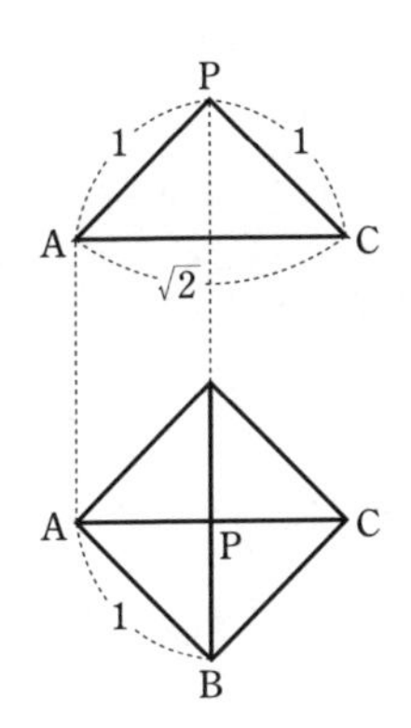

三角形 PAC において，

$$\mathrm{PA}=\mathrm{PC}=1,\ \mathrm{AC}=\sqrt{2}$$

であるから，

$$\mathrm{PA}^2+\mathrm{PC}^2=2=\mathrm{AC}^2.$$

よって，$\angle\mathrm{APC}=90^\circ$ であり，

$$\overrightarrow{\mathrm{PA}}\cdot\overrightarrow{\mathrm{PC}}=\mathbf{0}.$$

(3)　三角形 PDB において，S，R はそれぞれ辺 PD，PB の中点であるから，中点連結定理より，

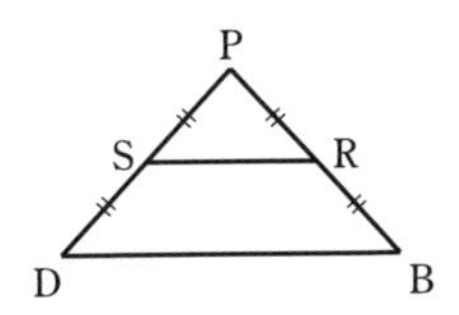

$$\mathrm{RS}\,/\!/\,\mathrm{BD},\ \mathrm{RS}=\frac{1}{2}\mathrm{BD}.$$

よって，

$$\overrightarrow{\mathbf{RS}}=\frac{1}{2}\overrightarrow{\mathrm{BD}}$$
$$=\frac{1}{2}(\overrightarrow{\mathrm{AD}}-\overrightarrow{\mathrm{AB}})$$
$$=\boldsymbol{\frac{1}{2}(\vec{l}-\vec{k})}.$$

148 空間ベクトルの垂直条件

【解答】

(1) Hは三角形 ABC の重心であるから，

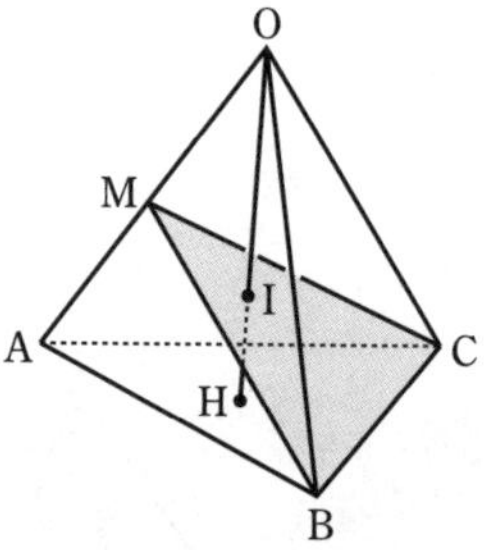

$$\overrightarrow{\mathrm{OH}}=\frac{1}{3}(\overrightarrow{\mathrm{OA}}+\overrightarrow{\mathrm{OB}}+\overrightarrow{\mathrm{OC}}).$$
$$\overrightarrow{\mathrm{OI}}=k\overrightarrow{\mathrm{OH}}\quad(k\text{ は実数})$$

と表されるから，

$$\overrightarrow{\mathrm{OI}}=\frac{k}{3}\overrightarrow{\mathrm{OA}}+\frac{k}{3}\overrightarrow{\mathrm{OB}}+\frac{k}{3}\overrightarrow{\mathrm{OC}}$$
$$=\frac{2k}{3}\overrightarrow{\mathrm{OM}}+\frac{k}{3}\overrightarrow{\mathrm{OB}}+\frac{k}{3}\overrightarrow{\mathrm{OC}}.$$

Iは平面 MBC 上にあるので，

$$\frac{2k}{3}+\frac{k}{3}+\frac{k}{3}=1.$$
$$k=\frac{3}{4}.$$

よって，

$$\boldsymbol{\overrightarrow{\mathrm{OI}}=\frac{1}{4}\overrightarrow{\mathrm{OA}}+\frac{1}{4}\overrightarrow{\mathrm{OB}}+\frac{1}{4}\overrightarrow{\mathrm{OC}}}.$$

(2) (i)

$$\overrightarrow{\mathbf{OP}}=(1-t)\overrightarrow{\mathrm{OM}}+t\overrightarrow{\mathrm{OB}}$$
$$=(1-t)\frac{1}{2}\overrightarrow{\mathrm{OA}}+t\overrightarrow{\mathrm{OB}}$$
$$=\boldsymbol{\frac{1-t}{2}\overrightarrow{\mathrm{OA}}+t\overrightarrow{\mathrm{OB}}}.\qquad\cdots①$$

(ii) Pが直線 IC 上にあるから，

$$\overrightarrow{\mathrm{OP}}=(1-u)\overrightarrow{\mathrm{OC}}+u\overrightarrow{\mathrm{OI}}$$
$$=\frac{u}{4}\overrightarrow{\mathrm{OA}}+\frac{u}{4}\overrightarrow{\mathrm{OB}}+\frac{4-3u}{4}\overrightarrow{\mathrm{OC}}\qquad\cdots②$$

と表される（u は実数）．

$\overrightarrow{OA}$，$\overrightarrow{OB}$，$\overrightarrow{OC}$ は 1 次独立であるから，①，②より係数を比較して，

$$\begin{cases} \dfrac{1-t}{2}=\dfrac{u}{4}, \\ \quad t \quad =\dfrac{u}{4}, \\ \quad 0 \quad =\dfrac{4-3u}{4}. \end{cases}$$

これより，

$$u=\frac{4}{3},\quad \boldsymbol{t=\frac{1}{3}}.$$

(iii)　$\overrightarrow{OP}\cdot\overrightarrow{AP}$

$$=\left(\frac{1-t}{2}\overrightarrow{OA}+t\overrightarrow{OB}\right)\cdot\left(\frac{-1-t}{2}\overrightarrow{OA}+t\overrightarrow{OB}\right)$$

$$=\frac{t^2-1}{4}|\overrightarrow{OA}|^2-t^2\overrightarrow{OA}\cdot\overrightarrow{OB}+t^2|\overrightarrow{OB}|^2$$

$$=\frac{t^2-1}{4}-\frac{1}{2}t^2+t^2\ \left(\overrightarrow{OA}\cdot\overrightarrow{OB}=|\overrightarrow{OA}|\,|\overrightarrow{OB}|\cos 60^\circ=\frac{1}{2}\text{ より}\right)$$

$$=\frac{3}{4}t^2-\frac{1}{4}.$$

PO⊥PA より $\overrightarrow{OP}\cdot\overrightarrow{AP}=0$ であるから，

$$\frac{3}{4}t^2-\frac{1}{4}=0.$$

$$t=\pm\frac{1}{\sqrt{3}}=\pm\frac{\sqrt{3}}{3}.$$

$0<t<1$ より，

$$\boldsymbol{t=\frac{\sqrt{3}}{3}}.$$

149　空間における直線のベクトル方程式

【解答】

(1)　H は l_1 上にあるから，

$$\mathrm{H}(1+s,\ 1+s,\ -s)$$

と表され，このとき，

$$\overrightarrow{AH}=(2+s,\ s,\ 2-s).$$

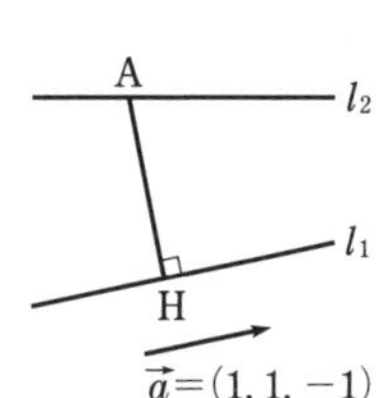

$\vec{a}=(1,\ 1,\ -1)$ とすると，$\vec{a}$ は l_1 に平行であるから，$\overrightarrow{\mathrm{AH}}$ が l_1 に垂直であることより，

$$\vec{a}\cdot\overrightarrow{\mathrm{AH}}=0.$$

すなわち，

$$1\cdot(2+s)+1\cdot s+(-1)(2-s)=0.$$
$$s=0.$$

よって，

$$\mathbf{H(1,\ 1,\ 0)}.$$

(2) P は l_1 上，Q は l_2 上にあるから，s，t を実数として，

$$\mathrm{P}(1+s,\ 1+s,\ -s),\ \mathrm{Q}(-1,\ 1-2t,\ -2+t)$$

と表される．

このとき，

$$\overrightarrow{\mathrm{PQ}}=(-2-s,\ -s-2t,\ -2+s+t)$$

であるから，

$$\begin{aligned}|\overrightarrow{\mathrm{PQ}}|^2&=(-2-s)^2+(-s-2t)^2+(-2+s+t)^2\\&=3s^2+5t^2+6st-4t+8=3(s+t)^2+2t^2-4t+8\\&=3(s+t)^2+2(t-1)^2+6.\end{aligned}$$

よって，

$$s+t=0,\ t-1=0$$

すなわち，

$$s=-1,\ t=1$$

のとき PQ は最小となり，最小値は，

$$\boldsymbol{\sqrt{6}}.$$

[(2)の別解]

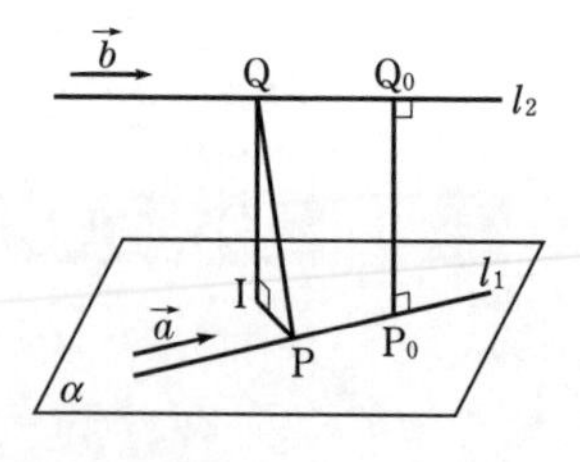

l_1 を含み，l_2 に平行な平面を α とする．

$\mathrm{PQ}\perp l_1$，$\mathrm{PQ}\perp l_2$ を満たす P，Q をそれぞれ $\mathrm{P_0}$，$\mathrm{Q_0}$ とする．

また，Q から平面 α に下ろした垂線の足を I とおくと，

$$\mathrm{PQ}\geqq\mathrm{QI}=\mathrm{P_0Q_0}.$$

したがって，PQ の最小値は $\mathrm{P_0Q_0}$ である．

$\vec{b}=(0,\ -2,\ 1)$ とおくと，$\vec{b}$ は l_2 に平行であるから，

$$\begin{cases}\vec{a}\cdot\overrightarrow{\mathrm{P_0Q_0}}=0,\\\vec{b}\cdot\overrightarrow{\mathrm{P_0Q_0}}=0.\end{cases}$$

$\overrightarrow{P_0Q_0}=(-2-s,\ -s-2t,\ -2+s+t)$ と表されるから，

$$\begin{cases} 1\cdot(-2-s)+1\cdot(-s-2t)+(-1)(-2+s+t)=0, \\ 0\cdot(-2-s)+(-2)(-s-2t)+1\cdot(-2+s+t)=0 \end{cases}$$

$$\iff \begin{cases} s+t=0, \\ 3s+5t-2=0. \end{cases}$$

これを解いて，

$$s=-1,\ t=1.$$

このとき，

$$\overrightarrow{P_0Q_0}=(-1,\ -1,\ -2).$$

よって，線分 PQ の最小値は，

$$|\overrightarrow{P_0Q_0}|=\sqrt{\mathbf{6}}.$$

150　球面，点が平面上にある条件

解法のポイント

点 Q が 3 点 A，B，C を通る平面上にある

$\iff$ $\overrightarrow{AQ}=s\overrightarrow{AB}+t\overrightarrow{AC}$ を満たす実数 s，t が存在する．

【解答】

(1)　$P(x,\ y,\ z)$ とおくと，

$$\overrightarrow{AP}=(x-1,\ y,\ z),$$
$$\overrightarrow{BP}+2\overrightarrow{CP}=(x,\ y-2,\ z)+2(x,\ y,\ z-3)$$
$$=(3x,\ 3y-2,\ 3z-6)$$

より，

$$\overrightarrow{AP}\cdot(\overrightarrow{BP}+2\overrightarrow{CP})=0$$
$$\iff (x-1)\cdot 3x+y(3y-2)+z(3z-6)=0$$
$$\iff x^2+y^2+z^2-x-\frac{2}{3}y-2z=0$$
$$\iff \left(x-\frac{1}{2}\right)^2+\left(y-\frac{1}{3}\right)^2+(z-1)^2=\frac{49}{36}. \quad \cdots①$$

よって，$Q\left(\frac{1}{2},\ \frac{1}{3},\ 1\right)$ とおくと，①は，

$$PQ^2=\frac{49}{36} \iff PQ=\frac{7}{6}$$

となるから，点 P は定点 Q から一定の距離にある．

(2)
$$\overrightarrow{AQ}=s\overrightarrow{AB}+t\overrightarrow{AC} \quad \cdots ②$$
を満たす実数 s, t が存在することを示せばよい.

$$② \iff \left(-\frac{1}{2},\ \frac{1}{3},\ 1\right)=s(-1,\ 2,\ 0)+t(-1,\ 0,\ 3)$$
$$=(-s-t,\ 2s,\ 3t)$$
$$\iff \begin{cases} -s-t=-\dfrac{1}{2}, \\ 2s=\dfrac{1}{3}, \\ 3t=1. \end{cases}$$
$$\iff s=\frac{1}{6},\ t=\frac{1}{3}.$$

よって, ②を満たす実数 s, t が存在するから, 点Qは3点A, B, Cを通る平面上にある.

(3) 四面体 ABCP の体積 V が最大になるのは,

$$PQ\perp 平面\ ABC$$

のときで, このときのPを P_0 とすると,

$$V=\frac{1}{3}\triangle ABC\cdot P_0Q.$$

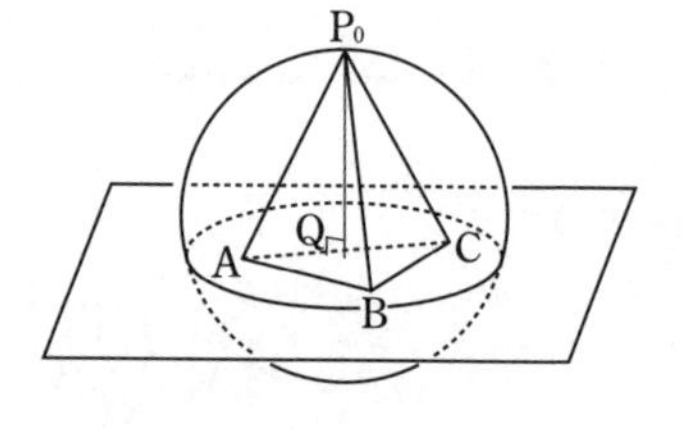

ここで,

$$\triangle ABC=\frac{1}{2}\sqrt{|\overrightarrow{AB}|^2|\overrightarrow{AC}|^2-(\overrightarrow{AB}\cdot\overrightarrow{AC})^2}$$
$$=\frac{1}{2}\sqrt{5\cdot 10-1}$$
$$=\frac{7}{2}.$$

また, (1)より,

$$P_0Q=\frac{7}{6}.$$

よって, 体積 V の最大値は,

$$\frac{1}{3}\cdot\frac{7}{2}\cdot\frac{7}{6}=\mathbf{\frac{49}{36}}.$$

[(1)の別解]

$\overrightarrow{OA}\cdot\overrightarrow{OB}=\overrightarrow{OA}\cdot\overrightarrow{OC}=0$ であるから,

$$\overrightarrow{AP}\cdot(\overrightarrow{BP}+2\overrightarrow{CP})=0$$
$$\iff (\overrightarrow{OP}-\overrightarrow{OA})\cdot(3\overrightarrow{OP}-\overrightarrow{OB}-2\overrightarrow{OC})=0$$

$$\iff 3|\overrightarrow{OP}|^2-(3\overrightarrow{OA}+\overrightarrow{OB}+2\overrightarrow{OC})\cdot\overrightarrow{OP}=0$$

$$\iff \left|\overrightarrow{OP}-\frac{3\overrightarrow{OA}+\overrightarrow{OB}+2\overrightarrow{OC}}{6}\right|^2=\left|\frac{3\overrightarrow{OA}+\overrightarrow{OB}+2\overrightarrow{OC}}{6}\right|^2 \quad \cdots(*)$$

ここで，$\overrightarrow{OQ}=\dfrac{3\overrightarrow{OA}+\overrightarrow{OB}+2\overrightarrow{OC}}{6}$ とおくと，(*)は，

$$|\overrightarrow{OP}-\overrightarrow{OQ}|^2=|\overrightarrow{OQ}|^2$$

となり，

$$|\overrightarrow{PQ}|=|\overrightarrow{OQ}| \text{（一定）}$$

が成り立つ．

151　直線と平面

解法のポイント

(2)
$$\triangle ABC=\frac{1}{2}\sqrt{|\overrightarrow{AB}|^2|\overrightarrow{AC}|^2-(\overrightarrow{AB}\cdot\overrightarrow{AC})^2}.$$

(3)
$$\text{直線 } l\perp \text{ 平面 ABC}$$
$$\iff l\perp \text{直線 AB} \quad \text{かつ} \quad l\perp \text{ 直線 AC}.$$

【解答】

(1)　三角形 ABC の重心が原点と一致することより，

$$\frac{\overrightarrow{OA}+\overrightarrow{OB}+\overrightarrow{OC}}{3}=\vec{0}.$$

これより，

$$\begin{aligned}\overrightarrow{OC}&=-\overrightarrow{OA}-\overrightarrow{OB}\\&=-(1,\ 1,\ 1)-(2,\ -2,\ -2)\\&=(-3,\ 1,\ 1).\end{aligned}$$

よって，頂点 C の座標は，

$$(\mathbf{-3,\ 1,\ 1}).$$

(2)
$$\overrightarrow{AB}=(1,\ -3,\ -3),$$
$$\overrightarrow{AC}=(-4,\ 0,\ 0)$$

であるから，

$$|\overrightarrow{AB}|=\sqrt{1^2+(-3)^2+(-3)^2}=\sqrt{19},$$
$$|\overrightarrow{AC}|=\sqrt{(-4)^2+0^2+0^2}=4,$$
$$\overrightarrow{AB}\cdot\overrightarrow{AC}=1\cdot(-4)+(-3)\cdot 0+(-3)\cdot 0=-4.$$

よって，三角形 ABC の面積Sは，

$$S=\frac{1}{2}\sqrt{|\overrightarrow{AB}|^2|\overrightarrow{AC}|^2-(\overrightarrow{AB}\cdot\overrightarrow{AC})^2}$$

$$=\frac{1}{2}\sqrt{19\cdot16-16}$$

$$=\mathbf{6\sqrt{2}}.$$

(3)

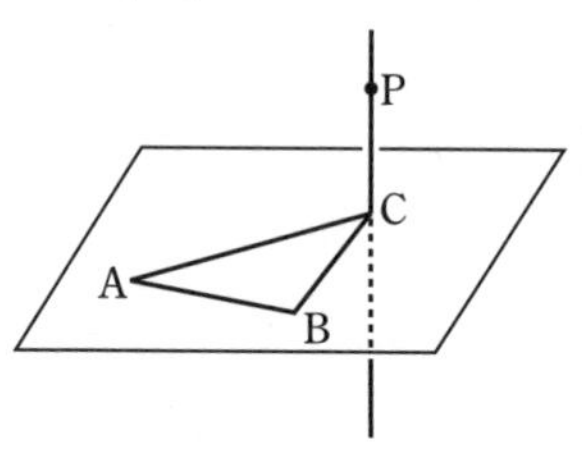

頂点 C を通り，三角形 ABC を含む平面に垂直な直線とxy平面との交点を P(x, y, 0) とおくと，

$$\overrightarrow{CP}=(x+3,\ y-1,\ -1).$$

$\overrightarrow{CP}\perp\overrightarrow{AB}$, $\overrightarrow{CP}\perp\overrightarrow{AC}$ であるから，

$$\begin{cases}\overrightarrow{AB}\cdot\overrightarrow{CP}=0,\\ \overrightarrow{AC}\cdot\overrightarrow{CP}=0.\end{cases}$$

すなわち

$$\begin{cases}(x+3)-3(y-1)+3=0,\\ 4(x+3)=0.\end{cases}$$

これを解いて，

$$x=-3,\ y=2.$$

よって，求める点 P の座標は，

$$(\mathbf{-3,\ 2,\ 0}).$$

解説

(2) **[別解]**

$\overrightarrow{AB}=(1,\ -3,\ -3)$, $\overrightarrow{AC}=(-4,\ 0,\ 0)$ より，

$$|\overrightarrow{AB}|=\sqrt{19},\ |\overrightarrow{AC}|=4,\ \overrightarrow{AB}\cdot\overrightarrow{AC}=-4.$$

$\overrightarrow{AB}$, $\overrightarrow{AC}$ のなす角をθとおくと，

$$\cos\theta=\frac{\overrightarrow{AB}\cdot\overrightarrow{AC}}{|\overrightarrow{AB}||\overrightarrow{AC}|}=-\frac{1}{\sqrt{19}}.$$

$\sin\theta>0$ であるから，

$$\sin\theta=\sqrt{1-\cos^2\theta}=\sqrt{1-\frac{1}{19}}=\frac{3\sqrt{2}}{\sqrt{19}}.$$

これより，三角形 ABC の面積 S は，

$$S=\frac{1}{2}|\overrightarrow{AB}||\overrightarrow{AC}|\sin\theta=\frac{1}{2}\cdot\sqrt{19}\cdot4\cdot\frac{3\sqrt{2}}{\sqrt{19}}=\mathbf{6\sqrt{2}}.$$

152　円周上を動く点と定点との距離

解法のポイント

(1)
$$\overrightarrow{OH}=\overrightarrow{OA}+s\overrightarrow{AB}+t\overrightarrow{AC}\quad（s，t は実数）$$

とおくと，

$$\overrightarrow{DH}\perp\overrightarrow{AB}\quad かつ\quad \overrightarrow{DH}\perp\overrightarrow{AC}.$$

(3) DP が最小になるのは，HP が最小のときである．

【解答】

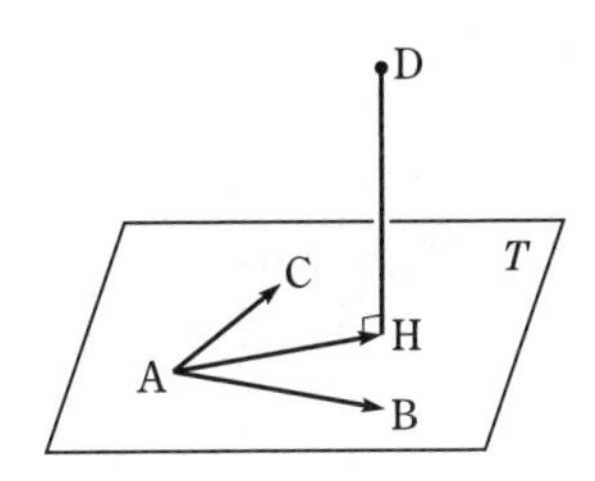

O(0，0，0) とする．

(1)
$$\overrightarrow{AB}=(2,\ 2,\ 0),\ \overrightarrow{AC}=(2,\ 0,\ 2).$$

H は平面 T 上にあるから，s，t を実数として，

$$\begin{aligned}\overrightarrow{OH}&=\overrightarrow{OA}+s\overrightarrow{AB}+t\overrightarrow{AC}\\&=(-2,\ 0,\ 0)+s(2,\ 2,\ 0)+t(2,\ 0,\ 2)\\&=(2(s+t-1),\ 2s,\ 2t)\end{aligned}$$

と表される．

このとき，

$$\begin{aligned}\overrightarrow{DH}&=\overrightarrow{OH}-\overrightarrow{OD}\\&=(2(s+t-2),\ 2s+1,\ 2t).\end{aligned}$$

DH⊥(平面 T) となる条件は，

$$\overrightarrow{DH}\perp\overrightarrow{AB},\ \overrightarrow{DH}\perp\overrightarrow{AC}$$

すなわち，

$$\overrightarrow{DH}\cdot\overrightarrow{AB}=0,\ \overrightarrow{DH}\cdot\overrightarrow{AC}=0.$$

ゆえに，

$$\begin{cases} 4(s+t-2)+2(2s+1)=0, \\ 4(s+t-2)+4t=0. \end{cases}$$

したがって，

$$\begin{cases} 4s+2t=3, \\ s+2t=2. \end{cases}$$

これを解いて，

$$s=\frac{1}{3},\ \ t=\frac{5}{6}$$

となるから，

$$\overrightarrow{\mathrm{OH}}=\left(\frac{1}{3},\ \frac{2}{3},\ \frac{5}{3}\right).$$

よって，H の座標は，

$$\left(\boldsymbol{\frac{1}{3}},\ \boldsymbol{\frac{2}{3}},\ \boldsymbol{\frac{5}{3}}\right).$$

(2)

$$\mathrm{AB}=\mathrm{BC}=\mathrm{CA}=2\sqrt{2}$$

であるから，三角形 ABC は正三角形である．

よって，S の中心を E とすると，E は三角形 ABC の重心でもあるから，

$$\overrightarrow{\mathrm{OE}}=\frac{\overrightarrow{\mathrm{OA}}+\overrightarrow{\mathrm{OB}}+\overrightarrow{\mathrm{OC}}}{3}=\left(-\frac{2}{3},\ \frac{2}{3},\ \frac{2}{3}\right).$$

したがって，E の座標は，

$$\left(-\boldsymbol{\frac{2}{3}},\ \boldsymbol{\frac{2}{3}},\ \boldsymbol{\frac{2}{3}}\right).$$

また，S の半径を R とすると，

$$\begin{aligned} R&=\mathrm{AE} \\ &=\sqrt{\left(-\frac{2}{3}+2\right)^2+\left(\frac{2}{3}\right)^2+\left(\frac{2}{3}\right)^2} \\ &=\boldsymbol{\frac{2\sqrt{6}}{3}}. \end{aligned}$$

(3)

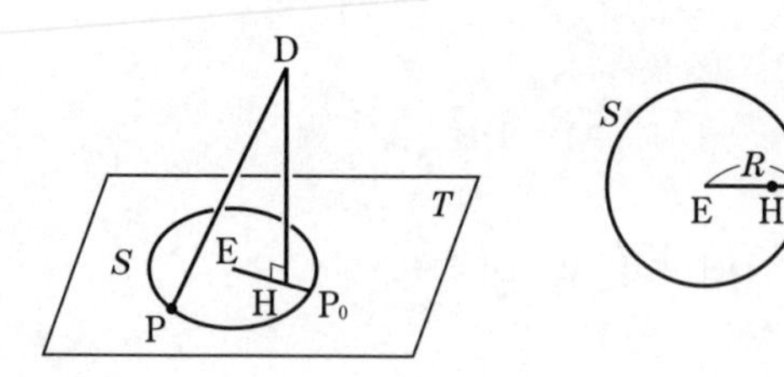

$$DP=\sqrt{DH^2+HP^2}$$

であり，DH は一定であるから，DP が最小になるのは HP が最小のときである．

また，

$$EH=\sqrt{\left(\frac{1}{3}+\frac{2}{3}\right)^2+\left(\frac{5}{3}-\frac{2}{3}\right)^2+0^2}=\sqrt{2}<R$$

から，H は平面 T 上で円 S の内部にある．

したがって，E を端点とする半直線 EH と S との交点を P_0 とすると，P が P_0 と一致するとき，HP は最小となる．

$$\begin{aligned}\overrightarrow{OP_0}&=\overrightarrow{OE}+\frac{R}{EH}\overrightarrow{EH}\\&=\left(-\frac{2}{3},\ \frac{2}{3},\ \frac{2}{3}\right)+\frac{\frac{2\sqrt{6}}{3}}{\sqrt{2}}(1,\ 0,\ 1)\\&=\left(\frac{-2+2\sqrt{3}}{3},\ \frac{2}{3},\ \frac{2+2\sqrt{3}}{3}\right)\end{aligned}$$

であるから，求める点 P の座標は，

$$\boldsymbol{\left(\frac{-2+2\sqrt{3}}{3},\ \frac{2}{3},\ \frac{2+2\sqrt{3}}{3}\right)}.$$

153 直線と平面の交点

【解答】

(1) 点 P は，ベクトル $\vec{u}$ に平行で原点を通る直線上にあるので，

$\overrightarrow{OP}=k\vec{u}$（$k$ は実数）

と表される．

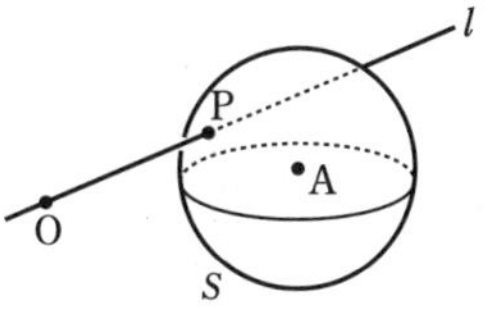

また，点 P は点 A を中心とする半径 1 の球面上にあるから，

$$|\overrightarrow{AP}|=1.$$

ここで，

$$\begin{aligned}\overrightarrow{AP}&=\overrightarrow{OP}-\overrightarrow{OA}\\&=k(1,\ 4,\ 1)-(0,\ 2,\ 1)\\&=(k,\ 4k-2,\ k-1)\end{aligned}$$

であるから，

$$k^2+(4k-2)^2+(k-1)^2=1.$$
$$9k^2-9k+2=0.$$
$$(3k-1)(3k-2)=0.$$
$$k=\frac{1}{3},\ \frac{2}{3}.$$

点 P は l と S の 2 交点のうち原点 O に近い方であるから,

$$k=\frac{1}{3}.$$

よって,

$$\overrightarrow{\mathrm{OP}}=\left(\frac{1}{3},\ \frac{4}{3},\ \frac{1}{3}\right).$$

したがって，点 P の座標は,

$$\left(\boldsymbol{\frac{1}{3}},\ \boldsymbol{\frac{4}{3}},\ \boldsymbol{\frac{1}{3}}\right).$$

(2)
$$\begin{aligned}\overrightarrow{\mathrm{AP}}&=\overrightarrow{\mathrm{OP}}-\overrightarrow{\mathrm{OA}}\\&=\left(\frac{1}{3},\ \frac{4}{3},\ \frac{1}{3}\right)-(0,\ 2,\ 1)\\&=\left(\frac{1}{3},\ -\frac{2}{3},\ -\frac{2}{3}\right)\end{aligned}$$

より,

$$\begin{aligned}\overrightarrow{\mathrm{PO}}\cdot\overrightarrow{\mathrm{AP}}&=-\overrightarrow{\mathrm{OP}}\cdot\overrightarrow{\mathrm{AP}}\\&=-\left\{\frac{1}{3}\cdot\frac{1}{3}+\frac{4}{3}\left(-\frac{2}{3}\right)+\frac{1}{3}\left(-\frac{2}{3}\right)\right\}\\&=\mathbf{1}.\end{aligned}$$

(3) 線分 OR と直線 AP との交点を H とすると,

$$\begin{cases}\overrightarrow{\mathrm{OH}}\perp\overrightarrow{\mathrm{AP}}, & \cdots①\\ \overrightarrow{\mathrm{OR}}=2\overrightarrow{\mathrm{OH}}. & \cdots②\end{cases}$$

H は直線 AP 上の点であるから,

$$\overrightarrow{\mathrm{OH}}=\overrightarrow{\mathrm{OP}}+s\overrightarrow{\mathrm{AP}}\quad(s\text{ は実数})$$

と表される.

①より,

$$\begin{aligned}&(\overrightarrow{\mathrm{OP}}+s\overrightarrow{\mathrm{AP}})\cdot\overrightarrow{\mathrm{AP}}=0\\ \iff\ &\overrightarrow{\mathrm{OP}}\cdot\overrightarrow{\mathrm{AP}}+s|\overrightarrow{\mathrm{AP}}|^2=0\\ \iff\ &-1+s=0\qquad(|\overrightarrow{\mathrm{AP}}|=1=\text{球面 }S\text{ の半径})\\ \iff\ &s=1.\end{aligned}$$

よって，

$$\overrightarrow{\mathrm{OH}}=\overrightarrow{\mathrm{OP}}+\overrightarrow{\mathrm{AP}}$$
$$=\left(\frac{1}{3},\ \frac{4}{3},\ \frac{1}{3}\right)+\left(\frac{1}{3},\ -\frac{2}{3},\ -\frac{2}{3}\right)$$
$$=\left(\frac{2}{3},\ \frac{2}{3},\ -\frac{1}{3}\right).$$

②より，

$$\overrightarrow{\mathrm{OR}}=\left(\frac{4}{3},\ \frac{4}{3},\ -\frac{2}{3}\right).$$

したがって，

$$\overrightarrow{\mathbf{PR}}=\overrightarrow{\mathrm{OR}}-\overrightarrow{\mathrm{OP}}$$
$$=\left(\frac{4}{3},\ \frac{4}{3},\ -\frac{2}{3}\right)-\left(\frac{1}{3},\ \frac{4}{3},\ \frac{1}{3}\right)$$
$$\mathbf{=(1,\ 0,\ -1)}.$$

(4)　直線PRとxy平面との交点をTとおくと，

$$\overrightarrow{\mathrm{OT}}=\overrightarrow{\mathrm{OP}}+k\overrightarrow{\mathrm{PR}}\quad(k\text{ は実数})$$

と表される．

(1)，(3)より，

$$\overrightarrow{\mathrm{OT}}=\left(\frac{1}{3}+k,\ \frac{4}{3},\ \frac{1}{3}-k\right).$$

Tはxy平面上の点であるからz座標は0となる．

したがって，

$$\frac{1}{3}-k=0.$$
$$k=\frac{1}{3}.$$

よって，求める点Tの座標は，

$$\left(\mathbf{\frac{2}{3},\ \frac{4}{3},\ 0}\right).$$

154 直線と平面の交点の軌跡

【解答】

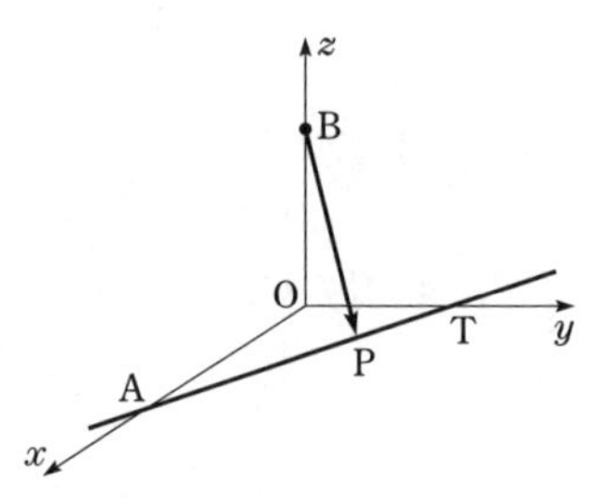

(1)
$$\overrightarrow{BP}=\overrightarrow{OP}-\overrightarrow{OB}$$
$$=s\overrightarrow{OT}+(1-s)\overrightarrow{OA}-\overrightarrow{OB}$$
$$=s(0,\ t,\ 0)+(1-s)(1,\ 0,\ 0)-(0,\ 0,\ 1)$$
$$=(1-s,\ st,\ -1).$$
$$\overrightarrow{AT}=\overrightarrow{OT}-\overrightarrow{OA}$$
$$=(0,\ t,\ 0)-(1,\ 0,\ 0)$$
$$=(-1,\ t,\ 0).$$

したがって

$$\overrightarrow{BP}\cdot\overrightarrow{AT}=-\frac{1}{2}$$
$$\iff\ -(1-s)+st^2=-\frac{1}{2}$$
$$\iff\ s(1+t^2)=\frac{1}{2}.$$

よって，

$$\boldsymbol{s=\frac{1}{2(1+t^2)}}.$$

(2)
$$\overrightarrow{OP}=s\overrightarrow{OT}+(1-s)\overrightarrow{OA}$$
$$=(1-s,\ st,\ 0)$$

より，

$$X=1-s,\ \ Y=st.$$

(1)より，

$$\begin{cases} \boldsymbol{X}=1-\dfrac{1}{2(1+t^2)}=\boldsymbol{\dfrac{1+2t^2}{2(1+t^2)}}, \\ \boldsymbol{Y=\dfrac{t}{2(1+t^2)}}. \end{cases}$$

(3)　$1+t^2 \geqq 1$ より，

$$0<\frac{1}{2(1+t^2)} \leqq \frac{1}{2}.$$

したがって，

$$\frac{1}{2} \leqq 1-\frac{1}{2(1+t^2)}<1.$$

すなわち，

$$\boldsymbol{\frac{1}{2} \leqq X<1.}$$

(4)　(2)より，

$$\begin{cases} X-1=-\dfrac{1}{2(1+t^2)}, & \cdots① \\ Y=\dfrac{t}{2(1+t^2)}. & \cdots② \end{cases}$$

②÷①より，

$$\frac{Y}{X-1}=-t.$$

したがって，①より，

$$\begin{aligned} & (X-1)(1+t^2)=-\frac{1}{2} \\ \Longleftrightarrow\quad & (X-1)\left\{1+\left(\frac{Y}{X-1}\right)^2\right\}=-\frac{1}{2} \\ \Longleftrightarrow\quad & (X-1)^2+Y^2=-\frac{1}{2}(X-1) \\ \Longleftrightarrow\quad & X^2-\frac{3}{2}X+Y^2+\frac{1}{2}=0 \\ \Longleftrightarrow\quad & \left(X-\frac{3}{4}\right)^2+Y^2=\frac{1}{16}. \end{aligned}$$

よって，xy 平面上で点 P の描く曲線は，

$$\boldsymbol{\left(x-\frac{3}{4}\right)^2+y^2=\frac{1}{16},\ (x,\ y) \neq (1,\ 0).}$$

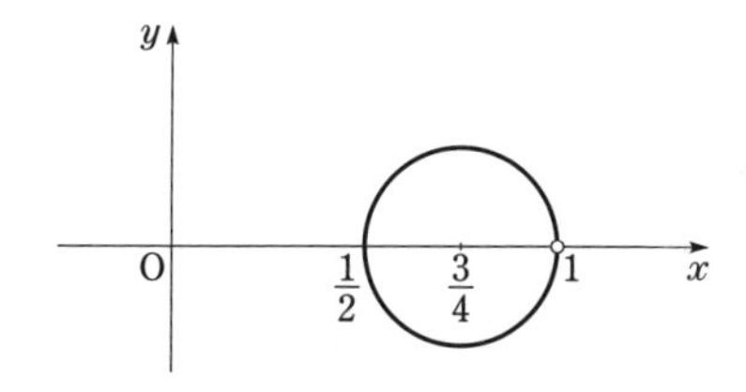

第 14 章 複素数平面

155 ド・モアブルの定理

解法のポイント

$|\alpha|=1$ のとき，$\overline{\alpha}=\dfrac{1}{\alpha}$. $\alpha+\overline{\alpha}=2\,\mathrm{Re}(\alpha)$ （$\mathrm{Re}(\alpha)$ は α の実部）

【解答】

(1) $\alpha \fallingdotseq 1$ より，初項 1，公比 α の等比数列の初項から第 5 項までの和として，

$$1+\alpha+\alpha^2+\alpha^3+\alpha^4=\frac{1-\alpha^5}{1-\alpha}.$$

ここで，ド・モアブルの定理より，

$$\begin{aligned}\alpha^5&=\left(\cos\frac{2}{5}\pi+i\sin\frac{2}{5}\pi\right)^5\\&=\cos 2\pi+i\sin 2\pi\\&=1\end{aligned}$$

であるから，

$$1+\alpha+\alpha^2+\alpha^3+\alpha^4=0.$$

(2)

$$\begin{aligned}\boldsymbol{u}+\boldsymbol{v}&=(\alpha+\alpha^4)+(\alpha^2+\alpha^3)\\&=\alpha+\alpha^2+\alpha^3+\alpha^4\\&=\mathbf{-1.}\end{aligned}$$

$$\begin{aligned}\boldsymbol{uv}&=(\alpha+\alpha^4)(\alpha^2+\alpha^3)\\&=\alpha^3+\alpha^4+\alpha^6+\alpha^7\\&=\alpha^3+\alpha^4+\alpha\cdot\alpha^5+\alpha^2\cdot\alpha^5\\&=\alpha^3+\alpha^4+\alpha+\alpha^2 \qquad (\alpha^5=1 \text{ より})\\&=\mathbf{-1.}\end{aligned}$$

(3) (2)より，2 次方程式の解と係数の関係より，u，v は z の 2 次方程式

$$z^2+z-1=0 \qquad \cdots①$$

の解である.

①の解は，

$$z=\frac{-1\pm\sqrt{5}}{2}.$$

ここで，$|\alpha|=1$ より，

$$\alpha\overline{\alpha}=|\alpha|^2=1$$

であるから，$\alpha^5=1$ より，

$$\alpha^4=\frac{1}{\alpha}=\overline{\alpha}.$$

したがって，

$$\begin{aligned} u &= \alpha+\alpha^4 \\ &= \alpha+\overline{\alpha} \\ &= 2\,\mathrm{Re}(\alpha) \\ &= 2\cos\frac{2}{5}\pi. \end{aligned}$$

$\cos\frac{2}{5}\pi>0$ より，

$$u=\frac{-1+\sqrt{5}}{2}.$$

よって，

$$\boldsymbol{\cos\frac{2}{5}\pi=\frac{-1+\sqrt{5}}{4}}.$$

解説

[(1)の別解]

ド・モアブルの定理より，

$$\begin{aligned} \alpha^5 &= \cos 2\pi+i\sin 2\pi \\ &= 1. \end{aligned}$$

したがって，

$$\alpha^5-1=0.$$

$$(\alpha-1)(\alpha^4+\alpha^3+\alpha^2+\alpha+1)=0.$$

$\alpha\neq 1$ であるから，

$$\alpha^4+\alpha^3+\alpha^2+\alpha+1=0.$$

(3)　1，α，α^2，α^3，α^4 は，

$$z^5=1$$

の相異なる解であり，複素数平面上で単位円周上に内接する正五角形の頂点として次の図で示されるように配置されている．

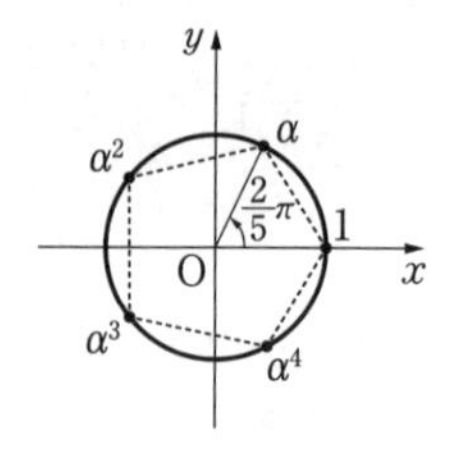

これより,

$$\alpha^4=\overline{\alpha},$$
$$\alpha+\alpha^4=\alpha+\overline{\alpha}=2\,\mathrm{Re}(\alpha)>0$$

であることが読み取れる.

156 複素数の極形式

【解答】

(1)
$$\begin{aligned} w^2&=\{\sqrt{3}(1+i)+(1-i)\}^2\\ &=3(1+i)^2+2\sqrt{3}(1+i)(1-i)+(1-i)^2\\ &=6i+4\sqrt{3}-2i\\ &=\mathbf{4\sqrt{3}+4i}. \end{aligned}$$

(2) $w=r(\cos\theta+i\sin\theta)$ とおくと,

$$w^2=r^2(\cos 2\theta+i\sin 2\theta).$$

(1)より,

$$w^2=8(\cos 30^\circ+i\sin 30^\circ)$$

であるから,

$$\begin{cases} r^2=8, & \cdots① \\ 2\theta=30^\circ+360^\circ\times k \quad (k\text{ は整数}). & \cdots② \end{cases}$$

①より, $r>0$ であるから,

$$r=2\sqrt{2}.$$

②より,

$$\theta=15^\circ+180^\circ\times k.$$

$0^\circ\leqq\theta<360^\circ$ より,

$$\theta=15^\circ \text{ または } 195^\circ.$$

w の実部$=\sqrt{3}+1>0$ であるから,

$$\theta=15^\circ.$$

よって，w の極形式は，

$$\boldsymbol{w=2\sqrt{2}\,(\cos 15^\circ+i\sin 15^\circ)}.$$

(3)
$$w^n=(2\sqrt{2})^n\{\cos(15^\circ\times n)+i\sin(15^\circ\times n)\}.$$

これが負の実数になるのは，

$$\begin{cases}\cos(15^\circ\times n)<0,\\ \sin(15^\circ\times n)=0.\end{cases}$$

のときであるから，

$$15^\circ\times n=180^\circ+360^\circ\times m\quad(m\text{ は整数}).$$

$$n=12+24\times m\quad(m\text{ は整数}).$$

このうち，$1\leqq n\leqq 100$ を満たすものは，

$$\boldsymbol{n=12,\ 36,\ 60,\ 84.}$$

[(2)の別解]

$w=r(\cos\theta+i\sin\theta)$ とおくと，

$$w^2=r^2(\cos 2\theta+i\sin 2\theta).$$

(1)より，

$$\begin{cases}r^2\cos 2\theta=4\sqrt{3}, & \cdots③\\ r^2\sin 2\theta=4. & \cdots④\end{cases}$$

③^2+④^2 より，

$$r^4(\cos^2\theta+\sin^2\theta)=64.$$

$$r^4=64=(2\sqrt{2})^4.$$

$r>0$ より，

$$r=2\sqrt{2}.$$

このとき，③，④より，

$$\begin{cases}\cos 2\theta=\dfrac{\sqrt{3}}{2},\\ \sin 2\theta=\dfrac{1}{2}.\end{cases}$$

$0^\circ\leqq 2\theta\leqq 720^\circ$ より，

$$2\theta=30^\circ,\ 390^\circ.$$

$$\theta=15^\circ,\ 195^\circ.$$

w の実部$=\sqrt{3}+1>0$ より，

$$\theta=15^\circ.$$

よって，w の極形式は，

$$\boldsymbol{w=2\sqrt{2}\,(\cos 15^\circ+i\sin 15^\circ)}.$$

157 複素数の列

【解答】

(1)
$$z_{n+1}=(1+\sqrt{3}i)z_n+1$$
$$\iff z_{n+1}-\frac{\sqrt{3}}{3}i=(1+\sqrt{3}i)\left(z_n-\frac{\sqrt{3}}{3}i\right)$$

より,

$$z_n-\frac{\sqrt{3}}{3}i=\left(z_1-\frac{\sqrt{3}}{3}i\right)(1+\sqrt{3}i)^{n-1}$$
$$=(1+\sqrt{3}i)^{n-1}. \qquad \left(z_1=1+\frac{\sqrt{3}}{3}i \text{ より}\right)$$

よって,

$$\boldsymbol{z_n=\frac{\sqrt{3}}{3}i+(1+\sqrt{3}i)^{n-1}}.$$

(2)
$$z_n=\frac{\sqrt{3}}{3}i+\{2(\cos 60^\circ+i\sin 60^\circ)\}^{n-1}.$$

ド・モアブルの定理より, z_n の実部 $\mathrm{Re}(z_n)$ は,

$$\mathrm{Re}(z_n)=2^{n-1}\cos\{(n-1)\times 60^\circ\}.$$

これが, 1000 以上であるためには,

$$\cos\{(n-1)\times 60^\circ\}>0$$

が必要であるから,

$$n-1=6m,\ 6m\pm 1 \quad (m \text{ は整数})$$

のときである.

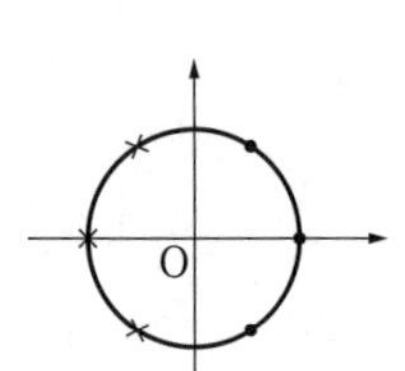

(i) $n-1=6m$ ($m\geqq 0$) のとき,

$$\mathrm{Re}(z_n)\geqq 1000$$
$$\iff 2^{6m}\geqq 1000$$
$$\iff m\geqq 2.$$

よって, このときの最小の n は,

$$n=13.$$

(ii) $n-1=6m+1$ ($m\geqq 0$) のとき,

$$\mathrm{Re}(z_n)\geqq 1000$$
$$\iff 2^{6m+1}\cdot\cos 60^\circ\geqq 1000$$
$$\iff 2^{6m}\geqq 1000$$
$$\iff m\geqq 2.$$

よって，このときの最小の n は，

$$n=14.$$

(iii)　$n-1=6m-1$ （$m \geqq 1$） のとき，

$$\begin{aligned} & \mathrm{Re}(z_n) \geqq 1000 \\ \iff & 2^{6m-1} \cdot \cos(-60^\circ) \geqq 1000 \\ \iff & 2^{6m-2} \geqq 1000 \\ \iff & m \geqq 2. \end{aligned}$$

よって，このとき最小の n は，

$$n=12.$$

(i)〜(iii)より，$\mathrm{Re}(z_n) \geqq 1000$ を満たす最小の n は，

$$\mathbf{12.}$$

解説

$$z_{n+1}=(1+\sqrt{3}\,i)z_n+1 \qquad \cdots①$$

を変形して，

$$z_{n+1}-\frac{\sqrt{3}}{3}i=(1+\sqrt{3}\,i)\left(z_n-\frac{\sqrt{3}}{3}i\right)$$

とするには次のように考えればよい．

いま方程式

$$\alpha=(1+\sqrt{3}\,i)\alpha+1 \qquad \cdots②$$

を満たす複素数 α に対し，①−② を作ると，

$$z_{n+1}-\alpha=(1+\sqrt{3}\,i)(z_n-\alpha). \qquad \cdots③$$

ここで，

$$\begin{aligned} ② \iff & \sqrt{3}\,i\alpha+1=0 \\ \iff & \alpha=-\frac{1}{\sqrt{3}\,i}=\frac{\sqrt{3}}{3}i \end{aligned}$$

であるから，③は，

$$z_{n+1}-\frac{\sqrt{3}}{3}i=(1+\sqrt{3}\,i)\left(z_n-\frac{\sqrt{3}}{3}i\right)$$

となる．

158 回転移動

解法のポイント

点αを点βの周りに，角θだけ回転した点をγとすると，

$$\gamma-\beta=(\cos\theta+i\sin\theta)(\alpha-\beta).$$

【解答】

点αを点βの周りに90°回転した点がγであるから，

$$\gamma-\beta=i(\alpha-\beta). \quad \cdots①$$

点0，β，γが同一直線上にあるから，

$$\gamma=k\beta \quad \cdots②$$

を満たす実数kがある．

①，②より，

$$\begin{aligned} & k\beta-\beta=i(\alpha-\beta) \\ \iff & (k-1)\beta=i(\alpha-\beta) \\ \iff & (k-1)(2+3i)=i\{(a+i)-(2+3i)\} \\ \iff & 2(k-1)+3(k-1)i=2+(a-2)i. \end{aligned}$$

a，kは実数であるから，

$$\begin{cases} 2(k-1)=2, \\ 3(k-1)=a-2. \end{cases}$$

これより，

$$k=2,\ \boldsymbol{a=5}.$$

したがって，

$$\boldsymbol{\gamma}=2\beta=\boldsymbol{4+6i}.$$

159 線分の垂直二等分線，三角形の外心

【解答】

(1)

$$\begin{aligned} & \text{点}z\text{が線分OAの垂直二等分線上にある} \\ \iff & |z|=|z-\alpha| \\ \iff & |z|^2=|z-\alpha|^2 \\ \iff & z\bar{z}=(z-\alpha)(\bar{z}-\bar{\alpha}) \\ & \quad =z\bar{z}-\bar{\alpha}z-\alpha\bar{z}+\alpha\bar{\alpha} \\ \iff & \bar{\alpha}z+\alpha\bar{z}-\alpha\bar{\alpha}=0. \end{aligned}$$

(2)　三角形OABの外心を表す複素数をzとおくと，zは線分OA，OBの垂直二等分線の交点であるから，(1)より，

$$\begin{cases} \bar{\alpha}z+\alpha\bar{z}-\alpha\bar{\alpha}=0, & \cdots① \\ \bar{\beta}z+\beta\bar{z}-\beta\bar{\beta}=0. & \cdots② \end{cases}$$

①$\times\beta-$②$\times\alpha$ から，

$$(\bar{\alpha}\beta-\alpha\bar{\beta})z=\alpha\beta(\bar{\alpha}-\bar{\beta}).$$

ここで，$\bar{\alpha}\beta-\alpha\bar{\beta}=0$ とすると $\alpha\neq0$ から，

$$\frac{\beta}{\alpha}=\frac{\bar{\beta}}{\bar{\alpha}}=\overline{\left(\frac{\beta}{\alpha}\right)}.$$

よって，$\dfrac{\beta}{\alpha}$ は実数となり，O，A，Bが同一直線上にあることになるから不適.

したがって，$\bar{\alpha}\beta-\alpha\bar{\beta}\neq0$ であり，

$$z=\boldsymbol{\frac{\alpha\beta(\bar{\alpha}-\bar{\beta})}{\bar{\alpha}\beta-\alpha\bar{\beta}}}.$$

(3)　(2)から，

$$\frac{\alpha\beta(\bar{\alpha}-\bar{\beta})}{\bar{\alpha}\beta-\alpha\bar{\beta}}=\alpha+\beta.$$

$$\alpha\beta(\bar{\alpha}-\bar{\beta})=(\alpha+\beta)(\bar{\alpha}\beta-\alpha\bar{\beta}).$$

$$\alpha^2\bar{\beta}=\bar{\alpha}\beta^2.$$

$$\frac{\beta^2}{\alpha^2}=\frac{\bar{\beta}}{\bar{\alpha}}=\overline{\left(\frac{\beta}{\alpha}\right)}.$$

よって，$\dfrac{\beta}{\alpha}=w$ とおくと，

$$w^2=\bar{w}.$$

これより，

$$|w|^2=|\bar{w}|=|w|.$$

$w\neq0$ より，

$$|w|=1.$$

したがって，

$$w^3=ww^2=w\bar{w}=|w|^2=1.$$

$$(w-1)(w^2+w+1)=0.$$

$w\neq1$ より，　$w=\dfrac{-1\pm\sqrt{3}\,i}{2}.$

よって，

$$\frac{\beta}{\alpha}=\boldsymbol{\frac{-1\pm\sqrt{3}\,i}{2}}.$$

160 複素数の絶対値，偏角

【解答】

(1)
$$\alpha^2+\beta^2=\alpha\beta$$
$$\iff \alpha^2-\alpha\beta+\beta^2=0.$$

両辺をβ^2で割って，

$$\left(\frac{\alpha}{\beta}\right)^2-\frac{\alpha}{\beta}+1=0.$$

よって，

$$\frac{\alpha}{\beta}=\boldsymbol{\frac{1\pm\sqrt{3}\,i}{2}}.$$

(2) (1)と同様にして，

$$\frac{\beta}{\alpha}=\frac{1\pm\sqrt{3}\,i}{2}$$

が成り立つ．

$$|\alpha-\beta|=3 \iff |\alpha|\left|1-\frac{\beta}{\alpha}\right|=3$$

において，

$$1-\frac{\beta}{\alpha}=\frac{1\mp\sqrt{3}\,i}{2}$$

より，
$$\left|1-\frac{\beta}{\alpha}\right|=1.$$

よって，
$$|\alpha|=\boldsymbol{3}.$$

(3) (1)より，

$$\alpha=\frac{1\pm\sqrt{3}\,i}{2}\beta$$
$$=\{\cos(\pm60°)+i\sin(\pm60°)\}\beta.\quad(\text{複号同順})$$

よって，点αは原点Oの周りに点βを$\pm60°$回転したものであるから，3点O，A，Bは一辺の長さが3の正三角形をなす．

ゆえに，求める面積は，

$$\triangle\mathrm{OAB}=\frac{1}{2}\cdot3^2\sin60°=\boldsymbol{\frac{9\sqrt{3}}{4}}.$$

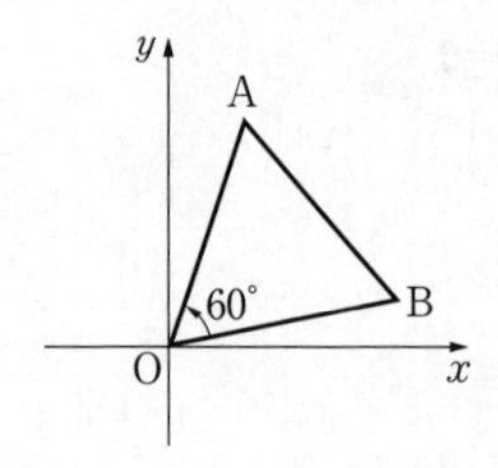

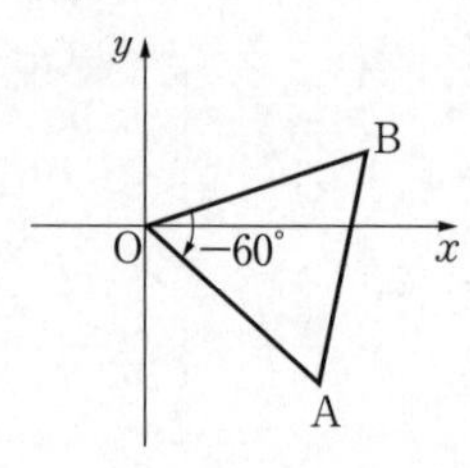

161 複素数の絶対値，偏角

解法のポイント

α が実数である $\Longleftrightarrow \alpha=\overline{\alpha}$.

【解答】

(1) $z+\dfrac{1}{z}$ が実数であることから，

$$z+\frac{1}{z}=\overline{z+\frac{1}{z}}=\overline{z}+\frac{1}{\overline{z}}.$$

これより，
$$z^2\overline{z}-z\overline{z}^2+\overline{z}-z=0.$$
$$(z\overline{z}-1)(z-\overline{z})=0.$$

z は虚数だから，$z-\overline{z}\neq 0$.

したがって，
$$z\overline{z}-1=0.$$
$$|z|^2=1.$$

よって，

$$a=|z|=\mathbf{1}.$$

(2) $z'=z+\sqrt{2}+\sqrt{2}\,i$ とおくと，(1)より，

$$|z'-(\sqrt{2}+\sqrt{2}\,i)|=|z|=1.$$

よって，z' は点 $\alpha=\sqrt{2}+\sqrt{2}\,i$ を中心とする半径 1 の円を描く．

よって，$|z'|$ は図において，

$z'=z_1'$ のとき最小となり，$|z_1'|=|\alpha|-1=1$,

$z'=z_2'$ のとき最大となり，$|z_2'|=|\alpha|+1=3$.

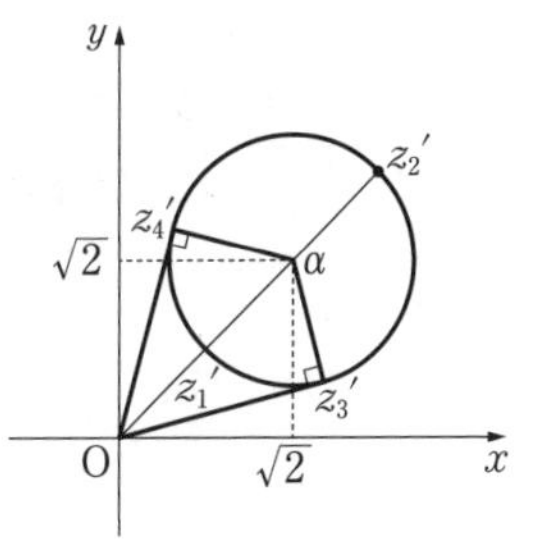

したがって，

$$1\leqq|z'|\leqq 3.$$

また，$\arg z'$ は右図において，

$z'=z_3'$ のとき最小となり，$\arg z_3'=15°$,

$z'=z_4'$ のとき最大となり，$\arg z_4'=75°$.

したがって，

$$15°\leqq\arg z'\leqq 75°.$$

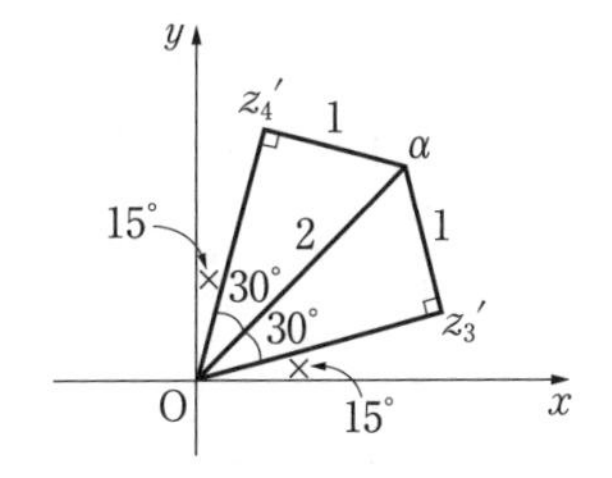

$w=(z')^4$ であるから，

$$|w|=|z'|^4,\qquad \arg w=4\arg z'.$$

よって，

$$\mathbf{1\leqq|w|\leqq 81},\qquad \mathbf{60°\leqq\arg w\leqq 300°}.$$

[(1)の別解]

$$z=a(\cos\theta+i\sin\theta)$$

と表され，

$$z+\frac{1}{z}=a(\cos\theta+i\sin\theta)+\frac{1}{a}(\cos\theta-i\sin\theta)$$

となるから，$z+\dfrac{1}{z}$ が実数であることより，

$$\left(a-\frac{1}{a}\right)\sin\theta=0.$$

z は虚数だから，$\sin\theta\neq 0$.
よって，

$$a-\frac{1}{a}=0. \qquad a^2=1.$$

$a>0$ より，

$$\boldsymbol{a=1}.$$

162 領域の図示

【解答】

$\dfrac{z}{2}+\dfrac{1}{z}$ が実数であることより，

$$\frac{z}{2}+\frac{1}{z}=\overline{\frac{z}{2}+\frac{1}{z}}=\frac{\bar{z}}{2}+\frac{1}{\bar{z}}$$
$$\iff z^2\bar{z}+2\bar{z}=z\bar{z}^2+2z$$
$$\iff z\bar{z}(z-\bar{z})-2(z-\bar{z})=0$$
$$\iff (z\bar{z}-2)(z-\bar{z})=0$$
$$\iff z=\bar{z} \text{ または } z\bar{z}=2.$$

(i) $z=\bar{z}$ のとき，

z は実数であり，
$$0\leqq\frac{z}{2}+\frac{1}{z}\leqq 2$$

より，
$$0\leqq\frac{z^2+2}{2z}\leqq 2.$$

よって，
$$z>0 \text{ かつ } z^2-4z+2\leqq 0.$$

したがって，

$$2-\sqrt{2}\leqq z\leqq 2+\sqrt{2}.$$

(ii)　$z\bar{z}=2$ のとき，

$|z|^2=2$ であるから，

$$|z|=\sqrt{2}.$$

よって，

$$z=\sqrt{2}(\cos\theta+i\sin\theta)$$

と表されるから，

$$\frac{z}{2}+\frac{1}{z}=\frac{\sqrt{2}}{2}(\cos\theta+i\sin\theta)+\frac{1}{\sqrt{2}}(\cos\theta-i\sin\theta)$$

$$=\sqrt{2}\cos\theta.$$

したがって，

$$0\leqq\frac{z}{2}+\frac{1}{z}\leqq 2$$

より，

$$0\leqq\sqrt{2}\cos\theta\leqq 2$$

$$0\leqq\cos\theta\leqq\sqrt{2}$$

よって，

$$-90^\circ\leqq\theta\leqq 90^\circ.$$

(i)，(ii)より，求める z の集合は，

$$\begin{cases}\textbf{線分：}\boldsymbol{z}\textbf{ は実数で，}\boldsymbol{2-\sqrt{2}\leqq z\leqq 2+\sqrt{2}}, \\ \quad\textbf{と} \\ \textbf{半円：}\boldsymbol{|z|=\sqrt{2},\ \mathrm{Re}(z)\geqq 0.}\end{cases}$$

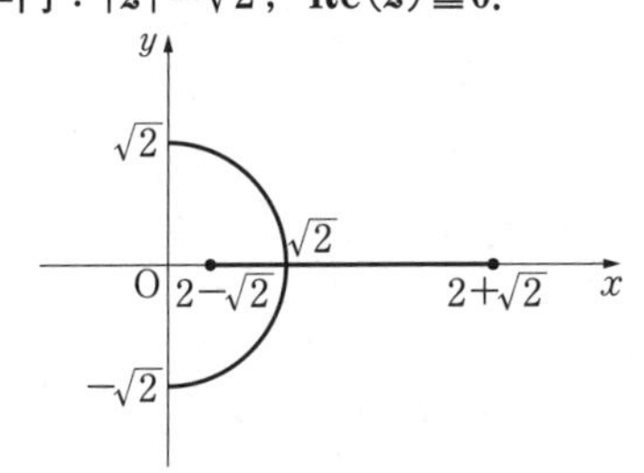

163 3点が同一直線上にある条件

【解答】

(1)

$$z^2=1 \iff z=\pm 1,$$

$$z^3=1 \iff (z-1)(z^2+z+1)=0$$

$$\iff z=1,\ z^2+z+1=0$$

$$\iff z=1,\ \frac{-1\pm\sqrt{3}i}{2}.$$

$$z^3=z^2 \iff z=0,\ 1.$$

よって，求めるzは，

$$\boldsymbol{z=0,\ \pm 1,\ \frac{-1\pm\sqrt{3}i}{2}}.$$

(2)

$$1,\ z^2,\ z^3 \text{ が一直線上にある}$$

$$\iff \frac{z^3-1}{z^2-1}=\frac{z^2+z+1}{z+1} \text{ が実数}$$

$$\iff \frac{z^2+z+1}{z+1}=\overline{\left(\frac{z^2+z+1}{z+1}\right)}=\frac{\bar{z}^2+\bar{z}+1}{\bar{z}+1}$$

$$\iff (z^2+z+1)(\bar{z}+1)=(\bar{z}^2+\bar{z}+1)(z+1)$$

$$\iff z^2\bar{z}+z^2=z\bar{z}^2+\bar{z}^2$$

$$\iff (z-\bar{z})(z\bar{z}+z+\bar{z})=0$$

$$\iff z=\bar{z} \text{ または } z\bar{z}+z+\bar{z}=0$$

$$\iff z=\bar{z} \text{ または } |z+1|^2=1$$

$$\iff z=\bar{z} \text{ または } |z+1|=1.$$

よって，条件 (A)，(B) を満たすzの範囲は，

実軸から 0，±1 を除いたもの，
と
点 −1 を中心とする半径 1 の円から 2 点 $\boldsymbol{\frac{-1\pm\sqrt{3}i}{2}}$ を除いたもの.

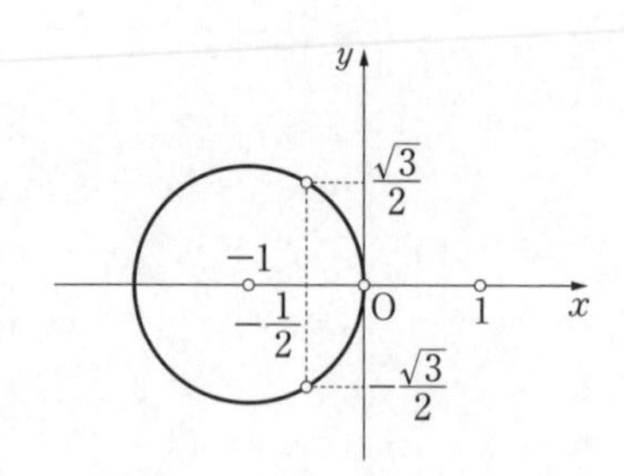

[(2)の別解]

(i)　z が 0，±1 以外の実数のとき，1，z^2，z^3 はすべて実数であるから条件（B）を満たす．

(ii)　z が $\dfrac{-1\pm\sqrt{3}\,i}{2}$ 以外の虚数のとき，

1，z^2，z^3 が一直線上にある

$\Longleftrightarrow z^3-z^2=k(z^2-1)$ …①　を満たす実数 k がある．

$z\neq1$ より，

$$① \Longleftrightarrow z^2=k(z+1)$$
$$\Longleftrightarrow z^2-kz-k=0. \qquad \cdots②$$

z は虚数であるから，（②の判別式）$=k^2+4k<0$.

よって，

$$-4<k<0.$$

このとき，①の解は，

$$z=\frac{k}{2}\pm\frac{\sqrt{-k^2-4k}}{2}i.$$

$z=x+yi$（x，y は実数）とおくと，

$$\begin{cases} x=\dfrac{k}{2}, \\ y=\pm\dfrac{\sqrt{-k^2-4k}}{2}. \end{cases}$$

これより，

$$2y=\pm\sqrt{-4x^2-8x}.$$
$$4y^2=-4x^2-8x.$$
$$x^2+y^2+2x=0$$
$$(x+1)^2+y^2=1.$$

よって，x，y の満たす条件は，

$$\begin{cases} (x+1)^2+y^2=1, \\ -2<x<0, \\ y\neq0, \\ (x,\ y)\neq\left(-\dfrac{1}{2},\ \pm\dfrac{\sqrt{3}}{2}\right). \end{cases}$$

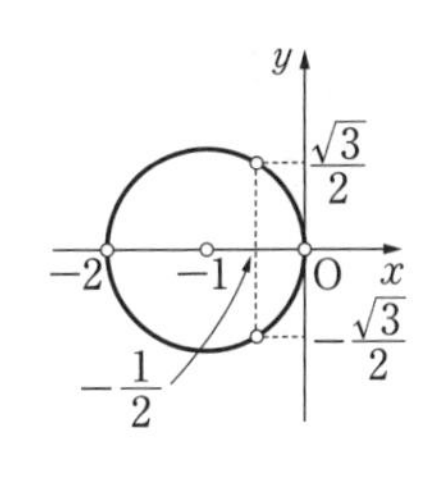

(i)，(ii)より，条件を満たす z の範囲は，

実軸から 0，±1 を除いたもの，

と

点 -1 を中心とする半径 1 の円から 2 点 $\dfrac{-1\pm\sqrt{3}\,i}{2}$ を除いたもの．

164 軌跡（1 次分数変換）

解法のポイント

(1)
$$z\text{ が純虚数} \iff z+\bar{z}=0.\quad (z \neq 0)$$

【解答】

(1)
$$w=\frac{z}{z+1} \iff w(z+1)=z$$
$$\iff (w-1)z=-w.$$

$w=1$ はこの等式を満たさないから，$w\neq 1$.

よって，
$$z=\frac{-w}{w-1}.$$

z が虚軸上を動くとき $z+\bar{z}=0$ が成り立つから，
$$\frac{-w}{w-1}+\overline{\frac{-w}{w-1}}=0$$
$$\iff \frac{-w}{w-1}+\frac{-\bar{w}}{\bar{w}-1}=0$$
$$\iff w(\bar{w}-1)+\bar{w}(w-1)=0$$
$$\iff w\bar{w}-\frac{1}{2}w-\frac{1}{2}\bar{w}=0$$
$$\iff \left(w-\frac{1}{2}\right)\left(\overline{w-\frac{1}{2}}\right)=\frac{1}{4}$$
$$\iff \left|w-\frac{1}{2}\right|^2=\frac{1}{4}$$
$$\iff \left|w-\frac{1}{2}\right|=\frac{1}{2}.$$

よって，w は点 $\frac{1}{2}$ を中心とする半径 $\frac{1}{2}$ の円を描く．ただし，点 1 を除く．

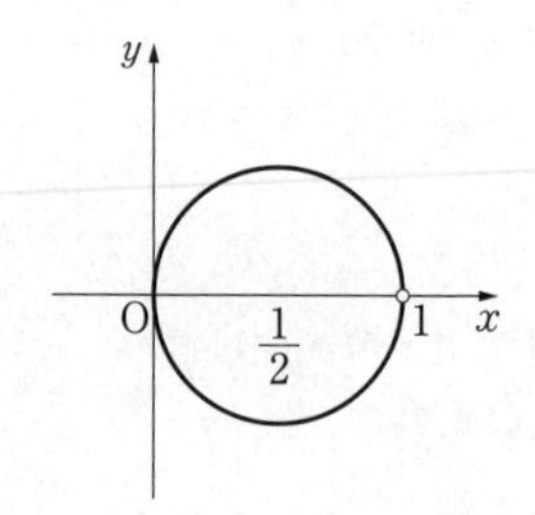

(2)
$$z-1=\frac{-w}{w-1}-1=\frac{-2w+1}{w-1}.$$

よって，

$$
\begin{aligned}
&|z-1|^2=1\\
\iff\ &\frac{-2w+1}{w-1}\cdot\overline{\frac{-2w+1}{w-1}}=1\\
\iff\ &\frac{-2w+1}{w-1}\cdot\frac{-2\overline{w}+1}{\overline{w}-1}=1\\
\iff\ &(-2w+1)(-2\overline{w}+1)=(w-1)(\overline{w}-1)\\
\iff\ &3w\overline{w}-w-\overline{w}=0\\
\iff\ &\left(w-\frac{1}{3}\right)\overline{\left(w-\frac{1}{3}\right)}=\frac{1}{9}\\
\iff\ &\left|w-\frac{1}{3}\right|^2=\frac{1}{9}\\
\iff\ &\left|w-\frac{1}{3}\right|=\frac{1}{3}.
\end{aligned}
$$

ゆえに，**$\boldsymbol{w}$ は点 $\boldsymbol{\frac{1}{3}}$ を中心とする半径 $\boldsymbol{\frac{1}{3}}$ の円を描く**．

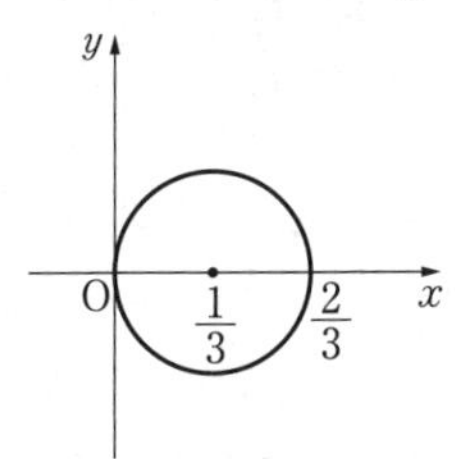

[(1)の別解]

$z=ti$（t は実数）とし，$w=x+yi$（x，y は実数）とすると，

$$
\begin{aligned}
&w=\frac{z}{z+1}\\
\iff\ &x+yi=\frac{ti}{ti+1}\\
&\qquad=\frac{(1-ti)ti}{1+t^2}\\
&\qquad=\frac{t^2}{1+t^2}+\frac{t}{1+t^2}i.
\end{aligned}
$$

よって,

$$\begin{cases} x=\dfrac{t^2}{1+t^2}, & \cdots① \\ y=\dfrac{t}{1+t^2}. & \cdots② \end{cases}$$

(i) $t=0$ のとき,

$$(x,\ y)=(0,\ 0).$$

(ii) $t\neq 0$ のとき, ①÷② より,

$$t=\frac{x}{y}.$$

これを②に代入して,

$$y\left(1+\frac{x^2}{y^2}\right)=\frac{x}{y}.$$

$$y^2+x^2=x.$$

$$\left(x-\frac{1}{2}\right)^2+y^2=\frac{1}{4}. \qquad \cdots③$$

③で $y=0$ のとき,

$$x=0,\ 1.$$

より, このとき w の存在範囲は,

$$円：\left(x-\frac{1}{2}\right)^2+y^2=\frac{1}{4}.$$

ただし, $(x,\ y)\neq(0,\ 0),\ (1,\ 0)$.

(i), (ii)より点 w の描く図形は,

点 $\dfrac{1}{2}$ を中心とする半径 $\dfrac{1}{2}$ の円から点 1 を除いたもの.

165 軌跡（1 次分数変換）

【解答】

(1)

$$w=\frac{z-i}{z+i}$$

$$\iff w(z+i)=z-i$$

$$\iff (1-w)z=(1+w)i.$$

$w=1$ はこの等式を満たさないから $w\neq 1$.

よって,

$$z=\frac{1+w}{1-w}i.$$

このとき，

$$\begin{aligned} & |z-1|=1 \\ \iff & \left|\frac{1+w}{1-w}i-1\right|=1 \\ \iff & |(1+w)i-(1-w)|=|1-w|. \qquad \cdots(*) \end{aligned}$$

$w=x+yi$（x，y は実数）とすると，

$$\begin{aligned} & |(1+x+yi)i-1+x+yi|=|1-x-yi| \\ \iff & |(x-y-1)+(x+y+1)i|=|(1-x)-yi| \\ \iff & (x-y-1)^2+(x+y+1)^2=(1-x)^2+y^2 \\ \iff & x^2+y^2+2x+4y+1=0 \\ \iff & (x+1)^2+(y+2)^2=4. \end{aligned}$$

よって，

$$|w+1+2i|=2.$$

ゆえに，**点 $\boldsymbol{w}$ の軌跡は点 $\boldsymbol{-1-2i}$ を中心とする半径 2 の円.**

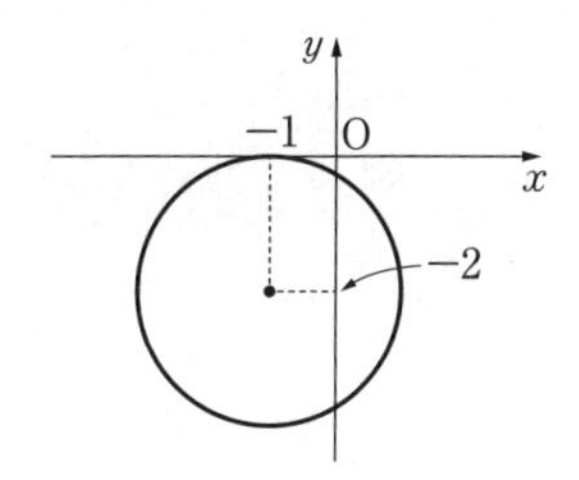

(2)

$$w'=iw+3i-4$$

は点 w を原点の周りに 90° 回転し，さらに $-4+3i$ だけ平行移動したものである.

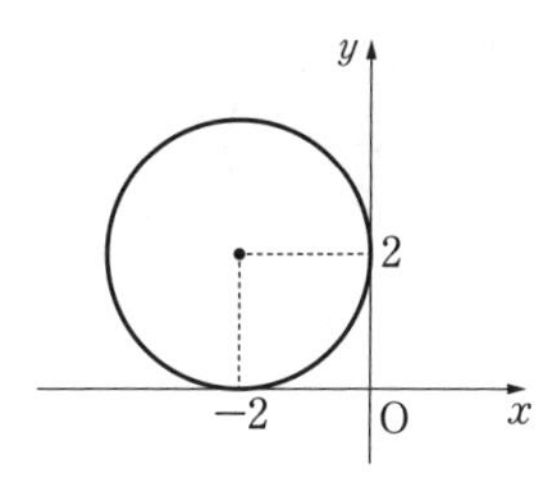

よって，w' は

$$i(-1-2i)+3i-4=-2+2i$$

を中心とする半径 2 の円を描く.

よって，w' の偏角 θ のとる値の範囲は，

$$\boldsymbol{90^\circ \leqq \theta \leqq 180^\circ}.$$

解説

(1)で(*)以下については次のような方法もある．

$$
\begin{aligned}
& |(1+w)i-(1-w)|=|1-w| \qquad \cdots(*) \\
\iff & |(1+i)w-(1-i)|=|1-w| \\
\iff & |1+i|\left|w-\frac{1-i}{1+i}\right|=|1-w| \\
\iff & \sqrt{2}\,|w+i|=|w-1| \\
\iff & 2(w+i)(\overline{w}-i)=(w-1)(\overline{w}-1) \\
\iff & w\overline{w}+w(-2i+1)+\overline{w}(2i+1)+1=0 \\
\iff & (w+2i+1)(\overline{w}-2i+1)=(2i+1)(-2i+1)-1 \\
\iff & (w+1+2i)(\overline{w+1+2i})=4 \\
\iff & |w+1+2i|=2.
\end{aligned}
$$

24520